LA
SCIENCE ÉLÉMENTAIRE

LECTURES ET LEÇONS POUR TOUTES LES ÉCOLES

PAR

J. HENRI FABRE

Ancien élève de l'École normale primaire de Vaucluse, Docteur ès sciences,
Professeur de chimie
au Lycée et aux Écoles municipales d'Avignon.

LE CIEL

CINQUIÈME ÉDITION

PARIS
LIBRAIRIE CH. DELAGRAVE
58, RUE DES ÉCOLES, 58

1878

Tout exemplaire de cet ouvrage non revêtu de ma griffe sera réputé contrefait.

Ch. Delagrave

LE CIEL

AVANT-PROPOS

Exposer facilement les choses difficiles, telle est notre constante préoccupation. Or, des volumes de la *Science élémentaire*, un entre tous, la Cosmographie, présentait de graves difficultés. La connaissance du Ciel repose sur la Mécanique et la Géométrie; l'Astronomie n'est au fond qu'un grandiose théorème. Quelle instruction mathématique supposer à nos jeunes lecteurs? Dans le cadre par nous adopté, l'hésitation était impossible : il fallait la supposer radicalement *nulle*. Et cependant, il importait d'attaquer avec franchise les plus belles propositions de l'Astronomie : distance, volume, poids, constitution physique et chimique, etc., des divers corps célestes. Dire, sans le contrôle de la démonstration, la distance de la Terre aux étoiles, le poids de Jupiter, les éléments chimiques du Soleil, ne pouvait nous convenir. Pour saisir vraiment l'esprit, la description de l'Univers doit être basée sur des preuves et non admise de confiance ; un nombre a plus d'éloquence alors que l'on comprend par quelles méthodes il est obtenu. Nous nous sommes donc imposé de mettre peu à peu l'élève au courant des vérités mathématiques nécessaires, non par l'argumentation classique, trop lourde ici, trop épineuse, mais par des aperçus tout à la fois simples et frappants qui ramènent un théorème de Géométrie à une vérité d'intuition. Avec le plus modeste bagage mathématique nous avons cependant la ferme confiance que l'élève comprendra.

J. H. FABRE,

Ancien élève de l'école normale primaire de Vaucluse, docteur ès-sciences, professeur de physique et de chimie au lycée impérial et aux écoles municipales d'Avignon.

Nota. Chaque volume de la *Science élémentaire* forme un tout complet. La lecture de l'un ne suppose pas la lecture préalable d'un autre. Aussi, les exigences de la clarté nous font reproduire dans *le Ciel* quelques passages empruntés aux volumes précédents. Certaines questions relatives au globe terrestre, à peine effleurées ici, sont présentées, avec tous les développements désirables, dans le volume *la Terre*.

LE CIEL

LEÇONS ÉLÉMENTAIRES SUR LA COSMOGRAPHIE

PREMIÈRE LEÇON

LA GÉOMÉTRIE

Les chiffres accompagnant les divers articles du sommaire indiquent le numéro du paragraphe où chacun de ces articles est traité.

1. A ne consulter que les apparences, le firmament serait une grande voûte, lumineuse de jour et teintée de bleu, noire de nuit et semée de la poussière d'or des étoiles. Mais la science nous démontre que ces apparences sont trompeuses; elle nous dit qu'autour de nous ne se recourbe aucun plafond céleste. L'étendue est libre sous nos pieds comme sur nos têtes, à notre droite comme à notre gauche; peuplée de légions d'astres énormes, où notre ignorance ne voit que des points brillants; elle s'élargit en tous sens sui-

vant des horizons dont Dieu seul sait le centre et connaît
la limite, que son regard seul peut sonder. Au sein de ces
immensités, la Terre flotte, insignifiante dans l'ensemble,
comme un grain de poussière dans un rayon de soleil. Or,
pour nous renseigner sur les abîmes de l'univers, pour nous
apprendre à quelles distances se trouvent les divers corps
célestes, et quelle est leur véritable grandeur, la raison
appelle à son aide la Géométrie. C'est une science ardue,
j'en conviens, et de médiocre intérêt pour vos jeunes cer-
velles ; mais rassurez-vous : j'aurai garde de ne pas vous
fatiguer de théorèmes savants, en général au-dessus de
votre portée. Quelques explications fort élémentaires nous
suffiront. Si l'aridité de quelques paragraphes géométriques
vous rebute, tenez bon, armez-vous de courage ; la question
traitée, certes, en vaut la peine : mesurer le ciel, arpenter
l'univers, enfants, que vous en semble ? Cela ne mérite-t-il
pas quelques minutes d'attention ? Je commence.

2. On appelle *angle* l'ouverture plus ou moins grande que
laissent entre elles deux lignes droites qui se coupent. Le
point où les deux droites se rencontrent s'appelle le *sommet*

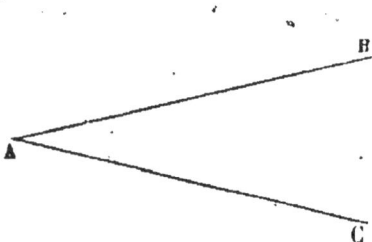

Fig. 1.

de l'angle, et les deux droites
elles-mêmes s'appellent les *côtés*
de l'angle. Ainsi, par exemple,
les deux droites AB et AC (fig. 1),
se rencontrant au point A, s'é-
cartent l'une de l'autre, s'ouvrent et laissent entre elles un
espace vide qu'on appelle un angle. Le point A est le sommet
de cet angle ; AB et AC en sont les côtés. Pour désigner
un angle, on énonce les trois lettres de ses côtés, en plaçant
toujours au milieu la lettre du sommet. Ainsi l'on dit et l'on
écrit l'angle BAC ou l'angle CAB indifféremment ; mais l'on
ne dirait pas l'angle ABC. Quand il n'y a pas d'incertitude
possible sur l'angle désigné, on se contente d'énoncer simplement la lettre du sommet. On peut encore désigner un

angle au moyen d'un chiffre placé dans son ouverture.

De sa nature, la ligne droite n'a pas de fin, car on peut toujours la concevoir prolongée plus loin indéfiniment. La valeur d'un angle ne dépend pas alors de la longueur de ses côtés, qui peuvent être plus longs, plus courts, n'importe, sans que l'inclinaison des deux lignes l'une sur l'autre change; elle ne dépend que de cette inclinaison. Ainsi (fig. 2) deux angles BAC et HDK sont égaux lorsque l'inclinaison respective des deux côtés est égale de part et d'autre, quelle que soit la longueur de ces côtés. Rien n'empêche, après tout, d'imaginer les côtés de l'angle BAC prolongés aussi loin que les côtés de l'angle HDK, et même au delà si bon nous semble, car, encore une fois, une ligne droite n'a pas de fin, et toute portion de droite tracée dans nos figures doit être, en esprit, prolongée indéfiniment.

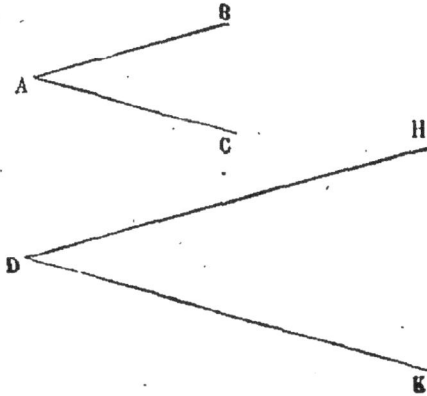

Fig. 2.

3. Soit une droite DC rencontrée par une autre, BA (fig. 3). De la sorte, deux angles sont formés : l'un plus petit, BAC ; l'autre plus grand, DAB. Le plus petit s'appelle un *angle aigu ;* le plus grand, un *angle obtus.*

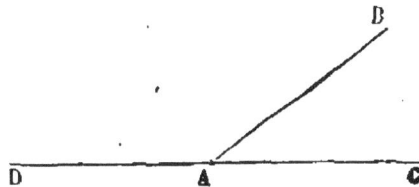

Fig. 3.

Imaginons que BA se redresse peu à peu : l'angle aigu augmentera, l'angle obtus diminuera. Enfin, il arrivera un moment où la droite BA, parfaitement redressée, ne penchera pas plus d'un côté que de l'autre par rapport à la droite DC, comme le représente la figure 4; c'est-à-dire qu'en ce moment les deux angles

BAC et BAD seront égaux. On dit alors que BA est *perpendiculaire* sur DC, et les deux angles égaux ainsi formés se nomment des *angles droits.* Toute droite qui n'est pas perpendiculaire est dite *oblique.*

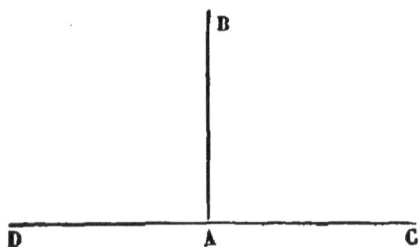

Dans la figure 3, il est visible que BA peut pencher plus ou moins sur DC, être plus ou moins oblique, ce qui change la valeur de l'angle aigu, et de son voisin l'angle obtus. Il y a donc une foule d'angles aigus de valeur différente, de même qu'une foule d'angles obtus; mais il n'y a qu'une valeur pour l'angle droit, puisqu'il n'y a qu'une position où la droite AB ne penche pas plus d'un côté que de l'autre par rapport à DC. Donc : l'angle droit a une valeur invariable; l'angle aigu varie de grandeur, mais il est toujours moindre qu'un angle droit; l'angle obtus varie également, mais il est toujours plus grand que l'angle droit.

Fig. 4.

4. On nomme *circonférence* la ligne courbe que décrit la pointe mobile d'un compas, la seconde pointe étant maintenue en un point fixe appelée *centre.* On lui donne aussi le nom de *cercle*[1]. Toute droite, OA (fig. 5), menée du centre à la circonférence, prend le nom de *rayon.* Il y a évidemment une infinité de rayons, et tous les rayons sont égaux, puisqu'ils mesurent, aussi bien l'un que l'autre, la distance entre les deux pointes du compas qui a décrit la ligne circulaire. Toute droite, BC,

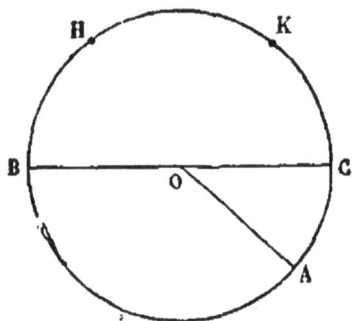

Fig. 5.

[1] Il est mieux cependant de réserver le nom de cercle pour désigner la surface comprise dans l'intérieur de la circonférence.

passant par le centre et terminée de part et d'autre à la circonférence, prend le nom de *diamètre*. Un diamètre est le double du rayon; il divise la circonférence en deux parties égales. Enfin, une portion quelconque de la circonférence, par exemple HK, s'appelle un *arc de cercle*.

On est convenu de diviser toute circonférence en 360 parties égales appelées *degrés;* chaque degré en 60 parties égales, nommées *minutes;* chaque minute en 60 parties égales, nommées *secondes*[1]. De la sorte, la circonférence entière vaut 360 degrés, ou bien 21 600 minutes, ou bien encore 1 296 000 secondes.

Les degrés du cercle ne sont pas des valeurs de longueur s'évaluant au mètre; ils indiquent seulement quelle partie de la circonférence entière embrasse l'arc considéré. Ainsi, dire qu'un arc de cercle est de 90 degrés, par exemple, c'est dire simplement que cet arc renferme quatre-vingt-dix fois la trois cent soixantième partie de la circonférence, ou bien qu'il est égal au quart de cette circonférence, sans rien préjuger de son étendue en longueur. L'arc peut être plus petit, plus grand, autant qu'on le voudra, suivant l'ampleur du cercle auquel il appartient, et conserver cependant une même valeur en degrés. Si par le centre O, commun à trois cercles (fig. 6), on mène,

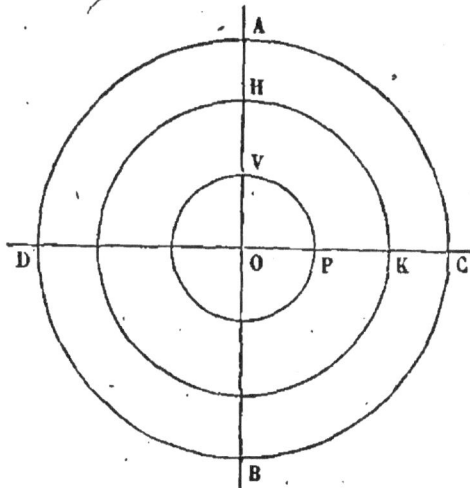

Fig. 6.

je suppose, deux droites, AB et DC, se coupant à angle droit;

---

c'est-à-dire perpendiculaires l'une à l'autre, les trois circonférences seront partagées, chacune, en quatre parties égales; et les trois arcs AC, HK et VP, quoique très-différents en longueur, auront une même valeur en degrés; ils vaudront, l'un aussi bien que l'autre, 90 degrés, puisque chacun fait le quart de la circonférence correspondante.

5. Un *rapporteur* est un demi-cercle transparent, en corne, gradué de degré en degré. Un diamètre est gravé au bas de l'instrument. A partir de l'une des extrémités de ce diamètre, les degrés se succèdent depuis 0 jusqu'à 180, moitié de la circonférence entière, ou moitié de 360 degrés. Le rapporteur s'emploie pour mesurer les angles sur le papier.

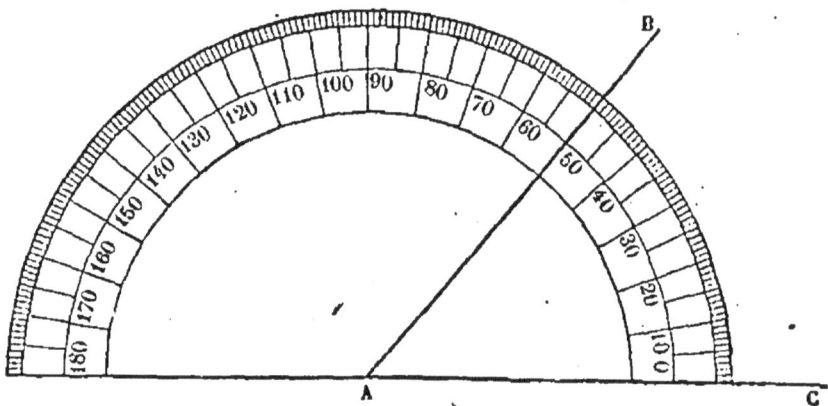

Fig. 7.

Ainsi, pour avoir la valeur de l'angle BAC (fig. 7), on applique le rapporteur sur l'angle, de manière que le centre de l'instrument soit placé au sommet A de l'angle, et que le diamètre coïncide avec l'un des côtés, avec AC, par exemple. Cela fait, on lit à quelle division du rapporteur correspond le second côté. D'après la figure, c'est à la division 50. On dit alors que l'angle BAC est de 50 degrés. — Un angle droit vaut toujours 90 degrés ou le quart de la circonférence; un angle aigu vaut moins de 90 degrés; un angle obtus, plus de 90 degrés.

Pour les observations astronomiques ou même d'arpentage, on se sert de très-grands rapporteurs en cuivre, montés sur un trépied et nommés *graphomètres*. Sur ces instruments, la lecture des minutes est possible, et même celle des secondes lorsque les dimensions du demi-cercle gradué sont suffisantes. Les graphomètres sont armés de deux lunettes, l'une, immobile, dirigée suivant le diamètre de l'instrument ; l'autre, mobile autour d'un pivot placé au centre de l'appareil.

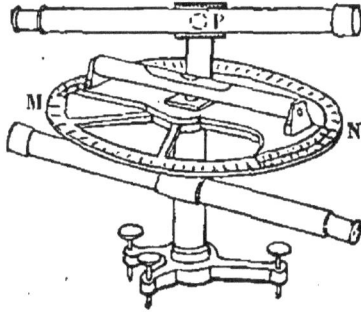

Fig. 8.

Pour mesurer un angle dans l'espace, on dispose le graphomètre au sommet de cet angle; on pointe la lunette fixe dans la direction de l'un des côtés, et enfin, l'on dirige la lunette mobile suivant le second côté. Il ne reste plus qu'à lire sur le bord de l'instrument le nombre de degrés compris entre les deux lunettes.

6. On nomme *polygone* toute figure formée par des lignes droites qui se coupent deux à deux. Si le polygone n'a que trois côtés, il prend le nom de triangle ; s'il en a quatre, cinq, six ou davantage indéfiniment, on dit polygone de quatre, de cinq, de six côtés, etc. Un polygone peut affecter une infinité de formes différentes : il peut être composé d'un nombre quelconque de côtés, être plus petit ou plus grand, régulier dans sa configuration ou plus ou moins irrégulier; et cependant, au milieu de toutes ces variations, quelque chose ne change jamais dans la figure géométrique, comme nous allons le voir.

Traçons sur le papier un polygone quelconque, le premier qui nous passera par l'esprit; par exemple, le polygone ABCDH (fig. 9). Si nous prolongeons, en tournant toujours dans le même sens, les divers côtés de ce polygone, ainsi que le représente la figure 10, nous obtenons ainsi une

suite d'angles, 1, 2, 3, 4 et 5, qu'on nomme *angles extérieurs*
du polygone. Imaginons qu'on découpe ces angles avec des
ciseaux, et qu'ensuite on les
groupe côte à côte autour d'un
même point A (fig. 11); il arrivera toujours, toujours, enten-
dez-le bien, n'importe la configuration du polygone et le nombre
de ses côtés, il arrivera que ces
angles feront le tour complet, et
se rejoindront tout juste de manière que le dernier mis en place
remplira exactement le vide com-

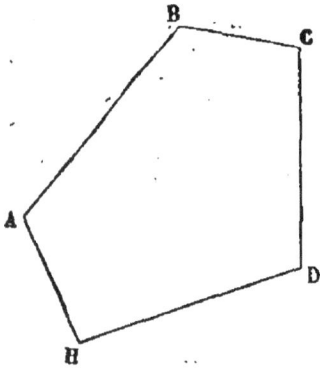

Fig. 9.

pris entre le premier placé et l'avant-dernier. Si maintenant on décrit du point A (fig. 11) une circonférence, il est
clair que l'ensemble
des angles ainsi grou-
pés autour de ce point,
sans intervalle vide,
embrasse la circonfé-
rence entière. Par con-
séquent, *la somme des
angles extérieurs d'un
polygone quelconque
vaut toujours 360 de-
grés* [1].

Voilà, certes, une
curieuse propriété, que
je vous engage fort à
vérifier en découpant

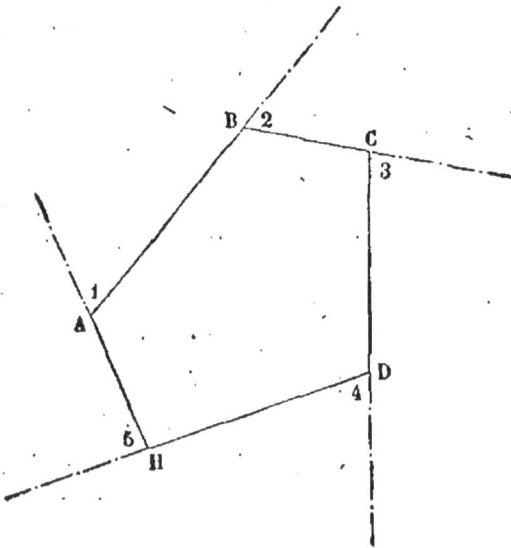

Fig. 10.

et assemblant ensuite autour d'un point commun les angles
extérieurs de différents polygones que vous tracerez vous-mê-

---

[1] Les polygones à angles rentrants sont exclus des considérations qui
récèdent; pour ces figures la loi est différente.

mes sur le papier. Cette propriété pouvait être prévue pour peu que la réflexion s'en mêlât. Remarquez, en effet (fig. 10), que les angles extérieurs 1, 2, 3, 4 et 5 du polygone, s'ouvrent chacun vers une région spéciale de la surface plane où la figure est tracée, et embrassent dans leur ensemble toutes les directions imaginables à travers cette surface. Par conséquent, si on les groupe autour d'un point commun, ils doivent embrasser encore toutes les directions possibles, et faire ainsi le tour complet.

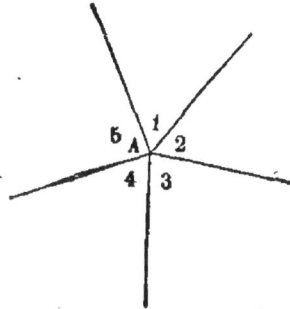

Fig. 11.

7. Le *triangle* est le plus simple des polygones : il ne comprend que trois côtés. Malgré sa simplicité, il jouit, tout aussi bien que les polygones les plus compliqués, de la propriété générale que je viens de vous faire connaître, c'est-à-dire que la somme de ses angles extérieurs vaut 360 degrés. Nous pouvons déduire de là une propriété du triangle qui nous sera très-utile plus tard. La voici.

Soit le triangle ABC (fig. 12). Il faut prouver que les angles 1, 2 et 3 valent ensemble 180 degrés. A cet effet, prolongeons les côtés de manière à former les angles extérieurs 4, 5 et 6, comme le montre la figure 13. Il est clair que les angles 1 et 4 valent à eux deux 180 degrés, car si l'on disposait un rapporteur de manière que son diamètre coïncidât avec la droite BAD, et son centre avec le point A, les deux angles en question embrasseraient ensemble la demi-circonférence dont le rapporteur se compose. C'est ce qu'achève d'expliquer le demi-cercle tracé sur la figure. Pareille-

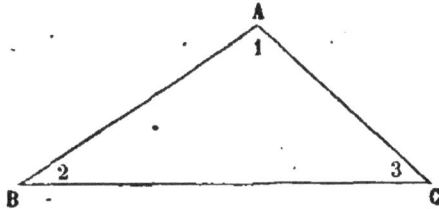

Fig. 12.

ment, les angles 3 et 5 valent 180 degrés; ainsi que les angles 2 et 6. Ce qui fait pour l'ensemble des angles 1, 2, 3, 4, 5, 6, trois fois 180 degrés. Si, de cet ensemble, nous retranchons la somme des angles extérieurs 4, 5 et 6, qui

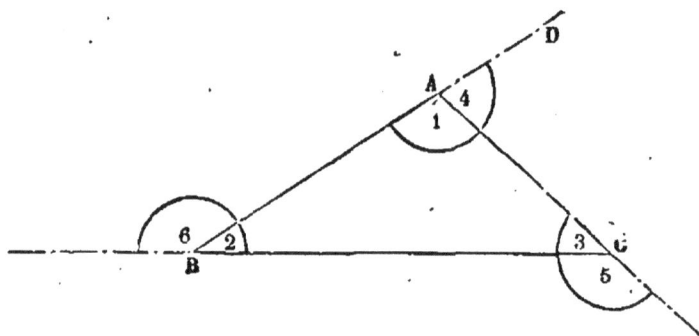

Fig. 13.

est égale à 360 degrés ou bien à deux fois 180 degrés, il nous reste, pour la somme des angles 1, 2 et 3 du triangle, une fois 180 degrés. Donc, comme je l'avais annoncé, *dans tout triangle, la somme des trois angles est égale à 180 degrés.*

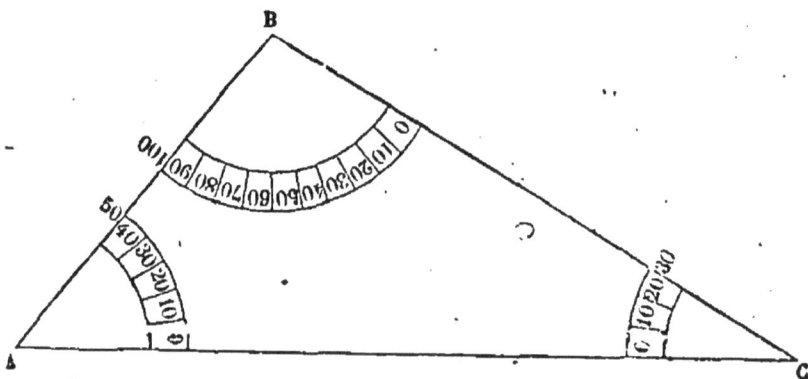

Fig. 14.

Si vous éprouvez quelque difficulté à comprendre ma démonstration, faites l'expérience suivante. Tracez sur le papier un triangle quelconque, par exemple, ABC (fig. 14). Avec un rapporteur, mesurez les trois angles. L'angle A se trouve être de 50 degrés; l'angle B, de 100; et l'angle C, de 30. Ces valeurs, 50, 100 et 30, étant ajoutées, donnent juste 180 degrés. Eh bien, vous arriverez toujours, sans exception aucune, avec un triangle quelconque, à la somme de 180 degrés; pourvu toutefois que vos mesures soient bien prises, ce qui n'est pas sans difficulté, surtout avec un simple rapporteur en corne.

8. Parmi toutes les formes que peut prendre un triangle, trois sont à considérer.

Si les trois côtés sont égaux, comme dans la figure 15, le triangle est dit *équilatéral*. Alors les trois angles sont aussi

Fig. 15.

égaux entre eux, et chacun vaut le tiers de 180 degrés ou 60 degrés.

Si le triangle a seulement deux de ses côtés égaux, il est dit triangle *isocèle* (fig. 16). Dans ce cas, les angles opposés aux deux côtés égaux ont la même valeur l'un et l'autre.

Si le triangle a un angle droit, il est appelé triangle *rectangle*. Tel est le triangle ABC de la figure 17. Son angle A, formé par AB et AC perpendiculaires l'une à l'autre, est droit et vaut, par conséquent, 90 degrés. Alors les deux autres angles B et C valent ensemble encore 90 degrés, afin que la somme des trois fasse 180. Rappelons-nous donc à l'avenir que *la somme des deux angles aigus d'un triangle rectangle est égale à 90 de-*

Fig. 16.

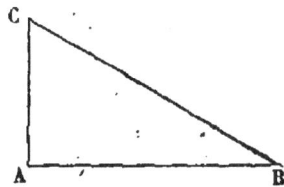

Fig. 17.

grés. Notons enfin que le côté BC opposé à l'angle droit s'appelle l'*hypoténuse* du triangle rectangle.

Terminons là, pour le moment, nos modestes études géométriques. — Qu'allons-nous entreprendre avec ces notions si élémentaires? — Mesurer la Terre!

DEUXIEME LEÇON

L'ARPENTAGE DE LA TERRE

Rondeur de la Terre, horizon, 1. — Le cadran de l'horloge, 2. — Mesure du tour de la Terre, 3, 4 et 5. — Le fil à plomb, 4. — La pomme coupée; les grands cercles et les petits cercles d'une sphère, 6. — La population de la France se tenant par la main, 7. — Le voyageur à pied; 7. — Le nuage qui vole de colline en colline, 7. — La plus grande montagne de l Terre et le grain de sable, 8. — Les océans et le pinceau humecté, 8. — La mer aérienne et le duvet de la pêche, 8. — La rondeur de la Terre n'est pas sensiblement altérée par les inégalités de la surface, 9. — Valeurs numériques relatives à la Terre, 9.

1. La Terre est une énorme boule qui flotte sans appui dans les espaces du ciel. Des diverses preuves de sa rondeur, rappelons la plus simple. A quelque hauteur que l'on s'élève au-dessus du sol, quand on se trouve en rase campagne, une ligne circulaire, nommée *horizon*, borne autour de nous le regard. C'est suivant cette ligne que la plaine et le ciel semblent se rejoindre. En mer, à cause de l'absence des diverses irrégularités, rochers, collines et montagnes, qui, sur la terre ferme, arrêtent en général la portée de la vue, en mer, la forme arrondie de l'horizon est surtout frappante. En vain le navire s'avance, pendant des jours, des semaines, des mois entiers, le voyageur est toujours au centre d'un cercle monotone où le regard est emprisonné; il voit toujours, suivant une ligne exactement circulaire, le bleu des flots se mêler au bleu du ciel. L'horizon aurait-il pour cause la faiblesse de notre vue, qui ne pourrait distinguer les objets au delà de certaine distance? — Non, car alors il suffirait d'une lunette d'approche pour voir reculer aussitôt les bornes de l'horizon. Or, rien de pareil n'a lieu : la ligne arrondie qui arrête la vue simple arrête aussi la

vue armée des meilleurs instruments. L'horizon est infranchissable. Il est donc formé par le contour apparent du globe terrestre, par la ligne de séparation entre les parties visibles et les parties invisibles de la Terre, courbe de partout; et ce qui nous empêche de voir les objets situés au delà de certaines limites, ce n'est pas la faiblesse de la vision, c'est la courbure du Globe. La conclusion est toute naturelle : si l'étendue terrestre que le regard embrasse est toujours ronde, la Terre elle-même est ronde en son ensemble [1].

2. Une fois la forme ronde de la Terre reconnue, une grande question se présente à l'esprit. Quel est le tour de l'énorme boule? quelle est, en mètres, la valeur de son circuit? Je pourrais me borner à vous dire que la Terre a 10 000 lieues ou 40 millions de mètres de tour; mais je me propose mieux : j'espère vous faire comprendre par quelles ingénieuses méthodes on est parvenu à mesurer la Terre. Pour mesurer une longueur, vous ne connaissez qu'un moyen, celui de porter le mètre, autant de fois qu'il peut y être contenu, sur la longueur à évaluer. Évidemment ce moyen est impraticable lorsqu'il s'agit de trouver le circuit du globe terrestre. Songer à porter le mètre bout à bout à travers les continents hérissés de montagnes et les plaines tempêtueuses des mers, ce serait folie; les forces humaines ne suffiraient pas à ce travail insensé. — Comment faire, alors? — S'adresser à la géométrie, qui se rit de difficultés pareilles.

Si l'on vous proposait de mesurer le contour du cadran d'une horloge, vous vous y prendriez sans doute comme il suit. Un cordon serait enroulé autour du cadran bien exactement; puis, ce cordon tendu en ligne droite serait mesuré avec le mètre, et le résultat obtenu donnerait le contour

---

[1] Pour des preuves plus détaillées de la rondeur de la Terre, voyez *la Science élémentaire*, LA TERRE.

cherché. Voilà un procédé direct, excellent dans le cas actuel, mais impraticable au sujet de la Terre, immensément trop grande. Un moyen un peu détourné et plus simple que le premier se présente encore pour la mesure du cadran. Dans toute horloge, le cadran est divisé en douze parties égales, correspondant aux douze heures de la journée. Mesurons l'une de ces parties; mesurons, par exemple, la distance que l'aiguille parcourt de midi à une heure. N'est-il pas vrai qu'en multipliant par douze la longueur obtenüe, nous trouverons exactement le contour entier du cadran? C'est une marche analogue que l'on adopte pour avoir le circuit de la Terre. Ne pouvant mesurer la circonférence terrestre dans toute son étendue, on en mesure une partie. Si l'on parvient ensuite à savoir combien de fois cette partie est contenue dans le tour entier, par cela même la question est résolue; c'est tout clair. Malheureusement le globe terrestre n'a pas, comme le cadran d'une horloge, des divisions égales tracées sur son contour; de sorte que la difficulté semble rester la même. Qui nous dira combien l'étendue mesurée à grand'peine est contenue de fois dans le circuit entier? qui nous le dira? Encore la géométrie. Écoutez :

3. Dans une plaine vaste et régulière, on s'élève assez haut pour avoir devant soi un horizon étendu. Plus le lieu d'observation sera élevé, plus le regard portera loin. Le lieu d'observation est, par exemple, une tour. Du haut de cet observatoire, on reconnaît soigneusement, à l'aide d'une lunette d'approche, en quel point de l'horizon aboutit le rayon visuel rasant la courbure terrestre : on reconnaît, en un mot, la position du point C (fig. 18). Puis, par les procédés ordinaires de l'arpentage, c'est-à-dire en portant bout à bout une chaîne de dix mètres de long, on mesure la distance entre le pied de la tour et le point le plus reculé visé à l'horizon; en d'autres termes, on mesure l'arc BC. On trouve, je suppose, 50 000 mètres ou 12 lieues et demie.

Ce n'est pas, vous vous en doutez bien, une opération facile
que d'effectuer une pa-
reille mesure; mais enfin,
avec des soins et du temps,
on en vient à bout. Bref,
l'arc terrestre BC est connu
en longueur. Que nous
manque-t-il pour en dé-
duire le circuit complet de
la Terre? Il nous manque
de savoir combien de fois

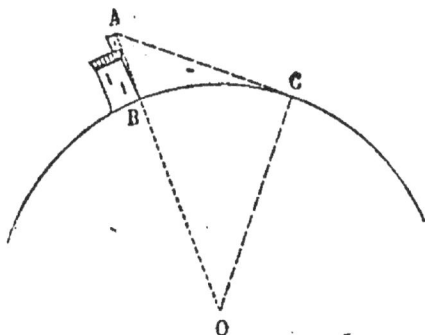

Fig. 18.

cet arc est contenu dans la circonférence entière; car, si
nous savions qu'il y est contenu mille fois, par exemple,
nous dirions : le tour de la Terre est de mille fois 12 lieues
et demie; de même que nous obtenons le circuit complet
du cadran d'une horloge en multipliant par 12 une de ses
divisions. Mais savoir combien de fois un arc est contenu
dans la circonférence, c'est connaître en degrés, minutes
et secondes, la valeur de cet arc. Eh bien, pour savoir ce
nombre de degrés, ce nombre de minutes, il faut s'adresser à l'angle COA, formé par les deux lignes qui vont du
point de l'horizon visé et du sommet de la tour au centre
de la Terre; il faut s'adresser à l'angle COA, qui comprend entre ses côtés l'arc terrestre BC, comparable ici
à une portion d'un immense rapporteur disposé pour mesurer cet arc.

4. La question est ainsi réduite à obtenir la valeur de
l'angle COA. Mais, pour obtenir cet angle, quel œil ira donc
se poster au centre même de la Terre? C'est un œil qui voit
l'invisible et mesure le non mesurable; c'est l'œil de la raison, l'œil de la géométrie. Remarquons, en effet, que, dans
le triangle ACO, l'angle C est droit. C'est chose certaine,
bien qu'on ne l'ait pas mesuré, car il est formé par un rayon
OC et une tangente à la circonférence, c'est-à-dire la ligne
visuelle AC, rasant la courbure du sol au bord de l'horizon.

La note ci-dessous achèvera de vous en convaincre[1]. Puisque le triangle AOC est rectangle, l'angle dont le sommet est en A, au haut de la tour, et celui dont le sommet est en O, au centre de la Terre, valent ensemble 90 degrés, comme nous l'a enseigné la leçon précédente. Si nous connaissions le premier, le second serait connu par cela même ; une simple soustraction nous le donnerait. Mesurons donc l'angle du sommet de la tour.

A cet effet, du haut de notre observatoire, nous pointons une des deux lunettes du graphomètre vers le bord de l'horizon et l'autre vers le centre de la Terre. Ici, une impossibilité se présente, ce semble. Comment pointer une lunette vers le centre du Globe, enfoui, invisible, à d'énormes profondeurs sous nos pieds? C'est pourtant chose toute simple. Suspendez un corps pesant quelconque, une balle de plomb, à l'extrémité d'un fil; prenez entre les doigts le bout libre du fil et abandonnez la balle à elle-même. Quand celle-ci est devenue immobile, le fil tendu indique la direction du centre de la Terre, comme si le corps suspendu voyait ce centre en réalité; en d'autres termes, ce fil, idéalement prolongé à travers les entrailles du sol, irait tout juste passer par le centre de la boule terrestre[2].

---

[1] Une ligne droite qui rase une circonférence, qui la touche simplement en un point sans pénétrer dans son intérieur, prend le nom de *tangente*, d'un mot latin qui signifie toucher. Telle est la ligne AB (fig. 19), qui touche la circonférence O au point C. Eh bien, si l'on mène le rayon OC aboutissant au point de contact de la tangente, il se trouve que, dans tous les cas, ce rayon est perpendiculaire sur la tangente, et fait par conséquent avec elle des angles de 90 degrés. Assurez-vous-en par l'expérience, tant sur la figure que voici, que sur d'autres tracées par vous-mêmes.

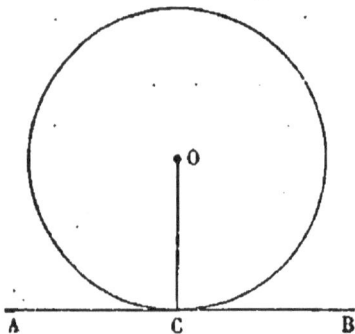

Fig. 19.

[2] Voyez au sujet du fil à plomb, *la Science élémentaire*, LA TERRE.

5. La seconde lunette du graphomètre est donc dirigée suivant le fil à plomb. Nous avons ainsi la valeur de l'angle OAC. La valeur trouvée est de 89 degrés 33 minutes. Par conséquent l'angle du centre de la Terre est de 27 minutes; car ces 27 minutes ajoutées aux 33 précédentes font 60 minutes ou un degré, et ce degré ajouté au 89 du premier angle donne 90 degrés, somme où doit arriver l'ensemble des deux angles.

Si l'angle du centre de la Terre est de 27 minutes, l'arc terrestre BC, compris entre ses côtés, est lui-même de 27 minutes. La question est maintenant celle-ci : Combien de fois un arc de 27 minutes est-il contenu dans la circonférence entière, qui vaut 21 600 minutes ? Une division donne pour réponse 800. L'arc BC, dont la longueur a été trouvée égale à 50 000 mètres, étant contenu 800 fois dans le circuit total de la Terre, celui-ci vaut donc 800 fois 50 000 mètres ou 40 millions de mètres. Et c'est fait : le tour de la Terre est connu. Une distance d'une douzaine de lieues et un angle, voilà tout ce que la science demande pour mener à fin une des opérations les plus étonnantes[1]. Ah! si la géométrie avait l'attrait de *Cendrillon* et de *Peau-d'Ane*; que de conseils nous aurions à lui demander ! Mais pour vos jeunes imaginations cela ne peut être ; aussi, je crains bien d'avoir un peu abusé du triangle. C'est égal : en faveur de la question traitée, vous m'absoudrez si je suis parvenu à me faire comprendre.

6. Une pomme découpée au couteau en rondelles donne pour sections des cercles, d'autant plus grands ou d'autant plus petits que la lame attaque une portion plus voisine ou plus éloignée du centre. Si le couteau passe juste par le centre de la pomme, le cercle de coupure obtenu est le plus grand possible, et le fruit se trouve divisé en deux parties égales.

---

[1] Elle demande bien moins, car il lui suffit de connaître la hauteur de la tour et l'angle OAC pour en déduire le circuit de la Terre. Mais alors le calcul est trop compliqué pour nous.

S'il passe en dehors du centre, la coupure circulaire est de moindre étendue et le partage de la pomme est inégal. On voit par là qu'il est possible de tracer sur la surface d'une sphère autant de cercles que l'on voudra, les uns, plus grands, divisant la sphère en parties égales; les autres, plus petits, la divisant en parties inégales. Les premiers sont appelés *grands cercles.* Ils sont égaux entre eux, car, de quelque manière qu'ils soient dirigés, ils ont pour rayon le rayon même de la sphère, au centre de laquelle ils aboutissent tous. Les seconds sont appelés *petits cercles.* Leur rayon est d'autant plus court qu'ils sont eux-mêmes plus distants du centre de la sphère.

Le circuit d'une sphère se mesure toujours suivant un grand cercle. Et c'est chose toute naturelle. S'il vous fallait évaluer le contour d'une orange, vous n'iriez pas mesurer la petite coupure ronde que laisserait un morceau d'écorce détaché au couteau, mais bien la grande section plongeant au cœur du fruit et passant par son centre, c'est-à-dire un grand cercle. Le circuit de la Terre doit donc s'entendre d'un grand cercle quelconque, idéalement tracé à la surface du Globe. Ainsi, d'après ce qui précède, un grand cercle terrestre a 40 millions de mètres de tour, ou 10 000 lieues de quatre kilomètres. Le rayon de ce grand cercle, rayon qui est le même que celui de la Terre, est d'un peu moins de 1 600 lieues.

7. Par ce qui suit, peut-être comprendrez-vous l'imposante valeur de ces nombres. Pour entourer une table ronde, nous nous tenons à trois, à quatre, à cinq, par les mains. Pour entourer de la même manière le vaste sein de la Terre, il faudrait une chaîne de personnes égale à peu près à la population de la France.—Un voyageur capable, par impossible, de reprendre chaque matin sa marche en avant, à raison de dix lieues par jour, mettrait plus de trois ans pour accomplir à pied le tour du Globe, en supposant la terre ferme non interrompue par les mers. Mais où sont les jarrets qui résisteraient trois ans de suite à de telles fatigues,

lorsqu'un trajet de dix lieues épuise le plus souvent nos forces et nous met dans l'impossibilité de recommencer le lendemain.—Adressons-nous alors à des voyageurs vraiment infatigables, adressons-nous aux nuages. Ils volent sans obstacles d'une région à l'autre de la Terre; plaines, montagnes et mers, ils franchissent tout avec une égale facilité. Ce nuage qui passe en ce moment, rapide, au haut du ciel, quel temps mettrait-il pour faire le tour de la Terre, si le vent qui le chasse conservait toujours la même force et la même direction? Il mettrait environ six semaines, car un vent fort, tournant à la tempête, ne parcourt guère plus de dix lieues par heure. Il mettrait six semaines, et pourtant il va si vite que son ombre court sur le sol par enjambées de géant, de colline en colline.

8. Essayons d'autres comparaisons. Figurons le globe terrestre par une grosse boule de deux mètres de haut; puis, dans de justes proportions, représentons en relief à sa surface quelques-unes des principales montagnes. Le mont le plus élevé de la Terre est le Gaurisankar, qui fait partie de la chaîne de l'Himalaya, vers le centre de l'Asie. Il dresse ses pics à 8 840 mètres de hauteur. Rarement les nuages sont assez élevés pour en couronner la cime, et sa base recouvre l'étendue d'un empire. Éh bien, dressons le géant sur notre grosse boule figurant la Terre. Pour le représenter, il faudra un tout petit grain de sable d'un millimètre et un tiers de relief! —La plus haute montagne de l'Europe, le mont Blanc, dont la hauteur est de 4 810 mètres, serait figuré par un grain de sable de moitié plus petit. Inutile de multiplier ces exemples. Par rapport à nous, les montagnes sont immenses, elles nous accablent de leur énormité; par rapport à la Terre, ce sont des grains de poussière perdus sur sa colossale rondeur.

Et les mers, les mers si profondes, si vastes, que sont-elles relativement au Globe entier? — Les mers couvrent à peu près les trois quarts de la surface de la Terre, et leur pro-

fondeur moyenne paraît être de six à sept kilomètres. Pour
remplir leurs bassins supposés vides, il faudrait mille fleu-
ves comme le fleuve le plus grand de la France, le Rhône,
coulant pendant vingt mille ans, toujours pleins jusqu'aux
bords. Et pourtant, mise en parallèle avec la Terre, l'inconcevable masse des eaux océaniques se réduit presque à rien.
Pour la représenter sur notre globe de deux mètres de haut,
une couche liquide d'un millimètre d'épaisseur suffirait;
c'est-à-dire qu'un pinceau largement imbibé d'eau et pro-
mené à la surface de cette grosse boule, laisserait après lui
assez d'humidité pour figurer les océans!

L'autre mer, la mer aérienne, bien plus vaste encore,
puisqu'elle enveloppe la Terre entière et s'élève à une quinzaine de lieues de hauteur, l'atmosphère enfin serait représentée sur la même boule par une couche gazeuse épaisse
d'un travers de doigt, plus exactement d'un centimètre. Autour d'une pêche, la mer atmosphérique serait figurée,
mais avec une exagération énorme, par l'imperceptible duvet qui veloute ce fruit!

9. Vous devez maintenant comprendre que, malgré ses
chaînes de montagnes et ses vallées, la Terre est à juste
titre qualifiée de ronde; car sa courbure est bien moins altérée par ces irrégularités que ne l'est la courbure d'une
orange à peau fine par les faibles rugosités de l'écorce.

Ajoutons ici pour résumé quelques nombres relatifs aux
dimensions de la Terre.

La circonférence de la Terre = 40 millions de mètres.
Le rayon terrestre = 6 366 kilomètres.
La surface de la Terre = 50 995 millions d'hectares.
Le volume de la Terre = 1 082 841 millions de kilomètres cubes.

Les trois dernières valeurs se déduisent de la première
d'après des règles géométriques, dont l'exposition ne saurait trouver place ici.

TROISIÈME LEÇON

COMMENT ON PÈSE LA TERRE

La chute des corps, 1. — L'attraction, 1. — Déviation du fil à plomb dans le voisinage des montagnes, 1. — Balance de Cavendish, 2. — Un corps, en tombant, se dirige vers le centre de la Terre, 5. — La voiture à deux chevaux, 3. — L'attraction est proportionnelle à la masse, 4. — Elle diminue proportionnellement au carré de la distance, 5. — Représentation graphique de cette loi, 6. — Une sphère attire les corps voisins comme si toute sa matière était rassemblée au centre, 7. — Newton, 8. — La comparaison des poids ramenée à la comparaison des chutes, 8. — Le poids de la Terre, 9. — Poids moyen par décimètre cube, 9. — Le levier de la raison, 9.

1. Tous les corps soulevés en l'air et abandonnés à eux-mêmes retombent, c'est-à-dire reviennent à terre. Dans leur chute, ils se dirigent perpendiculairement au globe terrestre, ils ne penchent pas plus d'un côté que de l'autre par rapport à la courbure régulière des eaux. Ils suivent la verticale, c'est-à-dire la direction du fil à plomb ; et si quelque puits indéfiniment creusé s'ouvrait sur leur trajet, ils iraient toujours passer au centre de la Terre[1]. L'observation a appris qu'un corps tombant en liberté parcourt 4 mètres 9 décimètres dans la première seconde de sa chute. A mesure qu'il tombe, le corps va de plus en plus vite ; aussi l'étendue parcourue augmente-t-elle rapidement. Cette étendue est égale à 4 mètres 9 décimètres multipliés à deux reprises par le nombre de secondes écoulées, ou, en d'autres termes, par le carré du temps[2]. Ainsi, l'espace parcouru en 6 secondes est égal à $4^m,9 \times 6 \times 6$; c'est-à-dire à $4^m,9$ multipliés par 36, carré de 6. La cause de la chute des corps est l'attraction terrestre.

[1] Voyez à ce sujet la *Science élémentaire*, LA TERRE.

[2] On appelle carré d'un nombre, en arithmétique, le produit de ce nombre multiplié par lui-même. Ainsi, le carré de 5 est 5×5 ou 25 ; celui de 7 est 7×7, ou 49 ; etc.

La matière attire la matière. Cette propriété, une des plus générales de toutes, prend le nom d'*attraction*. Deux particules matérielles placées en regard l'une de l'autre à n'importe quelle distance, s'attirent mutuellement, tendent à se rejoindre. Si les corps que nous avons journellement sous les yeux ne se mettent pas en branle pour se porter l'un vers l'autre, en vertu de cette attraction réciproque, c'est qu'ils sont cloués, pour ainsi dire, à leur place par leur propre poids, résultant de l'attraction terrestre, qui domine en puissance toute autre attraction ; c'est aussi qu'ils ont à vaincre des résistances insurmontables pour la faible attraction qui les sollicite : résistance de la part de l'air, résistance de la part des supports sur lesquels ils reposent. Mais, si le corps attirant est une grande masse, et si le corps attiré possède une liberté suffisante, alors l'attraction de matière à matière se traduit par des effets sensibles. En plaine, le fil à plomb se dirige suivant la perpendiculaire au sol, suivant la verticale ; dans le voisinage des grandes montagnes, il dévie un peu de cette direction : sa balle se porte légèrement vers la montagne, qui lutte d'énergie attractive avec la Terre elle-même.

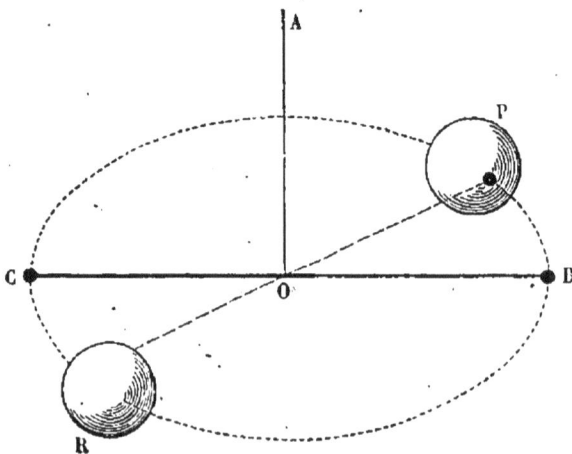

Fig. 20.

2. On constate encore de la manière suivante l'attraction s'exerçant d'un corps à l'autre. Une menue baguette en bois BC (fig. 20) d'une paire de mètres de longueur, est suspendue par son milieu O à un fil très-délié et fixé en A au moyen d'une pince. Aux extrémités

de la baguette sont adaptées deux petites billes B et C, d'un poids exactement pareil. Ces billes s'équilibrent mutuellement, comme le font des poids égaux dans les deux bassins d'une balance, et le tout, baguette et billes, reste en repos dans une position horizontale. On présente alors à la bille B une grosse boule de plomb P, et à la bille C, à une même distance, mais en sens inverse, une seconde boule R égale à la première. On voit alors la tringle BC tourner autour de son fil de suspension, et les deux billes se mettre en mouvement pour venir s'appliquer sur les sphères de plomb qui les attirent[1]. Les billes *tombent* donc vers les sphères attirantes, c'est-à-dire se portent vers ces sphères, mais avec une lenteur de *chute* en rapport avec la faiblesse de l'attraction qui les entraine. Ici la chute n'a pas lieu suivant la *verticale* à la sphère attirante, c'est-à-dire suivant la ligne droite joignant la bille au centre de la sphère. Elle a lieu suivant un arc de cercle, seule direction compatible avec la disposition de l'appareil ; mais de savants calculs permettent de déduire la chute qui suit la ligne droite de la chute qui suit l'arc de cercle.

3. Puisque tout corps soulevé au-dessus du sol et abandonné à lui-même retombe, il faut que la Terre l'attire de la même manière que les grosses boules de plomb de l'expérience ci-dessus attirent les billes voisines. Or, cette attraction n'est pas exercée par telle partie de la Terre plutôt que par telle autre ; elle est exercée par toutes les parties à la fois, par celles de dessus, de dessous, de droite, de gauche, de la surface, de l'intérieur, indifféremment ; et, de toutes ces attractions, dont chacune prise isolément entraînerait le corps de son côté, résulte une attraction totale qui dirige la chute du corps vers le centre de la Terre.

---

[1] Cet appareil porte le nom de balance de Cavendish, du nom du physicien anglais qui le premier s'en servit pour peser la Terre. Notre exposition élémentaire nous force, aux détriments de la rigueur, à simplifier beaucoup cet appareil ainsi que la marche à suivre pour l'employer utilement. Nous n'avons ici qu'un but : c'est de faire comprendre les principes d'où l'on déduit le poids de la Terre.

Supposons une voiture à deux chevaux. Si le cheval de
droite est seul attelé, la voiture ira de travers et inclinera
à droite. Si le cheval de gauche est seul attelé, la voiture
ira de travers encore et se portera à gauche. Si les deux
chevaux sont attelés de front, la voiture ira droit devant
elle. La même chose absolument a lieu pour un corps au
moment de sa chute, car on peut toujours imaginer la Terre
partagée en deux moitiés égales, l'une à droite, l'autre à
gauche de ce corps. Si la moitié droite seule exerçait son
attraction, le corps se porterait à droite; si la moitié gauche
seule l'attirait, il se porterait à gauche. Mais, par les attrac
tions réunies des deux moitiés, ou par l'action totale de la
Terre, il se dirige au milieu; il s'achemine donc vers le
centre.

4. Revenons à la figure 20. Par l'effet de l'attraction de
la grosse boule de plomb P, la petite bille voisine B se rapproche de cette boule, tombe vers elle, mais lentement, à
cause de la faiblesse de l'attraction en jeu. Imaginons que
la boule ait un poids de cent kilogrammes, et que la bille
parcoure un millimètre pendant la première seconde de
son mouvement, disons mieux, de sa chute vers la sphère
attirante. Qu'arriverait-il si la boule était faite d'un plomb
rendu plus compacte par un énergique martelage; si, tout
en conservant une même grosseur, elle renfermait deux
fois plus de matière, elle pesait 200 kilogrammes au lieu
de 100 [1]? C'est tout simple. Puisque chaque particule matérielle du corps attirant agit sur le corps attiré, plus ce
corps attirant renfermera de matière, plus il sera compacte et lourd, plus aussi son attraction sera puissante; et
alors la boule, qui sous un même volume renfermerait 200 kilogrammes de plomb au lieu de 100, ferait rapprocher la
bille de 2 millimètres au lieu de 1 pendant la première

---

[1] C'est ici pure supposition : un martelage, si énergique qu'il fût, ne
pourrait rendre le plomb deux fois plus compacte.

seconde du mouvement. De même, la chute de la bille vers une boule, toujours de pareille grosseur, mais contenant trois fois, quatre fois plus de matière que la première, serait de trois, de quatre millimètres pendant la première seconde. Tout cela doit, mot pour mot, se dire de la Terre. Telle qu'elle est, la Terre fait tomber les corps à raison de $4^m,9$ pendant la première seconde de chute; mais si, dans ses entrailles, elle renfermait, sans augmenter de volume, deux fois, trois fois plus de matière, elle les ferait tomber pendant le même temps de deux fois, trois fois cette valeur. Généralisons ce résultat et disons : l'attraction augmente en proportion de la quantité de matière du corps attirant; ou bien, en nous servant des termes consacrés, *l'attraction est proportionnelle à la masse*. Le mot *masse* s'entend ici de la quantité de matière.

5. La puissance attractive diminue d'intensité à mesure que le corps attiré est placé plus loin du corps attirant, et la chute du premier devient d'autant plus lente. Déjà, au sommet d'une haute montagne, il est possible de constater que les corps tombent moins vite qu'au niveau des plaines ; preuve que, à cette distance du sol, l'attraction terrestre s'est amoindrie. Suivant quelle loi la force attractive diminue-t-elle? C'est ce que nous allons rechercher.

Faisons encore un pas en arrière, reportons-nous à la figure 20. La boule de plomb P attire à elle la bille voisine, la fait tomber vers sa surface à raison d'un millimètre pendant la première seconde de chute, lorsque la distance qui sépare les deux corps est d'un décimètre, je suppose; cette distance étant comptée du centre de la boule au centre de la bille, ou tout simplement du centre de la boule à la bille, si cette dernière est assez petite pour être considérée comme un simple point. Maintenant reculons la boule de plomb P à une distance double, à deux décimètres de la bille, l'intervalle étant toujours compté à partir du centre, et faisons-en autant pour la boule R, afin que tout l'appareil marche de pair. Dans ces conditions, la chute aura toujours lieu, mais elle sera quatre fois plus lente et la bille ne se rapprochera de la boule que d'un quart de millimètre pendant la première seconde. A une distance triple, la chute serait 9 fois plus lente, et la bille ne se rapprocherait que d'un neuvième de millimètre pendant la première seconde de son mouvement. Ainsi, à une distance 2, et ne perdons pas de vue que cette distance est toujours comptée à partir du centre, à une distance 2, l'attraction est 4 fois plus faible qu'à la distance 1 ; à la distance 3, elle est 9 fois plus faible. Remarquez que 4 est le carré arithmétique de 2, et 9 celui de 3. Donc : *l'attraction diminue proportionnellement au carré de la distance.*

6. Pour se familiariser avec cette loi fondamentale, on peut, en quelque sorte, représenter graphiquement la force attractive, et rendre sensible à la vue la loi de sa diminution avec la distance. Gardez-vous de prendre ce que je vais vous dire pour une démonstration ; c'est une simple manière de parler apte à faire image dans l'esprit.

Tout point matériel exerce en tous sens autour de lui l'attraction qui lui est propre. Représentons la force attractive émanée de ce point dans toutes les directions possibles, par des cordons, des grappins qui rayonneraient autour de lui, comme rayonnent les filets de lumière autour d'un point lumineux. Ces grappins saisissent ce qui se présente dans leur direction et l'entraînent vers le point attirant. L'effet exercé résulte évidemment du nombre de grappins qui ont prise sur le corps saisi, mais ne dépend en rien de ceux qui ne rencontrent pas le corps. Cela dit, soit un point attirant A (fig. 21), et un corps, un carré C, par exemple, soumis à son attraction. Du point A, disons-nous, partent dans toutes les directions et serrés l'un contre l'autre jusqu'à se toucher, des cordons propres à harponner ce qui se trouve sur leur chemin et à l'entraîner vers le point d'où ils émanent. Le carré C reçoit, pour sa part, l'ensemble des cordons contenus dans le faisceau ayant pour sommet le point A et pour base ce même carré. A une distance AH double de AC, il faudrait un carré 4 fois plus grand que le premier, comme le montre la figure, pour recevoir tous les cordons harponneurs contenus dans le même faisceau. Par

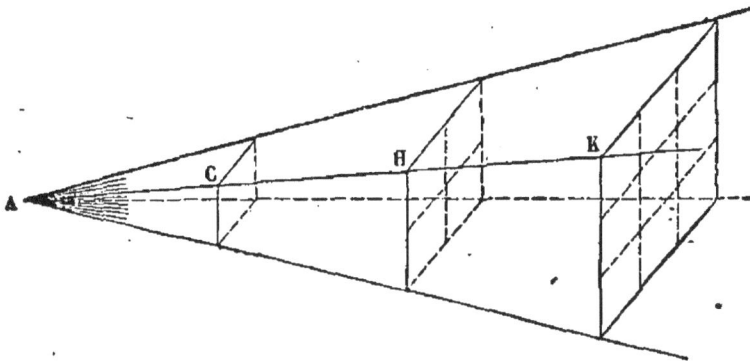

Fig. 21.

conséquent, le carré primitif C, transporté à cette distance double, ne recevrait que le quart de ces cordons et éprouverait ainsi une attraction 4 fois moindre. Pareillement, pour donner prise à l'ensemble des cordons du faisceau lorsque la distance devient AK triple de AC, il faudrait un carré 9 fois plus étendu; et, de la sorte, le carré primitif C transporté seul à cette distance, ne recevant que le neuvième du total des grappins, éprouverait une attraction 9 fois moindre. L'attraction du point A sur le carré C devient donc 4 fois, 9 fois, 16 fois plus faible à mesure que la distance devient double, triple, quadruple, etc.

7. Il nous est possible maintenant d'entrevoir pourquoi la distance doit se compter du point matériel attiré au centre de la sphère attirante, comme nous l'avons dit dans le paragraphe 5. Considérons en particulier l'attraction terrestre. Une bille est portée au sommet du Münster de Strasbourg, à 142 mètres de hauteur à partir du sol. Abandonnée à elle-même, elle tombe en vertu de l'attraction individuelle exercée par chaque point matériel de la Terre.

Mais tous ces points matériels ne sont pas également éloignés de la bille, il s'en faut de beaucoup. Ceux de la surface, au pied de la tour, en sont distants de 142 mètres; ceux de l'intérieur du sol en sont écartés davantage à mesure qu'ils sont plus profondément enfouis. Ceux du centre de la Terre sont à une distance d'un rayon terrestre augmenté de 142 mètres; ceux de l'autre extrémité du Globe, de l'autre extrémité du diamètre terrestre, sont à deux rayons plus 142 mètres d'éloignement. En outre, en dehors de la ligne droite centrale suivant laquelle sont groupés les points que nous venons de considérer, s'en trouvent une infinité d'autres à droite et à gauche, en avant et en arrière, plus voisins de la surface ou plus enfouis dans le sein de la Terre, plus rapprochés du corps tombant ou plus éloignés. Chacun de ces points agit, d'après sa distance, plus ou moins énergiquement sur le corps attiré. Comment se retrouver au milieu de ces attractions élémentaires, variables d'un point à l'autre de la masse terrestre? On se retrouve en supposant que tous les points matériels de la Terre sont à la même distance du corps attiré; à une distance intermédiaire entre la plus petite, 142 mètres, et la plus grande, le diamètre du Globe augmenté de 142 mètres; on se retrouve, enfin, en supposant tous les points attractifs à la distance du centre du Globe. De cette manière, les points de la moitié supérieure de la Terre perdent en puissance d'attraction, car on les suppose plus éloignés qu'ils ne le sont réellement; mais les points de la moitié inférieure gagnent dans le même rapport, puisque la même supposition les rapproche; et les deux résultats inverses se compensent à cause de la symétrie parfaite des deux moitiés d'une sphère. De là cette troisième loi : *Les points matériels uniformément distribués dans une sphère, agissent dans leur ensemble sur un point extérieur comme s'ils étaient tous réunis au centre de la sphère.* Ainsi, désormais, lorsqu'il s'agira de l'attraction exercée par un corps sphérique, nous n'aurons pas à nous préoccuper des distances, les unes plus grandes, les autres plus petites, des divers points attirants au point attiré. Puisque tout se passe comme si l'ensemble des points attirants était réuni au centre de la sphère, il n'y aura qu'une seule distance à considérer : celle de ce centre au point attiré.

8. Les lois de l'attraction ont été découvertes par Isaac Newton, l'un des plus beaux génies dont s'honore l'humanité. Newton y arriva, non par les considérations élémentaires et trop peu rigoureuses où j'ai dû entrer pour me faire comprendre, mais par des considérations de l'ordre le plus élevé et basées sur des faits astronomiques. Nous aurons plus tard occasion de suivre de plus près la pensée de Newton.

A quoi servent ces lois? demanderez-vous sans doute; quel mérite Newton a-t-il de les avoir trouvées? Ces lois, enfants, sont au nombre des plus belles choses que l'homme connaisse, car elles nous expliquent le mécanisme du monde, elles ramènent à un sublime problème de mathématiques l'harmonie divine de l'univers. Pour vous donner un aperçu de ce que ces lois nous enseignent, nous allons, avec leur aide, peser la Terre. Oui, peser la Terre, la colossale boule dont notre imagination s'épuise à comprendre l'étendue; nous allons la mettre dans la balance des lois newtoniennes et en évaluer la masse, comme s'il nous était possible de la mettre dans une balance réelle, avec des kilogrammes pour contre-poids.

L'attraction est proportionnelle à la masse du corps attirant, à la quantité de matière, au poids de ce corps. Ainsi lorsqu'une boule d'un certain poids placée devant la bille B de la figure 20, attire à elle cette bille et la rapproche un peu en une seconde, une autre boule d'un poids double, triple, quadruple, placée à la même distance, la rapprocherait deux fois, trois fois, quatre fois autant. Si le poids de la première boule était connu, on aurait donc le poids de la seconde en sachant combien de fois pour celle-ci le déplacement du corps attiré est plus grand. La comparaison des poids des deux boules est ainsi ramenée à la comparaison des chemins parcourus en une seconde par une bille sous l'influence de leur attraction à la même distance. Celle des boules qui fera parcourir à la bille un espace double, décuple, sera elle-même deux fois, dix fois plus lourde.

9. Pareil raisonnement s'applique à la Terre. Pour savoir combien le globe terrestre vaut de fois le poids d'un certain globe de plomb, il suffit de connaitre combien de fois la chute d'une bille en une seconde, sous l'influence de la Terre, est plus grande que la chute sous l'influence de la masse de plomb ; les deux chutes ayant lieu, bien entendu, à la même distance des centres des corps attirants. Cela dit, recommençons l'expérience relative à la figure 20. En face des billes B et C, mettons, à un mètre de distance des centres, des sphères de plomb d'un poids très-grand. Les billes se déplacent et se portent chacune vers le globe voisin, en parcourant, je suppose, un millimètre pendant la première seconde de cette espèce de chute. Sachant qu'une bille tombe d'un millimètre en une seconde vers la grosse boule de plomb lorsque la distance qui l'en sépare au départ est de 1 mètre, il nous est possible de calculer de combien elle tomberait si la masse attirante, au lieu d'être à 1 mètre de la bille, se trouvait aussi éloignée que le centre de la Terre, se trouvait enfin à 6 366 000 mètres de cette bille. La diminution de la force attractive proportionnellement au carré de la distance nous apprend que la bille tomberait de 1 millimètre divisé par le carré de 6 366 000, ou bien par 40 525 956 000 000. Je vous laisse à faire la division, si bon vous semble. Sans effectuer cette pénible opération, on voit que, avec un dividende d'un millimètre et un diviseur aussi considérable, le quotient sera une valeur excessivement petite. Ce quotient représente la quantité dont une

bille placée ici descendrait en une seconde vers la boule
de plomb, supposée à la même distance que le centre de la
Terre. Mais la Terre, dont il ne faut considérer qu'un seul
point, le centre, où serait réunie toute la matière terrestre,
d'après la troisième loi de Newton, la Terre, dans les mêmes
conditions de distance et de temps, fait tomber la bille de
$4^m,9$. Cherchons alors combien de fois la valeur excessivement petite trouvée plus haut est contenue dans $4^m,9$, et
nous aurons combien la Terre pèse de boules de plomb pareilles à la nôtre. — On trouve ainsi que le poids de la Terre
en kilogrammes est exprimé par le chiffre 6 suivi de vingt et
un zéros. Ce nombre s'énonce 6 sextillions de kilogrammes.
De cette gigantesque pesée et du volume de la Terre, on
déduit que si tous les matériaux de notre globe, air, eau,
pierre, métaux, minéraux, étaient parfaitement mélangés
entre eux, chaque décimètre cube de ce mélange homogène
pèserait cinq kilogrammes et demi.

Et c'est fini : la Terre est pesée. De quel levier, de quelle
puissance nous sommes-nous servis? De la puissance de la
pensée, que Dieu a mise en nous pour déchiffrer, à sa gloire,
l'énigme de l'univers; du levier de la raison, pour qui n'est
pas trop lourd le fardeau de la Terre !

QUATRIEME LEÇON

LA TERRE TOURNE

Ce que c'est que tomber, 1. — Pourquoi la Terre ne tombe pas, 1. — Rotation apparente du ciel, 2. — Illusion produite par un convoi en marche, 2. — Notre renversement de toutes les douze heures, 3. — Pourquoi nous ne sommes pas précipités, 3. — La vitesse de la Terre et celle du boulet, 4. — — Le coup d'aile du moucheron, 4. — Étranges conséquences où amènerait l'immobilité de la Terre, 4. — L'économie éternelle, 4. — Le pendule, 5. — Invariabilité de son plan d'oscillation, 5. — La roue de voiture, 6. — La rotation de la Terre démontrée par le pendule, 6. — La rotation de la Terre démontrée par les vents alizés, 7. — Le spectacle de la Terre qui tourne, 8.

1. La Terre, isolée de partout, nage dans l'étendue sans aucun appui. — Alors, pourquoi ne tombe-t-elle pas, elle qui est si lourde? — Résolvons tout d'abord cette difficulté. Que voyez-vous ici au-dessus de vos têtes? — L'étendue, l'espace, le ciel. — Que verriez-vous de l'autre côté de la Terre, au point opposé de la boule, au point correspondant à nos pieds? — Encore l'étendue, encore le ciel. — Et à droite, et à gauche? — Le ciel, toujours le ciel. — L'espace illimité, ou, comme nous disons encore, le ciel, s'étend en effet en tous sens autour de la Terre. Eh bien, quelle direction dans cet espace, la Terre doit-elle prendre pour tomber? Dites-moi simplement où est le bas, où est le haut. Si le haut est du côté du ciel, songez que le ciel se trouve aussi à l'extrémité opposée de la Terre, qu'il s'y trouve pareil à ce que nous voyons ici, et que cela se reproduit de partout. S'il vous paraît tout simple que la Terre ne s'élance pas vers le ciel qui est au-dessus de nous, pourquoi voulez-vous qu'elle s'élance dans le ciel opposé? Tomber vers ce ciel opposé, ce serait s'élever comme s'élève ici un aérostat quittant le sol. Vous ne vous

êtes jamais demandé pourquoi la Terre ne s'élève pas vers le firmament; ne vous demandez pas davantage pourquoi elle ne tombe pas, car ces deux questions signifient la même chose. Tomber, c'est se rapprocher du corps qui, par son attraction, provoque la chute. S'il n'y avait rien au delà de · la Terre, aucune attraction ne s'exercerait sur notre globe, dont la chute, dans n'importe quelle direction, serait par suite impossible. Alors la Terre resterait éternellement immobile au point de l'étendue où le Créateur l'aurait placée, ou bien, une fois lancée par le divin semeur, elle irait à travers l'espace, suivant une ligne droite sans fin. Mais s'il se trouve dans le ciel un astre dont la force attractive puisse maîtriser la Terre, dans ce cas, je m'empresse de le reconnaître, elle doit tomber vers cet astre dominateur. En réalité, la Terre tombe, non cependant comme vous l'entendez; elle tombe vers le Soleil, dont la puissante masse l'attire et l'entraîne sans repos. Nous reviendrons plus tard sur cette importante question.

2. L'étendue céleste nous apparaît comme une sphère creuse dont nous occuperions le centre, comme une coupole ronde où les astres seraient fixés. En vingt-quatre heures et d'un mouvement égal, cette sphère des cieux semble tourner tout d'une pièce autour de la Terre et entraîner avec elle ses légions d'étoiles. Mais le télescope nous apprend que la voûte du firmament est une illusion de perspective; il nous apprend que l'espace libre s'ouvre en tous sens autour de nous, sans limites aucunes pour le regard; il nous enseigne que le Soleil n'est pas un petit disque lumineux, mais un corps matériel immensément plus gros que la Terre, et que les étoiles, en apparence simples étincelles, sont, pour l'éclat et le volume, comparables à ce géant du ciel; il nous prouve enfin que les astres, au lieu d'être tous à une même distance de nous, sont les uns plus près, les autres plus loin, mais toujours infiniment plus reculés dans les profondeurs de l'étendue que ne le disent les simples apparences. Un

soupçon vient alors à l'esprit. Est-ce bien cette immensité avec sa population innombrable d'astres colosses, qui tourne en bloc autour de la Terre, d'orient en occident; ou plutôt ne serait-ce pas la Terre qui tourne elle-même en sens inverse. Si le globe terrestre tourne en effet d'occident en orient, les apparences du ciel resteront les mêmes : les astres nous paraîtront toujours se lever à l'orient et se coucher à l'occident; tandis que, inconscients de notre propre rotation, nous nous jugerons immobiles.

En chemin de fer, chacun a remarqué ceci : les arbres du bord de la route, les poteaux, les haies, les maisons, semblent s'animer et courir en sens inverse du mouvement qui nous emporte. On se juge soi-même immobile, et l'on croit voir fuir précipitamment les objets extérieurs. Sans les cahots du convoi, l'illusion serait complète : on s'imaginerait voir la campagne follement fuir et tournoyer. Une simple voiture traînée par des chevaux, un bateau que le courant du fleuve emporte, se prêtent également à cette curieuse observation. Ainsi donc, toutes les fois qu'un mouvement assez doux nous emporte dans une direction, nous perdons plus ou moins conscience de ce mouvement, et les objets voisins, en réalité immobiles, nous paraissent se mouvoir dans une direction contraire.

3. Si la Terre tourne sur elle-même d'occident en orient, nous n'avons nullement conscience de ce mouvement, parce qu'il n'y a ici ni cahot, ni heurt d'aucune nature ; et alors nous croyons fermement être immobiles, tandis que les différents corps célestes nous paraissent se mouvoir eux-mêmes et tourner en sens inverse de notre propre déplacement, c'est-à-dire de l'orient à l'occident. La rotation du ciel et de ses astres autour de la Terre pourrait donc fort bien n'être qu'une illusion absolument pareille à celle qui nous montre les arbres de la campagne fuyant en sens inverse du convoi qui nous emporte sur la voie ferrée.

Est-ce le ciel qui tourne ? est-ce la Terre? Si c'est la Terre

vous ne pouvez manquer d'être arrêtés par la difficulté suivante. La boule terrestre roule dans l'espace et fait un tour
sur elle-même en vingt-quatre heures. Dans la moitié de ce
temps, nous devons faire une demi-révolution avec le globe
qui nous porte et nous trouver dans une position inverse de
celle où nous étions d'abord. En ce moment, nous avons la
tête en haut, les pieds en bas; douze heures plus tard, ce
sera le contraire : nous aurons la tête en bas et les pieds en
haut. Nous sommes droits, nous serons renversés. Dans
cette position incommode, pourquoi le malaise ne nous sai-
sit-il pas? comment ne sommes-nous pas précipités? Pour
ne pas tomber, ce semble, dans les abîmes du vide, il faudrait se cramponner au sol en désespérés. — Votre observation est juste, mais dans une certaine mesure. Oui, il est
vrai que, dans douze heures, à partir de ce moment, nous
serons dans une position inverse de la position présente;
nous tournerons la tête du côté où maintenant nous tournons
les pieds; mais, malgré ce renversement, il n'y aura aucun
danger de chute, ni même le moindre inconvénient de n'importe quelle nature, car nous aurons toujours les pieds en
bas, c'est-à-dire posés sur le sol, et la tête en l'air ou vers le
ciel, puisque le ciel entoure le globe terrestre de partout.
Comprenez bien, une fois pour toutes, que dans l'étendue,
de tous côtés pareille à elle-même, le haut et le bas ne signifient plus rien. Ces mots ne prennent une valeur que par
rapport à la Terre : le bas est indiqué par le sol; le haut,
par l'espace environnant. Or, comme, malgré toutes les
les évolutions de notre globe, nous sommes toujours rete-
nus par l'attraction terrestre, les pieds contre le sol, la tête
vers le ciel, nous nous trouvons constamment dans une position droite, sans danger de chute vers une étendue où rien
ne nous attire; et aucun malaise, aucune gêne, ne peut nous
faire soupçonner notre renversement de toutes les douze
heures.

4. C'est compris; la Terre, en tournant, ne nous menace

pas de nous précipiter. Mais une autre difficulté, plus grande
encore, se présente. Comment croire que la Terre, la Terre
dont le poids accable l'imagination, tourne, boule docile,
autour d'un essieu idéal? Quelle dépense de force pour
mettre en branle l'énorme machine ronde; et puis, quelle
vitesse? Si, dans l'intervalle de vingt-quatre heures, la Terre
accomplit sa rotation, les points de sa région moyenne, les
points de sa surface qui tournent suivant un grand cercle, parcourent, dans le même temps, 40 millions de mètres, ou 462
mètres par seconde. C'est à peu près la vitesse du boulet au
sortir de la gueule du canon. Montagnes, plaines, mers, tout
court à la file sur un cercle toujours recommencé, avec la
formidable vitesse de plus d'un dixième de lieue par seconde.
On n'ose ajouter foi à de tels mouvements dans de pareilles
masses. — Oui, j'en conviens, pour ébranler la masse de la
Terre, tous nos moyens mécaniques réunis en un commun
effort n'auraient pas plus d'efficacité que le coup d'aile d'un
moucheron dont la prétention serait de culbuter une montagne; oui, pour communiquer à cette masse la vitesse qui
l'anime et emporter les continents avec la rapidité d'un
boulet de canon, il faut une impulsion comme l'esprit ne
peut en concevoir. Mais supposez le globe terrestre en repos,
et vous allez voir à quelles étranges conséquences on arrive.
Si la Terre est immobile, ce sont les astres qui tournent,
tous exactement en vingt-quatre heures. Le Soleil, cela sera
démontré dans une leçon prochaine, le Soleil est un globe
matériel 1 400 000 fois aussi gros que la Terre. Vous voulez
laisser la Terre immobile, parce qu'elle est trop lourde?
eh bien, alors, que le Soleil lui-même tourne, lui devant
lequel la Terre est une misérable motte d'argile; et surtout
qu'il se dépêche, car le chemin est long! Vu sa distance, il
doit franchir 2 300 lieues par seconde, pour accomplir son
trajet dans les vingt-quatre heures. Ce n'est rien encore. Les
étoiles sont comparables en grosseur au Soleil lui-même. La
plus rapprochée de nous, si elle tournait autour de la Terre,

ne parcourrait pas moins de 520 millions de lieues par seconde. D'autres, cent fois, mille fois plus éloignées, auraient à franchir une étendue cent fois, mille fois plus grande encore, car il faut que tout cela arrive si la Terre ne tourne pas, il faut que des corps innombrables, immensément plus lourds et plus grands que notre globe, tournent, non plus avec la vitesse d'un dixième de lieue par seconde, mais de plusieurs mille, de plusieurs millions, de plusieurs milliards de lieues. Ce mécanisme est contraire à la raison, il est en opposition avec l'économie éternelle, qui ne dépense jamais mille là où un seul suffit. C'est donc la Terre qui tourne, mise une fois pour toutes en branle autour de son essieu.

5. Malgré sa grande rapidité, le mouvement de rotation de la Terre est si doux, qu'il nous est impossible, en général, de le constater, de le soupçonner même. Nous sommes entraînés avec les objets qui nous environnent, nous retrouvons toujours ces objets dans la même situation par rapport les uns aux autres; et, de cette permanence des positions relatives, résulte pour nous une apparente immobilité. Cependant, à l'aide de quelques moyens ingénieux, on peut se convaincre que le sol remue sous nos pieds, et démontrer expérimentalement la rotation de la Terre. Citons l'expérience la plus simple.

A l'extrémité d'un fil délié, on suspend une balle de plomb. Si l'extrémité libre de ce fil est fixée quelque part, en A (fig. 22), la balle, après quelques mouvements, reste immobile; et le fil, vous le savez, prend la direction verticale. Soit AB cette direction. Maintenant, transportons la balle dans la position C, et abandonnons-la à elle-même. Si le fil ne la retenait pas, elle tomberait suivant la verticale; mais, à cause du fil, elle ne peut le faire, et alors, entraînée par l'attraction terrestre dans le seul sens compatible avec le lien qui la rattache au point de suspension, elle glisse suivant l'arc de cercle CD, dont le centre est en ce même point de suspension. Elle gagne donc la position B, qu'elle dépasse pour remonter l'arc jusqu'en D. Arrivée là, elle retombe, ou, pour mieux dire, elle glisse de nouveau et re-vient vers C, qu'elle abandonne encore pour revenir vers D; et ainsi de suite pendant très-long-temps, jusqu'à ce que la résis-tance de l'air ait peu à peu an-nulé son mouvement, ce qui n'arrive qu'après un temps con-sidérable si la suspension du fil au point A est faite avec tous les soins voulus. Chacune de ces al-lées et venues de la balle, de C en D et de D en C, s'appelle une oscillation; et l'appareil lui-même, la balle avec son fil, prend le nom de pendule. Les oscilla-tions du pendule sont occasionnées par la même force qui fait tomber les corps abandonnés à eux-mêmes, c'est-à-dire par l'attraction de la Terre. Elles constituent une espèce de chute gênée par le fil de suspension. La bille, dans son mouvement de va-et-vient, glisse suivant un arc de cercle idéal qu'elle parcourt alternativement de droite à gauche et de gauche à droite, sans jamais changer de route. Elle peut bien parcourir, à mesure que son mouvement se ralentit, une portion moindre de cet arc, mais jamais elle n'aban-donne la voie suivie une première fois pour en prendre une autre. Vainement les oscillations se prolongeraient, par im-possible, des années entières, si aucune cause de trouble indépendante du pendule ne vient modifier le chemin par-couru, la balle se maintiendra sur le même arc, allant et venant tour à tour. En somme : l'arc d'oscillation d'un pendule est invariable de direction, car il n'y a dans l'in-strument aucune cause qui puisse détourner la balle de l'arc primitif, soit dans un sens, soit dans l'autre.

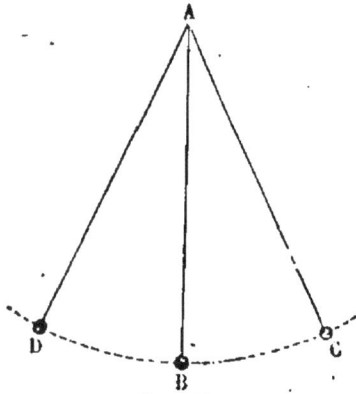

Fig. 22.

6. Supposons une roue de voiture couchée à plat sur

le sol (fig. 23) ; et au-dessus, en face du moyeu, un pendule mis en oscillation. L'arc parcouru BC aura une certaine direction correspondant à des points H et K de la roue, que nous avons soin de marquer. Si la roue est immobile,

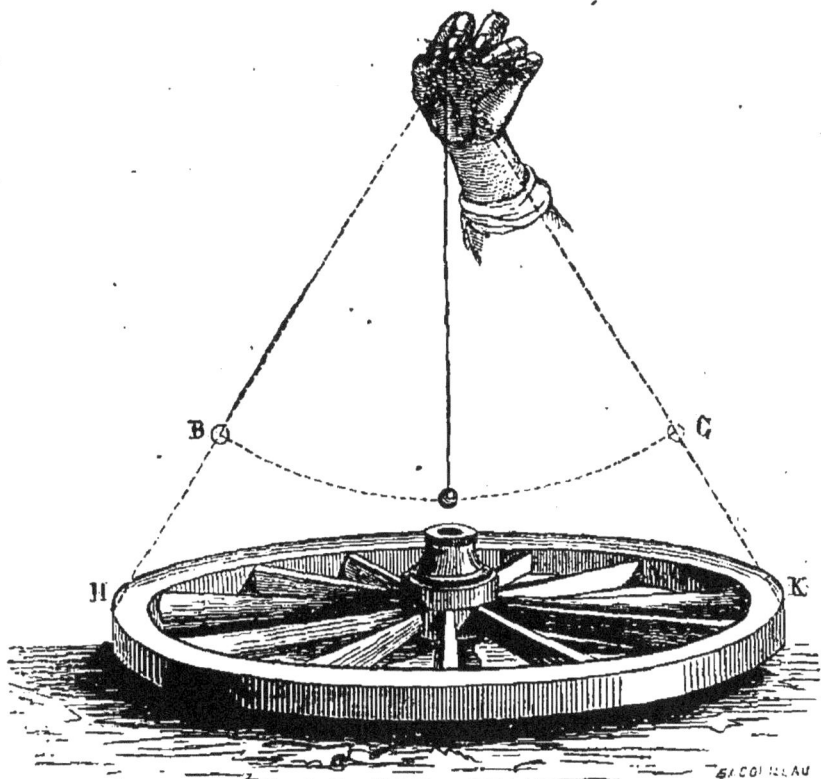

Fig. 23.

l'arc BC étant de sa nature invariable de direction, le pendule, dans ses deux positions extrêmes, viendra toujours correspondre aux points H et K marqués sur la roue. C'est tout clair. Mais si la roue tourne sur elle-même, les points H et K se déplaceront et seront remplacés par d'autres qui, à tour de rôle, viendront se mettre en face du pendule. Rien de plus simple encore. Si le mouvement de la roue nous est dissimulé d'une façon ou de l'autre, si nous n'avons pas connaissance de ce mouvement, qu'arrivera-t-il? Dupes d'une illusion analogue à celle qui nous montre les arbres de la

campagne fuyant en sens inverse du convoi qui nous emporte, nous croirons voir l'arc d'oscillation, en réalité invariable, tourner peu à peu et se déplacer, puisque le pendule
correspondra d'un instant à l'autre à des points différents de
la roue réputée immobile. Si la roue tourne de droite à
gauche, l'arc d'oscillation nous semblera tourner lui-même
de gauche à droite.

Imaginez maintenant un très-long pendule suspendu au
plafond d'une salle et portant, au lieu de balle, un lourd
boulet. Voilà le pendule en mouvement: il va et vient avec
une majestueuse lenteur. En ce moment, le boulet correspond à ce point-ci de la salle; l'instant d'après, à un point
plus occidental; plus tard encore; à un troisième point plus
avancé vers l'occident; si bien que l'arc d'oscillation se déplace peu à peu d'orient en occident. Est-ce que l'arc, en
effet, change de direction? Mais non; vous savez bien qu'il
ne peut varier. C'est donc le parquet de la salle qui se déplace, c'est le sol qui remue, c'est la Terre qui tourne d'occident en orient.

7. Une preuve fort remarquable de la rotation de la
Terre nous est fournie par les *vents alizés*. On nomme ainsi
des vents qui, toute l'année, soufflent de l'est à l'ouest dans
les régions équatoriales. Les premiers navigateurs qui s'aven-
turèrent à travers l'Atlantique, les compagnons de Colomb,
voyaient avec effroi les traînées nuageuses qu'un souffle permanent aligne dans le sens de l'équateur, et, saisis d'épouvante devant l'inexorable constance des vents d'est qui les
poussaient vers l'inconnu, ils se demandaient si jamais ils
pourraient regagner leur patrie. La rotation de la Terre
rend à merveille compte de la singulière permanence des
vents alizés.

Les régions équatoriales sont les plus chaudes de la Terre.
A partir de là, dans l'un comme dans l'autre hémisphère,
la température diminue graduellement jusqu'aux extrémités
du Globe. L'air chaud et par suite plus léger des contrées

de l'équateur, s'élève donc et gagne les hautes régions atmosphériques ; tandis qu'il est remplacé par l'air froid et plus
lourd affluant du nord et du sud. Si la Terre était immobile,
il se produirait ainsi, pour les contrées équatoriales, un vent
continuel soufflant du nord au sud dans l'hémisphère septentrional, et du sud au nord dans l'hémisphère méridional.
Mais, à cause de la rotation de la Terre de l'ouest à l'est, la
direction de ces vents continus est changée. En effet, la
masse d'air froid se portant vers l'équateur est animée d'une
certaine vitesse de rotation, commune à la fois à l'atmosphère et à la Terre. Cette vitesse n'est pas la même partout,
parce que le cercle décrit autour de l'axe n'a pas la même
ampleur d'un bout du Globe à l'autre ; elle est plus grande
à l'équateur, là où le cercle parcouru est le plus grand, et
elle va en diminuant peu à peu jusqu'aux pôles, où elle est
nulle. Ainsi l'air des régions froides, animé de la vitesse de
rotation de son point de départ, s'avance vers l'équateur avec
une vitesse insuffisante pour suivre le mouvement général ; il
est en retard par rapport à la Terre ; et, celle-ci venant
choquer de l'ouest à l'est la masse aérienne trop lente, il se
produit les mêmes effets que si l'air réellement se déplaçait
de l'est à l'ouest sur la Terre immobile. Le souffle continu
des alizés est donc le grand remous provoqué, par le choc
du Globe qui tourne, dans des masses d'air accourant sans
cesse des deux hémisphères à l'appel de la chaleur et trop
lentes pour suivre la rotation des contrées équatoriales.

8. Toutes les vingt-quatre heures, la Terre accomplit
un tour sur elle-même. En ce lieu de l'étendue où nous
sommes actuellement nous-mêmes, d'autres peuples vont
venir, amenés par la rotation ; des mers, des régions lointaines, des montagnes neigeuses, vont prendre notre place ;
et demain, à la même heure, nous serons de retour ici. Là
où vous lisez ces lignes, il passera d'abord la mer, le sombre Atlantique, qui remplacera le bruit de vos jeux par la
grande voix de ses flots. Dans moins d'une heure, l'océan

sera ici. Quelque grand vaisseau de guerre, avec sa triple rangée de canons, viendra flotter peut-être, toutes voiles au vent, au point que nous occupons. — La mer est passée. Ce sont maintenant l'Amérique du Nord, les grands lacs du Canada et les interminables prairies où les Peaux-Rouges poursuivent le bison. — La mer recommence, bien plus large que l'Atlantique ; elle met à défiler près de sept heures. Qu'est-ce que cette trainée d'iles où des pêcheurs empaquetés de fourrures font sécher des harengs ? — Ce sont les Kouriles, au sud du Kamtchatka. Elles passent vite ; à peine avons-nous le temps de leur donner un coup d'œil. — C'est à présent le tour des faces jaunes, des Mongols et des Chinois, aux yeux obliques. Oh ! que de choses curieuses il y aurait à voir ici ! Mais la boule tourne toujours, et la Chine est déjà loin. — Les plateaux sablonneux de l'Asie centrale, des montagnes plus hautes que les nuages viennent après. Voici les pâturages des Tartares où hennissent des troupeaux de cavales, voici les steppes de la Caspienne avec les Cosaques au nez camus ; puis, la Russie méridionale, l'Autriche, l'Allemagne, la Suisse, et enfin la France. — La Terre a fait un tour. — Gardez-vous de croire que ce vertigineux spectacle de la Terre défilant avec la rapidité du boulet soit visible autrement qu'aux yeux de l'esprit. En s'élevant dans les hauteurs de l'air avec un aérostat, il semble tout d'abord qu'on devrait voir rouler le Globe et passer sous ses pieds les terres et les mers. Rien de pareil n'a lieu, car l'atmosphère, tournant elle-même avec la boule terrestre, entraine l'aérostat dans la rotation générale, au lieu de le laisser en place, comme il le faudrait pour que l'observateur eût successivement sous les yeux les diverses régions de la Terre.

CINQUIÈME LEÇON

LA FORCE CENTRIFUGE ET L'INERTIE

L'axe et les pôles, 1. — L'équateur et les parallèles, 1. — Le verre d'eau qui se renverse sans se vider, 2. — Le fil rompu par le mouvement rotatoire, 2. — La force centrifuge, 2. — La bulle d'huile, 3, — Déformation d'une sphère liquide qui tourne, 3. — L'aplatissement polaire et le renflement équatorial, 4. — Fluidité primitive du Globe, 4. — Antagonisme entre la force centrifuge et l'attraction terrestre, 5. — Le monde où la pesanteur est détruite, 6. — La Terre immobile qui se meurt, 7. — Le caillou du bord de la route, 8. — L'inertie, 9. — La roue mise en branle, 10. — La Terre conserve pour toujours une même somme d'énergies mécaniques, 10. — Invariabilité de sa rotation, 10.

1. Si l'on voulait, au moyen d'une orange, représenter le mouvement de rotation de la Terre, il faudrait embrocher cette orange avec une aiguille à tricoter, et puis la faire tourner autour. On donne alors le nom d'*axe* à l'aiguille qui traverse le fruit de part en part, et le nom de *pôles* aux deux points opposés où l'aiguille perce l'écorce. Pour venir en aide à l'intelligence, on suppose que le globe terrestre soit transpercé, comme l'orange, d'une longue aiguille autour de laquelle s'effectue sa rotation journalière. Cette aiguille, purement idéale, prend, comme l'aiguille réelle de l'orange, le nom d'axe ; et les points où elle perce la surface du Globe s'appellent encore les pôles. D'après cela on doit définir *l'axe terrestre : la ligne idéale autour de laquelle la Terre effectue sa rotation de chaque jour; et les pôles : les deux points opposés où l'axe perce la surface du Globe.*

Revenons à notre orange et faisons-la tourner autour de l'aiguille. Chaque point de sa surface tourne suivant un cercle perpendiculaire à l'aiguille, ici plus grand, là plus petit, suivant que le point considéré est plus éloigné ou plus voisin des pôles. Aux pôles mêmes, le cercle décrit est nul ; en

deçà, il s'agrandit à mesure que le point est pris plus près
de la région moyenne de l'orange ; et enfin, dans cette région moyenne, à égale distance de l'un et l'autre pôle, le
cercle parcouru est le plus grand de tous. Cela s'applique
mot pour mot à la Terre. Les divers points de sa surface
tournent autour de l'axe, suivant des cercles inégaux. Les
points, à égale distance des deux pôles, parcourent le cercle le plus grand de tous et nommé *équateur;* les autres décrivent des cercles, appelés *parallèles,* d'autant plus petits
que ces points sont eux-mêmes plus voisins de l'un ou l'autre
pôle. Pour les besoins du langage, ces différents cercles,
équateur et parallèles, décrits autour de l'axe par les points
de la surface terrestre en mouvement, sont supposés tracés
sur le Globe ; et alors on définit l'*équateur : un grand cercle*
à égale distance des deux pôles; et *les parallèles : de petits*
cercles parallèles à l'équateur[1]. L'équateur est évidemment
unique. Il divise la Terre en deux parties égales ou *hémi-*
sphères, savoir : l'*hémisphère boréal,* du côté où nous sommes, et l'*hémisphère austral,* du côté opposé. Les parallèles,
au contraire, sont en nombre indéfini; on peut en concevoir à la surface du Globe autant que l'on voudra. Chacun
d'eux divise la Terre en parties inégales. Tous, équateur et
parallèles, sont perpendiculaires à l'axe et ont leur centre
sur cet axe ; tous, enfin, n'ont qu'une existence imaginaire,
et il faut bien se garder de les matérialiser en se figurant la
Terre cerclée comme une futaille.

2. Jusqu'ici, nous avons considéré la Terre comme sphérique, abstraction faite des légères irrégularités de sa surface. Ce n'est pas tout à fait exact : la Terre, comme l'ont
appris des mesures rigoureuses, est un peu renflée à l'équa-

---

[1] Deux cercles sont parallèles lorsqu'ils sont partout à égale distance
l'un de l'autre. — Se rappeler ce qui a été dit plus haut. Un *grand*
cercle est celui que donnerait une section passant par le centre de
la sphère; un *petit cercle* est celui que donnerait une section ne passant pas par le centre.

teur et aplatie aux pôles. La différence entre le rayon aboutissant à l'équateur et le rayon aboutissant à l'un des pôles, est de 21 kilomètres ou d'environ 5 lieues en faveur du premier. Cette différence, sur une sphère de deux mètres de haut, se traduirait aux pôles par trois millimètres en moins, c'est-à-dire serait inappréciable à la vue. Le renflement équatorial et la dépression polaire n'altèrent donc pas sensiblement la forme ronde de la Terre.

Fig. 24.

La légère déformation des pôles et de l'équateur est occasionnée par le mouvement rotatoire lui-même. Quelques expériences nous le prouveront avec toute la clarté désirable. A l'extrémité d'un cordon, liez solidement un verre à demi plein d'eau, et faites-le tourner autour de la main à la

manière d'une fronde (fig. 24). Pendant sa rotation, le verre
se trouve tantôt renversé, tantôt plus ou moins incliné; et cependant, s'il tourne assez vite, malgré sa position renversée
ou inclinée, il ne perd pas une goutte d'eau. Au contraire,
l'eau est retenue contre le fond comme si quelque chose l'y
refoulait avec force. Si le verre restait immobile dans la position renversée qu'il prend en tournant, il est clair que son
contenu s'écoulerait aussitôt. C'est donc le mouvement de rotation qui maintient l'eau dans le verre renversé et la re-
foule contre le fond.

Nouez une pierre avec un fil et faites-la tourner rapidement. Ne sentez-vous pas le fil se tendre de plus en plus, à
mesure que la pierre va plus vite? Accélérez encore, mais
veillez à ce que personne ne soit à vos côtés; accélérez toujours. Crac!... à force de se tendre, le fil vient de casser, et
la pierre est partie au loin. En tournant, la pierre faisait
donc effort pour s'éloigner de la main, centre de son mouvement rotatoire; et de là provenait la tension du fil. Lorsque cet effort a eu atteint une certaine énergie, le fil, trop
violemment tendu, a fini par se rompre. Ainsi, tout corps
animé d'un mouvement de rotation est, par le fait même de
ce mouvement, soumis à une poussée spéciale qui tend à
l'éloigner du point autour duquel il tourne. On donne à cette
poussée, née du mouvement rotatoire, le nom de *force centrifuge*. Elle est d'autant plus énergique que la vitesse du
corps est plus grande. C'est à la force centrifuge que l'eau
doit d'être refoulée contre le fond du verre tournant avec
rapidité, et de ne pouvoir s'écouler malgré l'inclinaison ou
même le renversement complet du vase; c'est par la force
centrifuge qu'est tendu le fil armé d'une pierre, et enfin
rompu si la vitesse est assez grande.

3. La force centrifuge déforme une sphère tournant autour d'un axe; elle l'aplatit aux pôles et la renfle à l'équateur, à la condition, bien entendu, que cette sphère soit
assez molle pour obéir aux tiraillements nés du mouvement

rotatoire. Pour vérifier ce fait, on commence par obtenir,
comme il suit, une sphère douée de la flexibilité voulue.
Versée dans de l'eau, l'huile vient surnager; dans de l'alcool, elle gagne le fond. Elle est plus légère que l'eau, plus
lourde que l'alcool. Mais dans un mélange convenable d'eau
et d'acool, l'huile s'arrête au milieu du
liquide et se conglobe en une belle sphère
de la grosseur d'une pomme (fig. 25).
Mollement suspendue au sein de la li-
queur qui de partout lui prête son appui,
cette grosse bulle d'huile émerveille le
regard et fait aussitôt songer à la Terre,
boule géante suspendue dans le vide. Supposons le globe d'huile traversé en son
milieu par une longue aiguille qu'un mé-

Fig. 25.

canisme d'horlogerie fait tourner rapidement sur elle-même
sans secousses. Par l'effet du frottement, l'aiguille entraîne
peu à peu la sphère huileuse et lui communique son mouvement révolutif, comme si le tout ne faisait qu'un même corps. Or, dès que le
globe huileux tourne, on le voit s'aplatir
aux points où l'aiguille le traverse, c'est-
à-dire à ses pôles, et se renfler tout autour de sa région moyenne, c'est-à-dire de
son équateur (fig. 26). D'ailleurs, l'aplatissement polaire et le renflement équatorial sont d'autant plus prononcés que la
rotation est plus accélérée. Rien de semblable n'aurait lieu si la sphère se compo-
sait d'une matière solide, résistante; parce

Fig. 26.

que alors cette matière n'aurait pas la mobilité voulue pour
obéir à la force centrifuge.

4. La difficulté n'est pas grande à se rendre compte de
la déformation d'une sphère liquide tournant autour d'un
axe. En effet, les points de son équateur sont animés de la

plus grande vitesse parce qu'ils décrivent le cercle le plus
grand ; les points situés aux pôles sont, au contraire, immobiles. Pour les premiers, la force centrifuge atteint sa plus
grande valeur ; pour les seconds, elle est nulle. Alors les
points matériels de l'équateur, obéissant à la force centrifuge qui les pousse en dehors, doivent s'éloigner de l'axe
autant que le permet l'adhésion mutuelle des particules de
la sphère ; et le vide produit dans la masse totale par cet
écartement plus grand des particules équatoriales est comblé par la matière voisine, ce qui amène de proche en proche un affaissement là où la force centrifuge ne se fait pas
sentir, c'est-à-dire aux deux pôles.

Le globe terrestre n'est pas, il est vrai, composé en entier, comme notre globe huileux, d'une substance fluide
mais les eaux des mers couvrent environ les trois quarts de
sa surface, et l'on doit appliquer à cette portion liquide ce
que nous venons d'apprendre sur les effets de la force centrifuge. Alors, par suite de la rotation de la Terre autour de
son axe, les eaux océaniques ont perdu la forme exactement
ronde pour se déprimer aux pôles et se renfler à l'équateur
en un bourrelet énorme de cinq lieues de hauteur, que sou-
tient la force centrifuge. De plus, comme les mesures géométriques démontrent les mêmes déformations dans les continents, il faut que la Terre, à son origine, se soit trouvée
fluide dans toute sa masse, et que, en durcissant avec la suite
des temps, elle ait conservé pour toujours la configuration
donnée par la force centrifuge. L'étude attentive de la Terre
montre en effet que les roches compactes, formant les assi-
ses des continents, ont coulé dans les anciens âges, fluides
comme la fonte dans la fournaise ; elle prouve que, avant de
se dresser au sein des nuages, la matière des montagnes a
fait partie d'un océan universel de minéraux en fusion[1].

_____

[1] Pour de plus grands développements sur ce sujet, voyez *la Science
élémentaire*, LA TERRE.

5. La force centrifuge tend à éloigner les corps de la surface de la Terre; l'attraction terrestre tend à les maintenir en place. Il y a donc antagonisme entre ces deux tendances inverses; mais, comme l'attraction est plus forte, les corps restent en repos à la surface du Globe, ou bien y reviennent par une chute s'ils s'en trouvent éloignés. On conçoit cependant que la force centrifuge pourrait devenir égale à l'attraction, se trouver même prépondérante, si la rotation était assez rapide, car on sait que la valeur de cette force augmente avec la rapidité du mouvement rotatoire. Le calcul établit que, si la Terre tournait autour de son axe 17 fois plus vite, en une heure 25 minutes au lieu de 24 heures, à l'équateur, là où le mouvement est le plus rapide, la force centrifuge serait égale à l'attraction, et les corps ne tomberaient plus dans cette région de la Terre. Une pierre, soulevée au-dessus du sol et abandonnée à elle-même, se maintiendrait toute seule en l'air, sans aucun appui, également attirée vers le centre par l'action de la Terre et repoussée loin du centre par la force centrifuge. Les liquides ne couleraient plus : un vase plein d'eau et renversé sens dessus dessous ne perdrait pas une goutte de son contenu, comme nous l'avons constaté avec le verre tournant à la manière d'une fronde. Les corps perdraient leur poids : il serait aussi facile de soulever de la main un quartier de montagne qu'un simple caillou. Aucune chute ne serait à craindre : précipités d'une hauteur, loin d'atteindre le sol, nous resterions en l'air, suspendus par le mouvement rotatoire.

6. Ce serait un singulier monde, je vous l'assure, que celui où la force centrifuge annullerait l'attraction. Ce monde vous sourit peut-être. Vous songez à la facilité que nous aurions d'entasser montagne sur montagne à l'exemple des Titans de la fable; aux culbutés les plus insensées que nous pourrions nous permettre sans aucun danger. Mais songez aussi que la mer, appelée à l'équateur par une force centrifuge démesurée, s'y amasserait en entier et dominerait

les continents de sa menaçante intumescence; que les fleu-
ves, indociles à la pente du terrain, cesseraient de couler;
que les nuages ne nous verseraient plus leurs averses fécon-
des, la pluie ne pouvant plus tomber; que nos édifices,
dont la solidité est due à la pression de leurs lourdes assi-
ses, n'auraient plus de résistance dès que leurs matériaux
seraient dépourvus de poids, et s'envoleraient au moindre
souffle comme des flocons de laine; que nous-mêmes enfin,
tristes jouets des vents, irions de çà, de là, sans pouvoir
prendre pied. La pesanteur, croyez-moi, est excellente
chose. Quelquefois, il est vrai, elle nous alourdit désagréa-
blement, et nous brise les os dans une chute; mais, en compensation, elle donne la stabilité nécessaire à notre existence.

Supposons que la Terre tourne plus vite, qu'elle tourne
en une heure ou moins. Alors la force centrifuge l'emporte
sur la pesanteur, et tout est bouleversé. L'atmosphère nous
abandonne; elle se déchire, s'échappe par lambeaux et se
déperd dans l'étendue. La mer nous abandonne aussi; ses
flots, que le frein de la pesanteur ne maîtrise plus, roulent
d'un continent à l'autre par-dessus les plus hautes cimes, et
s'en vont tournoyer en trombes insensées dans les plaines
du ciel. Le sol végétal, les pierres isolées, les animaux, les
plantes, et tout ce qui n'est pas solidement uni aux flancs
de la Terre part sans retour, comme lancé par quelque
fronde de géant. De la Terre primitive, il ne reste plus qu'un
squelette de roc nu d'où la force centrifuge ne peut plus
rien arracher. Vous avez vu une roue de voiture roulant sur
une chemin boueux, lancer, lorsque la rotation est rapide,
les parcelles de boue adhérant à son bord. Ainsi ferait la
Terre, si la révolution autour de son axe s'effectuait en une
heure ou moins : dans l'espace, elle projetterait, perdu pour
elle à jamais, tout ce qui n'a pas de solides racines dans ses
entrailles de roc.

7. Les conséquences d'un arrêt graduel dans la rotation

du Globe, et, à plus forte raison, d'un arrêt brusque, ne seraient pas moins redoutables. D'abord le bourrelet océanique, que ne soutiendrait plus la force centrifuge, s'affaisserait, et, refluant vers les deux pôles, couvrirait de ses flots des terres maintenant à sec. Le jour et la nuit augmenteraient l'un et l'autre en durée, tant que la rotation aurait lieu, de plus en plus paresseuse, ce qui changerait de fond en comble les climats actuels, au grand péril des êtres organisés. Quand le repos de la Terre se serait fait, l'hémisphère le dernier en face du Soleil aurait un jour continuel, jour implacable, incompatible avec les êtres vivants, qui demandent, par périodes rapprochées, le repos et la fraîcheur des nuits; l'hémisphère opposé serait plongé dans des ténèbres et dans un hiver sans fin. Du moment qu'elle s'arrêterait sur son axe, la Terre serait morte. — Serons-nous rejetés loin de ce monde par un excès de vitesse rotatoire et lancés tôt ou tard dans les abîmes de l'étendue; ou bien encore la Terre, ralentissant sa vitesse, s'arrêtera-t-elle un jour sur son axe fatigué, comme s'arrête une roue qui, mise une fois en branle, dépense son mouvement et retombe au repos? Est-il possible que la Terre accélère ou ralentisse sa rotation? — Non, rien de tout cela n'est à craindre; la preuve s'en trouve dans les considérations suivantes.

8. Un caillou gît sur le bord de la route. Depuis combien de temps est-il là, couché dans la poudre du sol? Nul ne saurait le dire. S'il n'est heurté par le pied des passants, si une cause quelconque ne vient le tirer du repos, on le retrouvera toujours au point où nous le voyons aujourd'hui, car il est dans l'impuissance absolue de sortir par lui-même de son immobilité. La matière est *inerte :* d'elle-même, elle ne peut se mettre en mouvement. C'est ce que nous enseigne l'expérience de chaque jour. Mais nous prenons ce caillou dans la main. Lancé par la force du bras, il roule sur la route. Il se heurte et rebondit contre les inégalités du sol; il s'engage dans les ornières, qu'il franchit aux dépens de sa vi-

tesse; il amortit son impulsion dans le sable ou la boue; enfin, il s'arrête. Si la route s'était trouvée plus unie, il est visible que le caillou serait allé plus loin; car, moins il y a de chocs contre les obstacles et de frottement sur des surfaces raboteuses, moins aussi le projectile dépense de son impulsion en pure perte, ce qui lui permet de parcourir une plus grande distance.

Un galet arrondi lancé sur la surface d'un étang gelé, va si loin, qu'il semble ne devoir plus s'arrêter. Sur la glace, unie comme un miroir, le projectile n'a pas à vaincre autant de résistances que sur la route; il conserve mieux son impulsion. Aussi, lancé par le même bras, parcourt-il un plus long trajet. Cependant, il s'arrête encore, et pour cause. Ici même, sur cette nappe polie, il y a des obstacles qui détruisent graduellement l'impulsion première; ce sont : le frottement du galet contre la glace et la résistance de l'air traversé. Puisque, une fois lancé, un corps va d'autant plus loin qu'il rencontre moins d'obstacles sur son chemin, on se prend à douter si la cause de l'arrêt, qui survient tôt ou tard, ne résiderait pas uniquement dans les résistances étrangères au mobile.

9. La réflexion change le doute en certitude; elle affirme que, s'il ne rencontrait absolument pas de résistances, le corps lancé ne s'arrêterait plus. Pourquoi s'arrêterait-il, en effet, puisque rien ne contrarie l'impulsion qui l'anime? Pour s'arrêter, il lui faudrait annuler lui-même cette impulsion, la détruire par une autre contraire et née de ses propres énergies, ce qui supposerait dans la matière la faculté d'éveiller une impulsion dans sa masse et de se mettre d'elle-même en mouvement. Ainsi, de ce que la matière est impuissante à quitter par elle-même l'état de repos, elle est encore impuissante à quitter l'état de mouvement; car revenir à l'immobilité, c'est annuler une première impulsion par une autre égale et contraire. Dire de la matière qu'elle ne peut d'elle-même se mettre en mouvement, c'est recon-

naitre qu'elle ne peut non plus s'arrêter. Abstraction faite de
tout obstacle, un corps, lorsqu'il a reçu une impulsion, est
donc en mouvement pour toujours. De plus, il doit garder
constamment la même vitesse, car l'accélérer ou la ralentir, ce serait se donner lui-même une certaine impulsion en
avant ou en arrière ; il doit se mouvoir en ligne droite,
car aucune raison n'existe pour qu'il dévie de cette direction dans un sens plutôt que l'autre. En somme : la matière, dépourvue de volonté et, par suite, indifférente au
repos ainsi qu'au mouvement, nous offre une propriété fondamentale, connue sous le nom d'*inertie*, et consistant en
ceci. Premièrement : *un corps au repos persiste dans cet état
jusqu'à ce que une force étrangère vienne l'en tirer*; secon-
dement: *un corps, une fois lancé en pleine liberté, se meut
pour toujours, avec une égale vitesse, suivant une ligne droite
sans fin.*

10. Une roue est suspendue en l'air, exactement équili-
brée sur son essieu. Avec les mains, nous la mettons en
mouvement. Une, deux, trois.... la voilà partie ; elle tourne.
Toute seule, combien fera-t-elle de tours? Tantôt plus, tantôt moins ; car ici encore l'impulsion est peu à peu annulée
par les résistances à surmonter, frottement contre l'essieu,
rottement contre l'air. Suivant la valeur de ces résistances,
la rotation dure plus ou moins longtemps. Si l'essieu est
graissé, bien glissant, la roue pourra toute seule faire un
grand nombre de tours ; s'il est rude, s'il grince tout rouillé,
elle n'en fera que quelques-uns. Mais en vain mettrions-nous
sur l'essieu la graisse la plus onctueuse, le frottement contre
cet axe ne serait jamais nul, et la roue, entravée d'ailleurs
par l'obstacle de l'air, finirait toujours par s'arrêter.
Cependant la raison ajoute que, en vertu de l'inertie de
la matière, si toute résistance pouvait être supprimée, l'impulsion première se conserverait intacte et la roue tourne-
rait sans fin avec une vitesse invariable. Répétons-le encore,
car c'est d'une haute importance : en lui-même, un corps

inerte n'a rien qui puisse modifier l'impulsion imprimée,
A moins que des résistances étrangères ne viennent détruire
son mouvement, s'il est lancé en liberté, il se mouvra toujours en ligne droite; s'il est mis en mouvement autour
d'un axe, il tournera toujours.

Mécaniquement, la Terre est comparable à cette roue;
mais ici, aucune résistance n'intervient pour affaiblir la rotation. L'axe n'est plus une grossière barre de fer; c'est un
essieu idéal, dont la douceur ne gagnerait rien à toutes les
huiles du monde; un essieu imaginaire, incompatible avec
l'idée du moindre frottement. Enfin, l'air, ni aucune autre
substance, n'oppose d'obstacle; car l'atmosphère tourne
avec la Terre, dont elle fait partie, et, au delà de l'enveloppe aérienne, dans l'étendue où se meut l'énorme boule,
il n'y a rien de matériel[1]. Puisque la Terre n'a pas de résistances à vaincre, elle doit conserver intégralement à travers
les siècles l'impulsion qu'elle reçut à l'aurore du monde.
Sous le doigt du Créateur, la masse inerte s'ébranla, et, depuis, elle tourne, frémissante encore de l'attouchement divin ; elle tourne, sans rien changer à ses énergies, sans rien
déperdre de son mouvement, dont elle doit rendre un jour
compte à Dieu, qui le lui a donné. Du moins, en remontant
aux plus lointains souvenirs, en comparant les observations
astronomiques d'il y a deux mille cinq cents ans aux observations de nos jours, la science constate que, dans cette période de vingt-cinq siècles, la Terre n'a pas varié sa rotation
d'un centième de seconde. Telle elle tournait aux temps reculés où, pour la première fois, les pâtres chaldéens sui-
vaient dans leurs veilles le mouvement du ciel, telle elle
tourne aujourd'hui, et telle elle tournera dans un avenir
dont rien ne peut faire soupçonner la limite.

---

[1] C'est ce qui sera démontré plus loin.

SIXIÈME LEÇON

POLES CÉLESTES ET LATITUDE

1. Sur quelque immense roue en mouvement, une fourmi, si elle pouvait réfléchir dans sa petite tête, se croirait immobile, parce que les points de la machine qui l'entraîne restent toujours dans la même situation par rapport à elle ; mais les objets extérieurs, le sol, les arbres, le ciel, se présentant à tour de rôle à ses regards, lui paraîtraient tourner en sens inverse du mouvement qui l'emporte elle-même. Hormis les objets placés en face de l'essieu, objets qui resteraient immobiles, tout le reste lui semblerait décrire un cercle autour de cet essieu ; de sorte que l'axe de rotation réelle de la roue serait, pour la bestiole illusionnée, l'axe de rotation apparente des objets extérieurs. De même, à nous chétifs, le mouvement de l'énorme machine terrestre nous échappe. Nous nous jugeons en repos, et nous voyons l'étendue, sous les fausses apparences d'une enceinte sphérique, tourner autour de nous d'orient en occident ; si bien que chaque point du ciel semble décrire un cercle autour de l'essieu terrestre, indéfiniment prolongé de part et d'autre, excepté deux points qui se maintiennent immobiles

et correspondent aux deux extrémités de l'axe, prolongé jusqu'à la rencontre de la voûte idéale des cieux. On donne à ces deux points le nom de *pôles célestes*. Chacun d'eux est placé sur la sphère du ciel, en face du pôle terrestre correspondant.

2. Cette remarque nous fournit le moyen de reconnaître, dans l'étendue, la direction de l'axe terrestre, bien que cette ligne soit invisible, puisqu'elle est purement imaginaire. Il suffit, en effet, d'observer quelle est l'étoile qui ne change pas de place, qui ne tourne pas ; ou, s'il n'y en a pas de vraiment immobile, de reconnaître celle qui tourne dans le cercle le plus petit. C'est au centre de ce cercle, le plus étroit de tous, que se trouve le pôle céleste visible d'ici ; c'est, enfin, vers ce point que se dirige l'axe de la Terre. Une observation pareille faite dans les régions opposées du Globe, apprendrait la position du second pôle céleste, que la convexité de la Terre nous empêche de voir des régions où nous sommes.

L'étoile la plus voisine du pôle céleste qui nous correspond s'appelle *la polaire*. Elle n'est pas précisément immobile, mais elle décrit autour du pôle un cercle extrêmement petit. Pour la trouver, on se place, par une nuit sereine, en un lieu découvert, de manière à avoir devant soi la partie du ciel qu'on aurait à sa gauche si l'on regardait le soleil se lever (Je suppose que vous avez eu d'abord la précaution de reconnaître de quel côté le soleil se lève). On voit alors au-dessus de l'horizon un groupe d'étoiles, ou *constellation*, qu'on nomme la *Grande-Ourse*. Cette constellation se compose de quatre étoiles assez brillantes, disposées en une sorte de carré long, et de trois autres placées en une file irrégulière à l'un des angles de ce carré. Par son éclat et sa grandeur, la Grande-Ourse frappe tout de suite les regards, car, dans la partie du ciel où elle se trouve, rien ne peut lui être comparé. Enfin, à cause de sa position dans le voisinage du pôle, elle est visible à toute heure de la nuit. En

tournant autour de l'axe, elle se montre tantôt plus haut,
tantôt plus bas dans le ciel ; mais jamais, pour nos contrées,
elle ne descend sous l'horizon.

3. La figure 27 reproduit la forme de la constellation
dont il s'agit. Quatre étoiles font partie du corps de l'Ourse ;
les trois autres en constituent la queue. Quant aux traits
qui dessinent le contour d'un animal, d'une ourse, ils sont

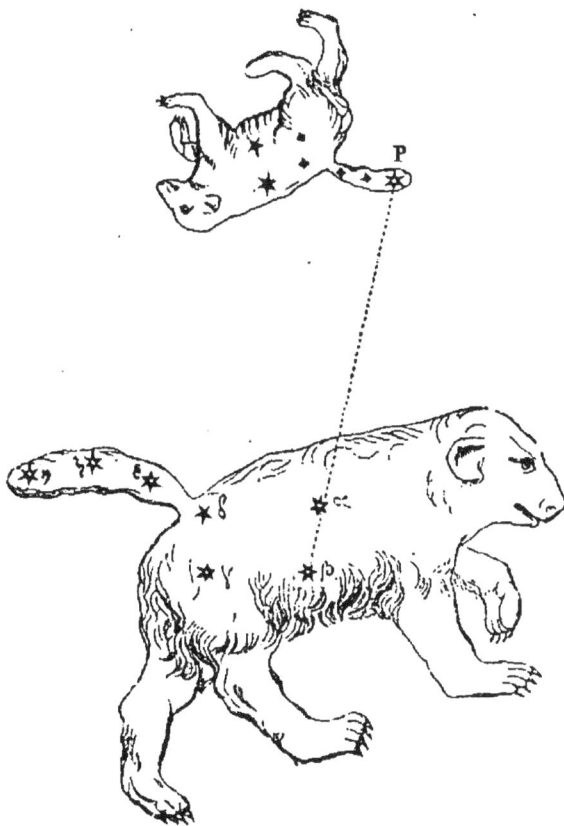

Fig. 27.

imaginaires. Pour se reconnaître au milieu de la multitude des étoiles, les astronomes sont convenus de par-
tager le firmament en diverses régions, auxquelles on a
donné des noms arbitraires, tirés de quelque vague ressemblance avec certains animaux, certains objets. Chacune de
ces régions prend le nom de constellation. Le contour de la

figure 27 délimite la portion du ciel appelée, en astronomie, la Grande-Ourse. Dans cette région se trouvent comprises plusieurs étoiles, parmi lesquelles sept seulement sont remarquables; ce sont les sept que représente notre image. Les autres ne sont pas figurées. La dénomination de Grande-Ourse appliquée à la région du ciel qui nous occupe est donc affaire de simple convention. Reconnaissons même qu'elle est assez mal choisie, car, pour englober trois des principales étoiles de la constellation, il faut donner à la figure de l'Ourse une queue énorme, tandis que l'animal réel n'en a presque pas. Aussi d'autres appellent les sept étoiles principales de la Grande-Ourse, le Chariot de David. Dans ce cas, les quatre étoiles groupées en carré long figurent le char avec ses quatre roues, et les trois autres figurent le timon.

En dehors de la Grande-Ourse, tantôt au-dessus, tantôt au-dessous ou à côté, suivant l'époque de l'observation, on voit un autre groupe de sept étoiles, disposées de la même manière que les sept dont nous venons de parler; seulement elles sont plus faibles d'éclat et embrassent une région moins étendue. Quatre sont disposées en carré irrégulier, trois autres partent d'un angle de ce carré et forment une queue. Cette nouvelle constellation porte le nom de *Petite-Ourse*. Remarquons que la queue de la Petite-Ourse est toujours tournée en sens inverse de celle de la constellation précédente; remarquons enfin que l'étoile P (fig. 27), qui termine la queue de la Petite-Ourse, est la plus brillante du groupe. Eh bien! cette étoile P, c'est la Polaire, c'est l'étoile qui, dans notre ciel, reste à très-peu près immobile quand tout le firmament est entraîné, en apparence, d'un mouvement circulaire d'orient en occident. C'est donc tout près de cet étoile que l'axe de la Terre prolongé rencontre la voûte idéale du ciel. Pour trouver facilement la Polaire quand on connaît la Grande-Ourse, on s'y prend comme il suit : par les deux étoiles extrêmes du quadrilatère de la

Grande-Ourse [1], on suppose une ligne droite, qui, prolongée dans le ciel, rencontre une étoile plus brillante qu'aucune de celles qui l'avoisinent. Cette étoile brillante est la Polaire. On vérifie si l'on n'a pas fait erreur, en examinant si l'étoile ainsi trouvée termine bien la queue d'une petite constellation pareille à la Grande-Ourse, et placée en sens inverse.

Au pôle céleste opposé, il n'y a pas d'étoile remarquable. La constellation la plus voisine s'appelle l'*Hydre*. Inutile de nous occuper davantage de cette région du ciel, que la plupart d'entre nous ne verront jamais.

4. Les deux pôles de la Terre tirent leurs noms de la constellation de l'Ourse. Celui qui se trouve en face de la Polaire, s'appelle pôle *arctique*, du mot grec *arctos*, signifiant ourse. C'est le pôle le plus rapproché de nous. L'autre, placé à l'extrémité de la Terre diamétralement opposée, prend le nom de pôle antarctique, c'est-à-dire opposé à l'Ourse. On donne aussi au premier le nom de pôle boréal ou septentrional, et au second celui de pôle austral ou méridional. Enfin, on leur applique aussi les noms de pôle nord et de pôle sud.

La direction de l'axe de la Terre et celle du mouvement apparent des astres, déterminent les quatre points cardinaux, savoir : le Nord, le Sud, l'Est et l'Ouest. L'axe à la direction nord-sud ; le mouvement apparent des astres, la direction est-ouest. Déterminer les quatre points cardinaux, c'est ce qu'on appelle *s'orienter*. Pour s'orienter de jour, on se place en face du soleil levant. On a alors l'est devant soi, l'ouest en arrière, le nord à gauche et le sud à droite. On peut encore se placer en face du soleil couchant. Dans ce cas, l'ouest est devant soi, l'est en arrière, le nord à droite et le sud à gauche. Pour s'orienter de nuit, on regarde la Polaire, ou simplement la Grande-Ourse. Dans ces conditions,

[1] On nomme ces deux étoiles les gardes de la Grande-Ourse.

le nord est devant soi, le sud en arrière, l'est à droite et l'ouest à gauche[1]. Les quatre points cardinaux portent chacun divers noms qu'il est bon de savoir. Ainsi, le nord s'appelle encore septentrion; le sud, midi; l'est, orient ou levant; l'ouest, occident ou couchant. Dans une carte, le nord est toujours en haut, le sud en bas, l'est à droite et l'ouest à gauche.

5. La Polaire est-elle bien éloignée de nous? A quelle distance, en général, se trouvent les étoiles? — Le plus simple usage des instruments astronomiques permet de donner à cette question une réponse suffisante pour le moment. Les lunettes d'approche, comme leur nom l'indique, nous font voir les objets plus rapprochés qu'ils ne le sont en réalité; elles les transportent, pour ainsi dire, sous nos yeux et les mettent à la portée de nos regards. Placée à trois cents mètre de nous, une page d'un livre serait non-seulement illisible, mais encore à peine pourrait-elle être vue dans son ensemble. Avec une lunette rapprochant six cents fois, la page sera comme transportée à un demi-mètre du regard; et, par cet artifice, la lecture en deviendra possible aussi bien que si le livre était réellement sous nos yeux. Mais, en même temps qu'elle rapproche les objets, la lunette les fait apparaître plus grands. C'est, du reste, ce qui arrive pour la vue simple. Un objet nous semble d'autant plus petit qu'il est plus éloigné; s'il se rapproche, ou si nous-mêmes nous nous en rapprochons, il se montre plus grand. Les montagnes lointaines de l'horizon nous semblent de médiocres collines; si nous étions dans leur voisinage, nous serions étonnés de leurs masses. A une ou deux lieues de distance, une grande maison n'est plus qu'un tout petit point blanc; suffisamment rapprochée, elle reprend à nos yeux ses vraies dimensions. Les lunettes amplifient donc les astres tout en les rapprochant, et l'amplification augmente dans le

---

[1] La boussole peut également servir à s'orienter. C'est une aiguille d'acier aimantée, pouvant tourner librement sur un pivot vertical. Elle indique à peu près la direction nord-sud.

même rapport que le rapprochement, c'est-à-dire que si, par le jeu des verres, un astre se montre cent fois plus près de nous, du même coup, il apparait cent fois plus grand.

6. Une lunette astronomique rapprochant cent fois est dirigée, je suppose, vers la Lune. Aussitôt le disque lunaire devient un orbe cent fois plus large que l'astre vu sans instrument. Et c'est un spectacle d'un attrait irrésistible, je vous l'assure, que celui de la Lune cent fois grossie, étalant aux regards ses grandes plaines grises, ses immenses entonnoirs volcaniques pleins de ténèbres, et ses montagnes sourcilleuses dont les pics flamboient au soleil. Mais, chut ! tout cela ne nous regarde pas encore ; nous y reviendrons plus tard. Constatons seulement que la Lune, cent fois rapprochée par la lunette astronomique, s'aggrandit dans le même rapport.

Maintenant, la même lunette est dirigée vers l'étoile la plus brillante du ciel. Sans doute, l'astre, cent fois plus rapproché de nous, va nous apparaître cent fois plus grand et acquérir, au moins, la largeur d'un empan. Mais qu'est ceci ? Vue dans la puissante machine, l'étoile reste un tout petit point lumineux de grandeur inappréciable. En vain, pour nos regards, elle est comme cent fois plus près, elle ne grossit pas ; au contraire, elle diminue, car, dans sa rigoureuse précision, la lunette la dépouille de l'irradiation confuse dont elle est entourée à la vue simple. On essaie d'un instrument qui rapproche mille fois, cinq mille, huit mille, dix mille. Rien n'y fait : l'étoile persiste dans ses imperceptibles dimensions ; pour l'amplifier, tous nos efforts échouent. La cause ne peut en être que celle-ci : cette étoile est immensément plus éloignée que la Lune, grossissant dans nos lunettes sans aucune difficulté ; sa distance est si prodigieuse, qu'il ne nous sert à rien pour la vision de la rendre dix mille fois moindre. La Lune est à une belle distance de la Terre ; sans plus ample informé, nous en sommes tous convaincus. Eh bien ! voici une autre distance, celle

4

de la Terre à l'étoile la plus brillante, qui est comme infinie
par rapport à la première, sinon, à force de rapprocher
l'étoile avec nos instruments, nous finirions par la voir gran-
dir. Et que sera-ce d'autres étoiles moins brillantes, comme
la Polaire, et d'autres encore que nous distinguons à peine ?
Il faut certainement entasser immensité sur immensité pour
évaluer ces inconcevables étendues ; il faut reculer les étoiles
jusqu'à des profondeurs devant lesquelles toute imagination
recule éperdue. La Polaire est donc si éloignée, que, pour
remplir la distance qui nous en sépare, la Terre, aux flancs
si vastes, n'est plus qu'une modeste bille ; moins que cela :
un grain de poussière ; moins que cela : rien.

7. A cause de la forme ronde de la Terre, il faut, pour
voir la Polaire, élever plus ou moins le regard dans le ciel,
suivant le point où l'on se
trouve sur le Globe. Ainsi,
un observateur placé au
pôle arctique, en P (fig.
28), verrait cette étoile
exactement au-dessus de
sa tête, au beau milieu du
ciel, sur le prolongement
de la ligne A'A, axe de la
Terre. Si l'observateur se
transporte de P en B, dans
quelle direction mainte-
nant verra-t-il la Polaire ?
— Il la verra suivant la
même direction que d'a-
bord, parce que la valeur

Fig. 28.

de son déplacement sur la Terre n'est rien par rapport à la
distance qui le sépare de cette étoile ; il la verra, enfin, suivant
la ligne B*b*, dirigée de la même façon que PA, c'est-à-dire
parallèle à cette dernière [1]. A la rigueur, les deux lignes

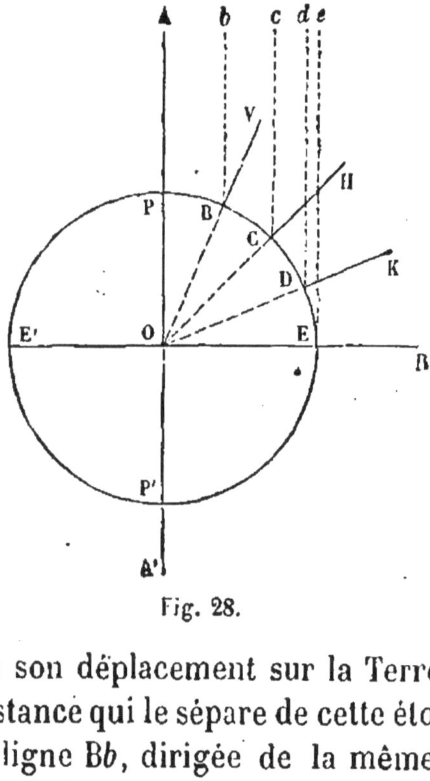

---

[1] **Deux** droites sont dites *parallèles* lorsqu'elles sont partout à égale

visuelles PA et B*b* se rencontrent, puisqu'elles vont toutes
les deux aboutir à l'étoile polaire ; mais leur rencontre se
fait à une hauteur si prodigieuse, qu'on peut, sans aucune
erreur dans les résultats, les considérer comme ne se rencontrant jamais, c'est-à-dire comme étant parallèles. Finalement, l'observateur situé en B apercevra la Polaire dans
la direction B*b*, parallèle à PA. Mais alors, il est visible,
d'après la figure, que l'étoile n'occupe plus le point culminant du ciel, le *zénith*, c'est-à-dire le point directement
placé au-dessus de la tête, enfin, le point où irait aboutir la
verticale BV prolongée [2] ; mais bien une position intermédiaire entre le zénith et l'horizon [3]. Pour l'observateur, la
Polaire semble donc être descendue du haut de la voûte
des cieux pour se rapprocher de l'horizon. En C, même
remarque : la Polaire, vue toujours suivant la parallèle C*c*,

---

distance l'une de l'autre. Il est clair que de pareilles lignes ne peuvent
jamais se rencontrer à quelque distance qu'on les prolonge. Les bords
opposés d'un livre, d'une règle, sont des droites parallèles.

[2] Se rappeler que la *verticale* est la direction du fil à plomb. Idéalement prolongée, la verticale passe, d'un côté, par le centre de la Terre,
et de l'autre, par le sommet de la voûte céleste embrassée par le regard de l'observateur. Le point où elle atteint cette voûte s'appelle le
zénith. Le zénith est le point du ciel exactement situé au-dessus de
notre tête, car, en nous tenant debout, nous occupons la direction verticale.

[3] Il faut entendre par *horizon* au point B, la surface plane du sol
idéalement prolongée en tout sens. Ce plan idéal sépare la portion
du ciel visible pour l'observateur, de celle qui ne l'est pas. Il contient
la ligne circulaire bornant la vue en rase campagne, et nommée pareillement horizon. Si l'on voulait, dans notre image, représenter l'horizon du point B, il faudrait par ce point mener une ligne droite
rasant la courbure du globe, c'est-à-dire une tangente. Toute la portion du ciel qui serait au-dessus de cette ligne, ou mieux du plan
qu'elle représente ici, serait visible pour l'observateur placé en B ; toute
la portion située en dessous serait invisible. Cela se comprend à merveille si l'on considère que l'observateur n'est lui-même qu'un point sans
dimensions appréciables, dont la vue est immédiatement bornée par la
courbure de la Terre. On dit, plus géométriquement, que l'*horizon est
un plan perpendiculaire à la verticale.*

est éloignée du zénith de l'angle HC*c*, plus grand que son analogue de la station précédente ; et, par suite, se trouve encore plus rapprochée de l'horizon. En D, la distance au zénith augmente encore ; enfin, à l'équateur E, l'observateur voit la Polaire exactement à l'horizon, sur le prolongement de la ligne E*e* rasant la surface de la Terre. S'il dépasse l'équateur et se transporte dans l'autre hémisphère, l'observateur cesse d'apercevoir la Polaire, qui plonge au-dessous de l'horizon. La convexité de la Terre lui masque la vue du pôle céleste boréal ; mais aussi, à partir de l'équateur, les constellations voisines du pôle austral commencent à être visibles, pour se relever peu à peu au-dessus de l'horizon à mesure que le spectateur se rapproche du pôle austral de la Terre.

8. Résumons-nous : au pôle nord de la Terre, la Polaire serait située au sommet du ciel, directement au-dessus de la tête du spectateur. En s'avançant du pôle vers l'équateur, le spectateur verrait l'étoile quitter le haut de la voûte céleste et se rapprocher graduellement de l'horizon ; à l'équateur, il la verrait à l'horizon même, et, par delà, il cesserait de la voir. Mais alors se montreraient les constellations voisines du pôle opposé, qui reproduiraient les mêmes apparences, s'élevant au-dessus de l'horizon ou s'abaissant suivant que le spectateur se rapprocherait lui-même du pôle austral de la Terre ou s'en éloignerait.

On appelle *distance zénithale du pôle* pour un lieu, *l'angle que forme la direction de la Polaire avec la verticale de ce lieu*[1]. Cet angle est nul au pôle même de la Terre, car alors la Polaire se trouve précisément au zénith, sur le prolongement de la verticale ; il est de 90 degrés à l'équateur. On

---

[1] Il serait plus exact de dire que la distance zénithale du pôle est l'angle que forme avec la verticale d'un lieu la direction du pôle céleste, c'est-à-dire l'axe même de la Terre. Pour mieux fixer les idées, nous supposons que la Polaire se trouve sur le prolongement de l'axe terrestre, ce qui n'est pas rigoureusement vrai. Du reste, ce que nous disons de la Polaire s'applique au pôle céleste exactement déterminé.

appelle *hauteur du pôle* pour un lieu, *l'angle que forme la Polaire avec l'horizon de ce lieu.* Cet angle est de 90 degrés au pôle arctique de la Terre; il est nul à l'équateur. La distance zénithale du pôle et la hauteur du pôle valent ensemble 90 degrés, car elles embrassent ensemble le quart d'une circonférence, le quart du ciel, depuis le point situé au-dessus de la tête jusqu'au bord extrême de l'horizon.

9. La considération de la distance zénithale du pôle est d'une importance extrême : elle sert de base à la construction des cartes géographiques. Quand on vous donne une carte à faire, vous en trouvez le modèle sur un atlas; votre travail se borne à copier un dessin géographique, à le reproduire comme un dessin ordinaire, à le calquer même, ce qui est plus tôt fait. Mais, les premières cartes géographiques comment les a-t-on obtenues, alors qu'on n'avait pas de modèle sous les yeux? La figure d'un continent ne se dessine pas comme celle d'un objet que le regard embrasse en son entier. Nous rampons sur le sol, le regard emprisonné dans une étendue de quelques arpents ; nous entrevoyons à peine le clocher du village voisin, et il nous faut tracer le portrait de la Terre, dessiner une mappemonde avec le contour de ses continents et de ses mers, comme si, du sommet du ciel, notre vue planait sur un hémisphère entier. Nous sommes à peu près dans le cas d'un aveugle qui devrait tracer le croquis d'un paysage ; et pourtant la difficulté, on dirait presque l'impossibilité, est admirablement résolue. Ne pouvant embrasser du regard une partie un peu considérable de la surface terrestre, pas même une province, pas même un modeste canton, le géographe tourne le problème : il demande aux astres la position du point où il se trouve; pour dessiner la Terre, il regarde le ciel. Pour tracer une carte exacte du Globe, il lui suffit de voir les étoiles, radieux jalons de l'arpentage du monde. Arrêtons-nous un instant sur les points les plus élémentaires de cette merveilleuse méthode.

10. Dans la figure 29, le cercle dont le centre est en O représente la Terre. P et P' sont les deux pôles; AA', c'est l'axe terrestre qui, prolongé dans le haut aboutit à l'étoile polaire; EE', c'est l'équateur. Un observateur est en B, et il désire savoir la position de ce point sur le Globe. A cet effet, il mesure, avec un graphomètre, l'angle VB*b* que forment la ligne visuelle menée à la Polaire et la verticale VB, donnée par le fil à plomb; en d'autres termes, il mesure la distance zénithale du pôle céleste. Il trouve pour cet angle 30 degrés,

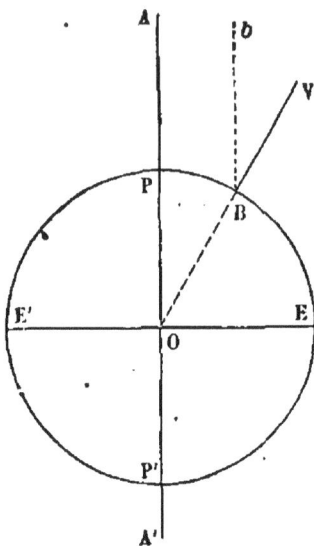

Fig. 29.

je suppose. Mais l'angle VB*b* que l'observateur vient de mesurer est précisément égal à l'angle BOP, formé par le rayon terrestre correspondant à la station de l'opérateur et l'axe même de la Terre. Un coup d'œil jeté sur la figure suffit pour vous convaincre de cette égalité, que la géométrie, du reste, démontre être rigoureuse, à cause du parallélisme des droites OA, B*b*[1]. Par ce détour ingénieux, l'observateur a donc la valeur d'un angle dont le sommet est au centre de la Terre, avec la même précision que s'il avait réellement transporté son graphomètre au beau milieu du Globe. Dans une leçon précédente, nous avons déjà vu quelque chose de pareil. Cette mesure exacte d'un angle qu'on ne voit pas n'a donc plus rien d'étonnant pour vous.

[1] Cette égalité peut s'établir de la manière suivante. Deux droites, ainsi qu'on l'a vu plus haut, sont dites parallèles lorsque, étant partout à la même distance l'une de l'autre, elles ne peuvent jamais se rencontrer. Pour tracer sur le papier deux parallèles, on se sert d'une règle et d'une équerre. L'équerre est une mince planchette en bois de forme triangulaire. La règle étant appliquée sur la feuille de papier, on met

Voilà qui est bien : on connaît l'angle BOP que forment le rayon et l'axe de la Terre; mais que nous apprend cet angle

l'équerre en contact avec la règle par un de ses côtés, dans la position CDH de la figure 30; puis, avec un crayon, on trace la ligne CD. Sans remuer la règle, on fait alors glisser l'équerre dans une seconde position *cdh*, et on trace la nouvelle ligne *cd*. Les deux lignes ainsi obtenues sont parallèles. L'équerre, en effet, glisse tout d'une pièce le long de la règle, en s'éloignant également de partout de sa position initiale. Alors son arête CD, dans les diverses positions qu'elle peut occuper, et en particulier dans la position *cd*, est d'un bout à l'autre à une même distance de sa position première. CD et *cd* sont donc parallèles.

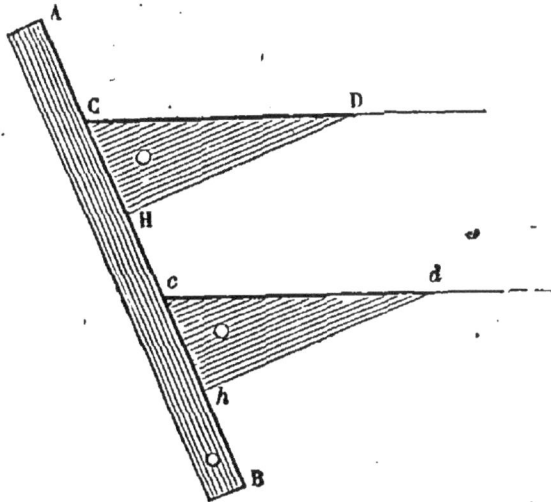

Fig. 30.

Il est maintenant visible que les angles DCB et *dc*B, formés par la règle et les parallèles, sont égaux entre eux, car ils sont égaux l'un et l'autre à l'angle C de l'équerre. Or, c'est précisément dans ce cas que se trouvent les angles BOP VB*b* de la figure 29, car on peut imaginer les deux parallèles OA et B*b* comme données par une équerre qui aurait glissé suivant une règle OV.

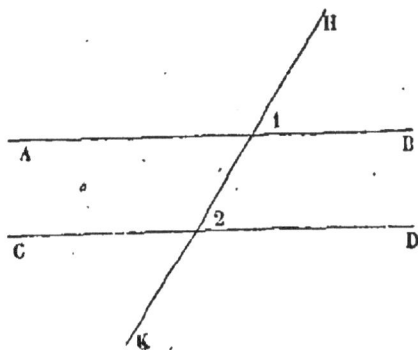

Si deux droites parallèles AB et CD (fig 31) sont coupées par une troisième HK, qui prend

Fig. 31.

alors le nom de *sécante*, d'un mot signifiant couper, les angles tels que 1 et 2 sont appelés *angles correspondants*, car ils correspondent au même angle de l'équerre qui, pour le tracé des deux parallèles, glisserait suivant la règle représentée par la sécante. Nous dirons donc désormais : *Si deux droites parallèles sont coupées par une sécante, les angles correspondants sont égaux.*

sur la position du point où se trouve l'observateur? — Il
nous apprend beaucoup, car, si cet angle est de 30 degrés,
l'arc terrestre PB, depuis le pôle jusqu'à l'observateur, est
lui-même de 30 degrés ; et l'arc BE, depuis l'observateur
jusqu'à l'équateur, est de 60 degrés, puisque les deux arcs
embrassent ensemble le quart de la circonférence. Tradui-
sons ces degrés par des longueurs. Le quart du tour de la
Terre vaut 2500 lieues. L'arc PB étant de 30 degrés et
l'arc BE de 60, le premier vaut le tiers de 2500 lieues, et
le second les deux tiers ou le restant. La mesure de la distance zénithale du pôle nous apprend donc que le point en
question se trouve à 833 lieues du pôle de la Terre, et à
1667 lieues de l'équateur. Ne voyez-vous pas déjà que la
distance zénithale du pôle vaut la peine d'être mesurée? En
un coup d'œil donné au graphomètre et presque sans travail, on connait deux distances qu'on n'aurait jamais pu
mesurer directement.

11. Continuons. On entend par *latitude* d'un lieu la *distance en degrés de ce lieu à l'équateur*. Cette distance se
mesure sur un grand cercle qui fait le tour de la terre en
passant par les deux pôles. D'après cela, la latitude du point
B (fig. 29) est de 60 degrés, puisque l'arc de grand cercle BE,
compris entre ce point et l'équateur, vient d'être trouvé
égal à 60 degrés. Il résulte aussi du paragraphe précédent
que, pour avoir la latitude d'un point de la surface terrestre,
il suffit de mesurer pour ce point la distance zénithale du
pôle céleste. En retranchant l'angle trouvé de 90 degrés,
on a la valeur de la latitude [1]. Remarquons, enfin, que
lorsqu'il s'agit de la distance d'un point à l'équateur, il faut
évidemment spécifier si ce point est au-dessus ou au-dessous de ce cercle, dans l'hémisphère nord ou dans l'hémisphère sud. De là, deux sortes de latitudes : *latitude boréale*

---

[1] La latitude d'un lieu est encore égale à la hauteur du pôle céleste
au-dessus de l'horizon de ce lieu. C'est évident, puisque la hauteur du
pôle vaut 90 degrés, moins la distance zénithale.

pour les points situés au nord de l'équateur ; *latitude aus-*
trale pour les points situés au sud de l'équateur. La première s'obtient au moyen de l'angle fourni par l'observation
de la distance zénithale du pôle céleste boréal ; la seconde,
au moyen d'une observation pareille relative au pôle austral.

Cela dit, admettons que l'observation du pôle ait donné,
pour un lieu de la Terre, une latitude boréale de 26 degrés.
Il nous faut maintenant placer ce point avec exactitude sur
un globe géographique en construction. D'abord nous fa-
çonnons un globe en carton qui figurera la Terre. Une
aiguille de fer traverse de part en part ce globe et représente l'axe terrestre. Les points où elle perce le carton sont
les deux pôles. Enfin, un grand cercle est tracé autour de
la boule à égale distance des pôles ; c'est l'équateur. Pour
placer notre point, nous commencerons par décrire sur le
globe de carton un grand cercle quelconque PAP' (fig. 32),
passant par les deux pôles ;
et sur ce cercle, à partir de
l'équateur, nous comptons
vers le nord, exactement 26
degrés, comme le représente
la figure 32. Enfin par le
point A ainsi obtenu, nous
faisons passer un petit cercle
BAC parallèle à l'équateur.
Nous sommes certains que
le point à placer sur le globe
doit se trouver quelque part
sur ce cercle, soit dans sa
partie visible sur la figure 32,

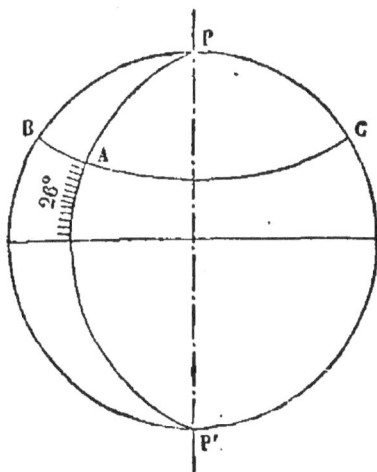

Fig. 32.

soit dans sa partie invisible, car tous les points de ce cercle
ont 26 degrés de latitude boréale, soit enfin, à 26 degrés
au nord de l'équateur. Ainsi donc, en relevant la latitude
pour les divers points de la Terre, on peut ensuite trouver
exactement à quels parallèles ces points appartiennent sur

le globe géographique, tant au-dessus qu'au-dessous de l'équateur, et le travail de la représentation fidèle de la Terre se trouve à moitié fait. Pour trouver le domicile d'une personne dans une grande ville, il faut savoir son adresse : sa rue et son numéro. De même, pour placer les points terrestres sur le globe géographique que l'on construit, il faut d'abord connaître leur rue, c'est-à-dire leur parallèle, leur latitude, donnée par l'observation du pôle céleste. Mais ce n'est pas assez : il faut savoir aussi leur numéro, c'est-à-dire leur place sur le parallèle correspondant. C'est ce que nous apprendra la leçon suivante.

SEPTIÈME LEÇON

L'HEURE ET LA LONGITUDE

1. La Terre tourne devant le Soleil ; en vingt quatre heures, elle lui présente ses flancs, qui en reçoivent, à tour de rôle, leur part quotidienne de chaleur, de lumière et de vie. Pour un regard qui, des profondeurs de l'espace, embrasserait dans une même perspective la Terre et le Soleil, ce dernier apparaîtrait comme un globe énorme emplissant le ciel de ses effluves lumineuses ; la première, comme une

humble boule à demi éclairée, à demi obscure, tournant, respectueuse, devant la gloire de l'astre souverain. Un grain de sable pirouettant devant un gros boulet rouge de feu, telle est la Terre en face du Soleil. Pour nous, les apparences renversent ses rapports. La Terre, dont le volume semble au-dessus de toute comparaison, parce que, dans la faible partie accessible au regard, elle se montre à nous avec ses dimensions réelles, la Terre est réputée immobile sur son immense base; et le Soleil, amoindri par la distance, réduit à un disque étincelant, parcourt le ciel pour lui distribuer ses rayons. Il monte à l'orient dans la brume matinale, il s'élève, toujours plus chaud, plus radieux, jusqu'au sommet du ciel, où il arrive à midi; puis, redescendant des hauteurs de la voûte céleste, il plonge à l'occident dans la pourpre du soir, pour continuer sa carrière dans l'autre moitié des cieux, réchauffer de nouvelles contrées et nous revenir le lendemain. Ce voyage apparent est chose toute simple, si l'on considère que la Terre, en tournant sur elle-même de l'ouest à l'est, dans l'intervalle de vingt-quatre heures, présente tour à tour à l'astre ses diverses régions, de telle sorte que chacune d'elles voit successivement le Soleil au bord oriental de l'horizon, puis au sommet du ciel quand la rotation l'a amenée sous les feux directs de l'astre, plus tard enfin au bord occidental, absolument comme si le Soleil lui-même tournait de l'est à l'ouest à l'entour de la Terre immobile. Que la Terre pirouette d'occident en orient en face du Soleil, ou bien que le Soleil circule en sens inverse autour de la Terre en repos, les résultats sont les mêmes; aussi, pour faciliter l'exposition est-il préférable de se conformer aux apparences. Nous dirons donc que le Soleil tourne d'orient en occident; mais ne perdons pas de vue que c'est ici pure concession aux habitudes du langage.

2. Évidemment, le Soleil ne peut éclairer à la fois que la moitié de la boule terrestre. Pour cette moitié, c'est le jour; pour l'autre, c'est la nuit. A l'heure de midi, l'astre atteint

le point le plus élevé de sa course; il occupe le milieu du
demi-cercle décrit au-dessus de l'horizon. Imaginons un
plan idéal qui passe par la verticale du lieu où nous sommes
et par l'axe de la Terre. Si on le suppose indéfiniment prolongé tant au-dessus qu'au-dessous à travers la Terre et
l'étendue environnante, il partagera la Terre en deux parties
égales, l'une à l'orient, l'autre à l'occident; il partagera de
même la sphère du ciel en deux moitiés égales. Il divisera,
en particulier, par le milieu la voûte céleste placée au-dessus
de nos têtes, et comprendra, par conséquent le soleil de
midi. D'où le nom de *Méridien* qu'on lui donne, d'un mot
latin signifiant milieu du jour. Ce plan trace à la surface de
la Terre un grand cercle idéal qui fait le tour du Globe, en
passant par les deux pôles, et prend aussi le nom de méridien. D'après ces définitions, il est midi pour un lieu quand
le Soleil est directement situé au-dessus du méridien qui
passe par ce lieu, ou, ce qui revient au même, quand il atteint le plan de ce méridien idéalement prolongé dans le
ciel. Tous les points situés sur une moitié d'un même méridien, dans l'hémisphère en regard du Soleil, ont midi au
même instant d'une extrémité à l'autre de la Terre; tous les
points situés dans l'hémisphère opposé, sur la seconde moitié de ce méridien, ont minuit.

Une question fondamentale à résoudre est celle-ci : trouver, pour un lieu, l'instant précis où le Soleil atteint le plan
du méridien, ou, en d'autres termes, déterminer l'instant
précis du milieu du jour, de midi. Vous avez ici une réponse
toute prête; vous dites : c'est bien simple; il suffit d'avoir
une bonne montre, et, quand l'aiguille arrivera sur la division de midi, le Soleil passera par le méridien.— D'accord,
si la montre est parfaitement réglée. Mais remarquez que
tous nos instruments d'horlogerie suivent pas à pas, autant
que le permet leur imperfection, l'immuable horloge des
cieux; ils mesurent le temps d'après le mouvement uniforme
de la Terre autour de son axe, ou, si vous voulez, d'après la

rotation apparente du ciel autour de nous. Une montre ne donne l'heure vraie qu'autant qu'elle est réglée sur le grand cadran céleste, nous distribuant les heures avec une inflexible uniformité; elle doit suivre, dans le mouvement de ses aiguilles, le mouvement régulateur du Soleil, de sorte que, en principe, une observation astronomique donne l'heure à toutes les montres, même à la vôtre, pour laquelle vous ne consultez guère le ciel, mais une autre montre, une horloge, qui, de proche en proche, ont été réglées sur le Soleil.

3. Et puis, un instrument d'horlogerie n'indique l'heure vraie qu'au méridien du lieu où il a été réglé. Vous partez de Lyon, je suppose, avec une excellente montre fort bien mise à l'heure; vous vous acheminez vers l'est, à travers la Suisse, l'Autriche, etc., et vous ne tardez pas à reconnaître que les horloges des villes où vous arrivez sont de plus en plus en avance sur votre montre à mesure que vous parvenez dans une contrée plus orientale. Ces horloges marquent midi et demi, une heure, deux heures, trois heures, etc., lorsque votre montre indique seulement midi. Et c'est tout naturel. Situées plus à l'orient, ces contrées voient le Soleil se lever plus tôt et parvenir plus tôt au sommet du ciel. Elles ont donc midi avant Lyon, et leurs horloges sont nécessairement en avance sur votre montre, qui donne, non l'heure du lieu où vous êtes, mais de celui d'où vous venez. En se transportant de Lyon vers les provinces occidentales de la France, on constaterait des faits inverses : les horloges seraient en retard sur la montre lyonnaise d'une demi-heure au plus, parce que le déplacement vers l'ouest serait peu considérable. Mais, l'Atlantique franchi, on trouverait aux États-Unis de l'Amérique du Nord des retards de six, sept heures et davantage. En certains points, il ne ferait pas jour quand la montre venue de Lyon indiquerait midi. Vous vous expliquez ce retard en considérant que les États-Unis, très-reculés à l'occident de Lyon, ne reçoivent le Soleil que longtemps après la ville dont votre montre conserve l'heure. Ainsi,

une montre n'indique l'heure exacte d'un lieu qu'autant
qu'elle est expressément réglée pour ce lieu, ou plutôt pour
le méridien correspondant. Hors de là, elle avance ou retarde
suivant qu'elle est transportée à l'occident ou à l'orient du
méridien point de départ; et il faut la mettre à l'heure d'a-
près les horloges des nouvelles contrées.

Faisons mieux : courons les mers pour faire le tour de la
Terre. Nous voici débarqués sur une plage inconnue, visitée
par l'homme peut-être pour la première fois. Quelle heure
est-il, s'il vous plaît, vous qui avez emporté de Lyon votre
fidèle montre ? Vous tirez du gousset le précieux instrument,
mais à quoi bon : la montre dépaysée ne sait plus l'heure ;
elle marque cinq heures, et le Soleil est dans toute sa force
presque au-dessus de nos têtes ! A qui demanderons-nous
l'heure ici où, pour toute société, nous avons des bandes
d'oiseaux de mer qui, le jabot gonflé, digèrent stupidement
sur les corniches des falaises ? — Nous la demanderons à
l'horloge du monde, à l'horloge qui n'a jamais besoin d'être
retouchée ; nous la demanderons au Soleil, c'est-à-dire que
nous observerons l'instant de son passage au méridien du
lieu où nous sommes. Une fois ce point de repère obtenu,
la montre sera réglée en conséquence, et désormais nous
saurons l'heure tant que nous resterons ici.

4. L'observation de l'ombre va nous dire à quel instant
le Soleil passe au méridien. Nous avons tous remarqué combien varie de longueur, suivant l'heure de la journée, l'ombre que nous projetons nous-mêmes sur le sol. Chacun se
rappelle l'ombre de midi, qui rassemble notre image dans
la grotesque silhouette d'un nain ; et celle du déclin du jour
qui nous allonge en géants efflanqués. Ces différentes longueurs de l'ombre dépendent de la position du Soleil. Plus
l'astre est voisin de l'horizon, plus ses rayons sont obliques,
et plus aussi l'ombre est allongée. Quand l'astre occupe le
sommet de sa course, à l'heure de midi, l'ombre est la plus
courte possible. Pour le démontrer, appelons le dessin à

notre aide. Représentons la course du Soleil au-dessus de
notre horizon par le demi-cercle AHB (fig. 33), et le sol horizontal par la droite AB.
Élevons sur le sol une tige
verticale OK. Lorsque le
Soleil est en S, ses rayons
rasent l'extrémité supé-
rieure de la tige suivant
la droite SD, ce qui pro-
duit une ombre OD. Quand
il passe en S', l'ombre de-

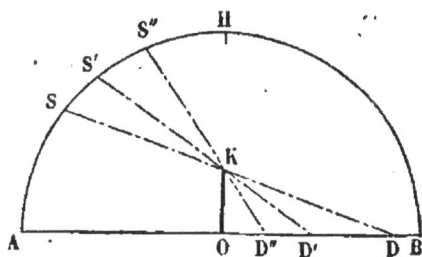

Fig. 33.

vient OD'; elle devient OD" quand il atteint S", etc. On voit
donc que l'ombre diminue de longueur à mesure que le Soleil monte plus haut dans le ciel. Lorsqu'il arrive au sommet
de sa course, en H, l'ombre, d'après la figure, devrait être
nulle; et cela aurait lieu, en effet, si le Soleil passait juste,
comme le représente l'image, au-dessus de la tige verticale.
Mais cela n'a jamais lieu pour nos contrées; le Soleil jamais
ne se trouve ici sur le prolongement de la verticale. La
figure, forcément tracée sur un même plan, le plan de la
feuille de papier, est donc défectueuse. Il faut la corriger en
esprit et supposer la tige un peu en avant du cercle suivi
par le Soleil. On comprendra alors qu'il y a une ombre au
moment de midi, mais que cette ombre est la plus courte de
toutes. En certaines régions fort restreintes de la Terre et à
certaines époques de l'année, comme on le verra plus loin,
le Soleil passe juste au-dessus de la verticale, et alors l'ombre de la tige plantée d'aplomb est nulle, en effet, à midi.
Mais laissons ce cas particulier, et reconnaissons que l'ombre est la plus courte possible lorsque le Soleil atteint le
sommet de sa course.

Appliquons ce principe à la détermination du milieu du
jour. Sur une surface plane bien horizontale, sur une grande
ardoise, par exemple, exactement mise de niveau, on dresse
une aiguille dans la direction précise de la verticale. Éclairée

par les rayons solaires, cette aiguille projette sur l'ardoise une ombre qui, très-longue et inclinée vers le couchant au lever du Soleil, se raccourcit peu à peu jusqu'à midi; puis s'allonge, s'incline vers le levant, et reprend le soir, à des heures également distantes-du milieu du jour, les mêmes longueurs que le matin. Épions l'instant précis où l'ombre finit de se raccourcir pour commencer à s'allonger. A ce instant, le Soleil est parvenu au sommet de sa course, il traverse le plan du méridien. C'est alors exactement midi, et la direction de l'ombre donne la direction même du méridien.

5. Un méridien, avons-nous dit, est un grand cercle qui fait le tour du Globe en passant par les deux pôles. Il résulte de la section de la Terre faite par un plan imaginaire qui passe par la verticale du lieu considéré et l'axe terrestre. Le nombre des méridiens est indéfini, car on peut toujours en supposer un par tel point de la Terre que l'on voudra. Il est vrai que tous les points dont l'alignement est le même du nord au sud ont le même méridien; mais pour les points dont l'alignement diffère, le méridien diffère aussi. Sur les globes géographiques, on trace un certain nombre de ces cercles que l'on voit rayonner d'un pôle, s'écarter pour envelopper la sphère, et se croiser encore au pôle opposé. On peut les comparer aux côtes d'un melon, qui vont d'un pôle à l'autre du fruit, c'est-à-dire de la queue à l'œil du sommet.

Supposons la Terre parcourue d'un pôle à l'autre par vingt-quatre demi-cercles, formant chacun la moitié d'un méridien complet, et également distants. A cause de sa rotation diurne, la Terre présente à tour de rôle ces vingt-quatre demi-cercles aux rayons du Soleil. Le demi-méridien exactement en face du Soleil a midi; la seconde moitié, dans l'autre hémisphère, a minuit. En ce moment même, le demi-méridien suivant du côté de l'ouest n'a que onze heures, puisqu'il ne doit arriver que dans une heure sous les rayons d'aplomb de l'astre; le troisième a dix heures, le quatrième

a neuf heures. Et ainsi de suite, toujours en reculant d'une
heure pour chacun des douze demi-cercles de l'hémisphère
occidental. Au contraire, le demi-méridien précédant celui
qui nous sert de point de départ a une heure de l'après-
midi, parce que la rotation du Globe l'a amené une heure
plus tôt en face du Soleil. Celui qui le précède lui-même a
deux heures ; les autres, trois heures, quatre heures, cinq
heures du soir, etc.

6. La figure 34 complète la démonstration. Le Soleil, qu'il
faut supposer à une très-grande distance de la boule représentant ici la Terre, se trouve dans la direction S. Il éclaire
la moitié du Globe et laisse dans l'ombre l'autre moitié. Un
seul faisceau lumineux est figuré, arrivant d'aplomb sur un
certain méridien. Tous les points situés sur ce méridien du
côté du Soleil ont maintenant midi ; et minuit du côté opposé, dans l'hémisphère obscur. La rotation du Globe autour
de l'axe, rotation qui s'effectue dans le sens indiqué par les
flèches, va amener à tour de rôle sous les rayons d'aplomb
de l'astre les méridiens suivants, marqués 11 *h.*, 10 *h.*, etc.
Mais, pour le moment, ces méridiens n'ont pas le Soleil en
face au haut du ciel ; et, par conséquent, la journée y est
moins avancée. Le plus près, noté 11 *h.*, n'arrivera sous les
rayons verticaux que dans une heure, n'aura, en d'autres
termes, midi que dans une heure. C'est donc onze heures
du matin pour ce demi-méridien. C'est dix heures du matin,
neuf heures, etc., pour les suivants, qui viendront se mettre
en face du Soleil dans deux heures, dans trois, etc. Quant
aux méridiens marqués 1 *h.*, 2 *h.*, 3 *h.*, etc., ils ont déjà passé,
depuis plus ou moins longtemps, sous les feux directs de
l'astre, et la rotation les achemine vers l'ombre de la nuit.
Pour le premier, c'est une heure de l'après-midi ; pour le
second, deux heures ; pour le troisième, trois, etc. En effet,
depuis une heure, deux, trois, a eu lieu pour eux le passage
sous le soleil de midi. Insister davantage est, je crois, inutile.

7. Dans la figure 34 se trouvent tracés vingt-quatre demi-méridiens, différant l'un de l'autre d'une heure de temps. Comme ils embrassent entre tous le tour entier du globe, leur écart mutuel est la vingt-quatrième partie de la circonférence, ou de 360 degrés. De l'un à l'autre, il y a donc 15 degrés du circuit complet de la Terre, ces degrés étant comptés sur l'équateur, sur le cercle que des flèches accompagnent dans le bas de la figure. Ainsi, 15 degrés du tour de la Terre correspondent à une heure de temps. Cela

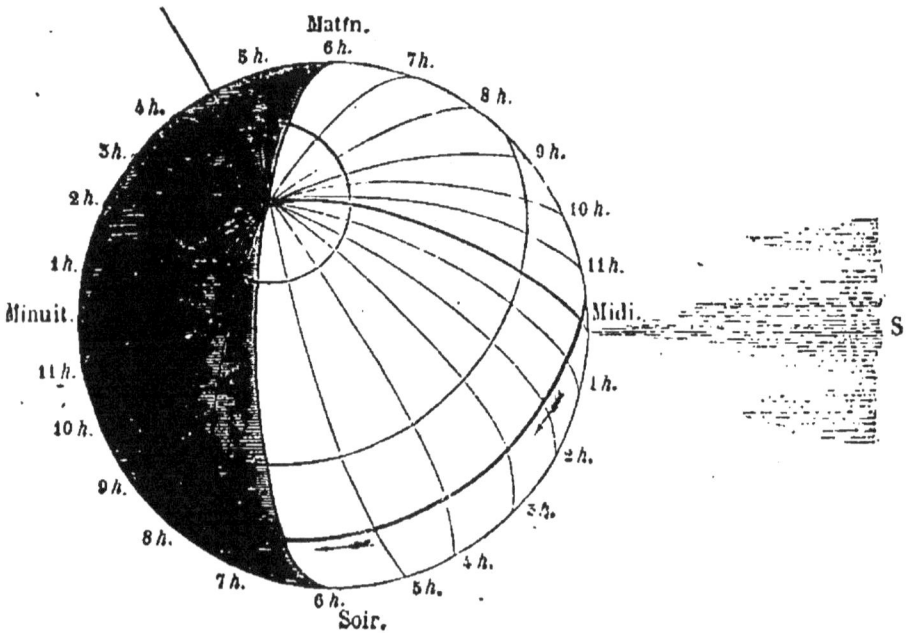

Fig. 34.

va nous permettre de compléter le beau problème de la représentation de la Terre. Nous avons déjà vu comment la distance zénithale de la Polaire nous donne la latitude d'un lieu, et nous indique sur quel parallèle à l'équateur, à la surface du globe géographique en construction, ce lieu doit se trouver. Du domicile géographique de ce lieu, nous connaissons, en quelque sorte, la rue : le parallèle à l'équateur ; il nous reste à trouver le numéro, c'est-à-dire le point occupé sur le parallèle. C'est ce que nous apprend l'examen comparatif de l'heure. Traçons sur notre globe de carton un méridien qui nous serve de point de départ. Ce méridien est tout à fait arbitraire; mais, pour l'uniformité des travaux géographiques, on est convenu de choisir celui qui passe par l'Observatoire de Paris. On le nomme le *premier méridien*, ou le *méridien convenu*. Sur les cartes, il est numéroté 0. Admettons que ce soit le méridien PAP' de la figure 32 (6ᵉ leçon).

8. Nous partons du méridien de Paris avec une excellente montre réglée sur ce méridien, qui marche longtemps sans avoir besoin d'être retouchée, et qu'on a soin, d'ailleurs, de remonter avant qu'elle s'arrête. On lui donne le nom de *garde-temps*, parce qu'elle garde l'heure du point de départ; qu'elle indique, non l'heure du lieu où l'on s'est transporté, mais de celui d'où l'on vient. Nous voici parvenus en un point que nous désirons inscrire à sa place sur notre globe de carton. Par la méthode de la longueur de l'ombre, ou par d'autres plus précises qui ne sauraient trouver place ici, nous déterminons l'instant de midi pour ce lieu. Or, il se trouve que, en cet instant même, le garde-temps indique dix heures du matin à Paris, je suppose. Qu'est-ce à dire? Évidemment que le lieu où nous sommes se trouve sur un méridien distant vers l'est de deux fois 15 degrés ou de 30 degrés du méridien de Paris, puisqu'il a midi deux heures avant ce dernier. La distance zénithale du pôle nous donne en outre 26 degrés de latitude boréale. C'est tout ce qu'il nous faut pour inscrire ce point de la Terre à sa véritable place sur notre globe géographique.

D'abord, la latitude nous fournit le parallèle BC (fig. 35), sur lequel le lieu doit se trouver. Ensuite, à partir du méridien convenu PAP', nous prenons sur l'équateur 30 degrés vers l'est, comme nous l'indique la différence des heures; et, par le trentième degré, nous faisons passer un méridien PLP'. Le lieu considéré se trouve nécessairement en L, point d intersection du parallèle et du méridien de ce lieu.

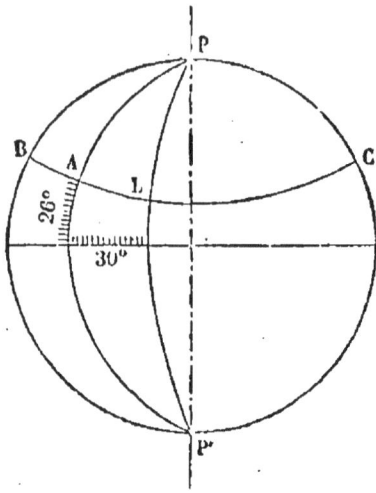

Il est visible que, si à l'instant de midi, le garde-temps indiquait deux, trois, quatre heures du soir, etc., cela voudrait dire que le méridien du lieu considéré se trouve à l'ouest du premier méridien, à une distance de deux, trois, quatre fois 15 degrés. Alors, au lieu de compter ces degrés sur l'équateur de gauche à droite, comme dans la figure 35, on les compterait

Fig. 55.

en sens inverse, de droite à gauche, toujours, bien entendu, à partir du premier méridien, dont le garde-temps nous donne l'heure. On voit également bien que, si la différence des temps comprenait des heures, des minutes et des secondes, on traduirait sans difficulté ces indications de la montre en degrés, minutes et secondes de cercle, ce qui donnerait toute la précision désirable au tracé géographique. En somme, pour relever point par point l'image de la Terre, deux instruments suffisent : une montre et un graphomètre. Comme je l'avais annoncé, pour dessiner la Terre, le géographe regarde donc le ciel. Pareillement, pour se guider, le navigateur s'adresse aux jalons célestes, la Polaire et le Soleil; il leur demande l'heure et la hauteur du pôle, pour savoir quel point il occupe sur la face déserte des océans.

9. On nomme *longitude d'un lieu la distance en degrés du méridien de ce lieu au méridien convenu*. Elle est orientale ou occidentale. Orientale, si le lieu se trouve à l'est du méridien point de départ; occidentale, s'il se trouve à l'ouest. Dans le premier cas, le lieu considéré a midi avant Paris; dans le second cas, après. La longitude se compte sur l'équa-

teur ; et, à défaut de l'équateur, sur un parallèle, dans les cartes ne comprenant qu'une portion de la Terre. Elle varie, tant à l'est qu'à l'ouest du méridien convenu, depuis 0 jusqu'à 180 degrés. Le 0 correspond au demi-méridien passant par l'Observatoire de Paris ; 180 correspond au demi-méridien opposé, dans l'autre hémisphère. Enfin la longitude s'obtient avec le garde-temps.

Rappelons que *la latitude d'un lieu est la distance en degrés du parallèle de ce lieu à l'équateur*. Elle est boréale ou australe, suivant que le point considéré se trouve au nord ou au sud de l'équateur. Elle varie depuis 0 jusqu'à 90 degrés, et se compte sur un méridien. On l'obtient par la mesure de la distance zénithale du pôle céleste voisin.

Les expressions de longitude et de latitude nous viennent des Romains. Ils ne connaissaient qu'une petite partie de la Terre, celle qui entoure la Méditerranée. Comme cette partie est plus étendue dans le sens de l'ouest à l'est, suivant lequel s'échelonnent les méridiens, que dans le sens du sud au nord, suivant lequel sont disposés les parallèles, ils nommèrent longitude, c'est-à-dire longueur, la distance comptée suivant la plus grande dimension du monde alors connu, et latitude, c'est-à-dire largeur, la distance comptée suivant la plus petite dimension. Aujourd'hui, aux expressions de longitude et de latitude, il n'est plus permis d'attacher les idées de longueur et de largeur. La Terre est ronde ; sa dimension du nord au sud, à part la très-faible dépression polaire négligeable ici, égale celle de l'ouest à l'est.

10. Le réseau des méridiens et des parallèles d'une mappemonde n'est plus pour vous maintenant une énigme. Vous savez que ces lignes idéales sont, en quelque sorte, l'échafaudage de l'édifice géographique, puisqu'elles servent de base au tracé de la configuration de la Terre. L'édifice construit, on supprime la majeure partie de ces lignes pour ne pas surcharger le dessin ; mais on conserve toujours cependant un certain nombre de méridiens et de parallèles qui,

sur la moindre carte, nous fournissent des renseignements d'un haut intérêt. Prenez une mappemonde, suivez de proche en proche les méridiens, et, à l'aide de ces lignes, qui ne vous disaient rien encore et pourtant savent tant de choses, nous allons faire ensemble un merveilleux voyage; nous allons reconnaître l'heure qu'il est au moment présent en tel lieu que nous voudrons, et assister, en esprit, au spectacle de la Terre, ici en plein soleil, là recevant les premiers rayons de l'aurore, plus loin plongée dans l'ombre, plus loin encore éclairée par les dernières rougeurs du soir.

En ce moment, je suppose, il est midi sous le méridien de Paris. C'est aussi midi dans la France entière, à 24 ou 28 minutes près pour les points extrêmes de l'est et de l'ouest. C'est midi, l'heure du plein soleil, l'heure du repos du milieu du jour. Suivez-moi sur la mappemonde, du côté de l'est. La Crimée est sous le méridien coté 30 : elle est à 30 degrés de longitude orientale. Le Soleil, qui marche de l'est à l'ouest, à raison de 15 degrés par heure, a donc passé au haut du ciel de la péninsule russe deux heures avant d'atteindre le méridien de Paris. Pour la Crimée, c'est alors deux heures de l'après-midi. Puisque l'heure est pareille d'un bout à l'autre du même demi-méridien, c'est deux heures aussi pour l'Égypte, deux heures pour le fellah qui, en ce moment, sous l'ombre avare de quelque palmier, puise de l'eau dans le Nil avec des seaux de cuir et arrose son carré d'oignons; deux heures encore pour le Cafre qui, frotté de beurre rance, brave, à l'affût du rhinocéros, la piqûre venimeuse des moustiques. — C'est quatre heures pour le mineur des monts Ourals qui, sous le soixantième méridien, poursuit dans le granit le filon d'or et de platine : triste métier que celui de ce pauvre chercheur d'or! Je vois plus bas les plaines herbues et salées des bords du lac d'Aral. Le moment n'est pas loin où le pâtre tartare ira traire ses cavales pour préparer la boisson de lait aigri. — Sur les bords du

Gange, à **90** degrés de longitude, il est six heures ; l'occident s'empourpre et le Soleil se couche[1]. Le caïman, du milieu des herbages du fleuve, lève au ciel son œil vert, dresse sa tête hideuse, pour donner un dernier regard à l'astre radieux, flambeau du monde, qui luit sur le reptile aussi bien que sur l'homme ; l'éléphant le salue de sa trompe et le tigre l'acclame de ses rugissements.

11. Voici, dans le voisinage du cent vingtième méridien, une ville immense où les gens ont soupé quand nous dinons nous-mêmes. C'est la capitale du Céleste-Empire, c'est Pékin, dans l'obscurité de huit heures du soir. Sur les places publiques, aux clartés des lanternes de couleur, la foule circule rieuse, avec sa longue mèche de cheveux retombant du haut du crâne aux talons. Le tam-tam et la flûte de bambou appellent les badauds au spectacle des marionnettes en plein vent. De cette fenêtre, derrière ce rideau de mousseline peinte d'un dragon, nous pourrions voir un mandarin, attardé aux plaisirs de la table, savourer son potage de nids d'hirondelle et manœuvrer dextrement les deux bâtonnets d'ivoire qui lui servent de fourchette et de cuiller. Peut-être même le surprendrions-nous à déposer dans sa pipe un grain d'opium et à s'enivrer de l'infernale drogue. Mais soyons discrets ; d'ailleurs, le temps presse. Passons. Qu'aperçois-je là-bas, à la même heure, presque à l'autre bout de la Terre ? Sur la lisière des bois, une demi-douzaine d'abrutis, assis en rond autour d'un foyer mourant, fouillant les cendres, avant de s'endormir, pour en extraire les derniers débris d'un nid de fourmis rouges qu'on a mis griller pour la pitance du soir. Ce sont des naturels de la Nouvelle-Hollande,

---

[1] On suppose ici que le Soleil se lève à six heures du matin et se couche à six heures du soir. Cela n'a lieu qu'aux équinoxes du printemps et d'automne, c'est-à-dire vers le 22 mars et le 22 septembre. A d'autres époques de l'année, le lever et le coucher du Soleil arrivent ou plus tôt ou plus tard ; mais cela ne change en rien la distribution des heures. Quand il est midi à Paris, il est toujours six heures du soir à l'embouchure du Gange, n'importe l'instant du coucher du Soleil.

pauvres déshérités de la famille humaine. — Au Kamtchatka, la nuit est depuis longtemps close; c'est dix heures passées. Ici, on doit dormir. Attendez cependant : malgré l'obscurité, il me semble entrevoir une hutte à demi enfouie dans le sol. C'est cela. La cheminée fume; alors, on veille. L'ours a donné dans le piége; le poisson, dans les filets. De là, régal prolongé dans la nuit. Devant l'âtre flambant, alimenté de graisse, on festoie de tranches de lard et d'eau-de-vie de genièvre, — Un peu plus loin, sous le cent quatre-vingtième méridien, aux extrémités orientales de la Sibérie, vers le détroit de Behring, c'est minuit. C'est un peu moins de minuit pour la Nouvelle-Zélande. Silence ! n'éveillons pas ici les gens qui dorment, gens couverts d'horribles tatouages et avides de chair humaine. Quittons au plus vite ce coin de terre, où la civilisation traque dans leurs repaires les derniers anthropophages.

12. Nous sommes maintenant sur la seconde moitié du méridien de Paris, au centre de la nuée d'archipels de l'Océanie. Passons toutes ces îles qui dorment d'un profond sommeil sous la feuillée des cocotiers; franchissons la grande mer où, dans l'obscurité, errent de çà de là quelques points lumineux, signaux des navires en marche, et atteignons l'Amérique du Nord. — En Californie, sous le cent vingtième degré de longitude occidentale, il est quatre heures du matin. San-Francisco, ville de dollars et de revolvers, dort encore. S'il faisait jour, je vous montrerais, dans les montagnes de l'intérieur des terres, quelque chose de plus remarquable que les pépites d'or arrachées aux gorges californiennes; je vous montrerais un groupe d'énormes sapins, patriarches du monde végétal qui, sur leurs fronts vénérables, portent le poids de cinq mille ans d'existence. Par malheur, la nuit est encore trop noire. — A l'embouchure du Mississipi, il est six heures du matin, et le Soleil se lève. Le héron rose qui, dressé sur une patte au plus haut de la berge, voit le disque glorieux surgir du sein des mers, jette un cri d'al-

légresse et d'un coup d'aile se porte à ses devants. Plus au nord, près des grands lacs du Canada, l'élan brame au Soleil levant dans la ramée blanchie de givre; plus au sud, aux premiers rayons du jour, les marsouins roulent, pris d'un joyeux vertige, dans la houle des mers du Chili. — Sur les côtes occidentales du Groënland, il est huit heures pour l'Esquimau. Depuis l'aube, avec son traineau attelé d'une douzaine de chiens, le vaillant chasseur court la plaine neigeuse, à la poursuite de la zibeline et du renard bleu. Il est huit heures pour le centre du Brésil; huit heures pour le colibri, qui trouve déjà trop forte la chaleur de son ciel de feu et se retire à l'ombre dans l'épaisseur des bois, après avoir butiné tout le matin sur les fleurs, en compagnie des papillons, moins beaux, moins légers que lui. — Il est dix heures au cœur de l'Atlantique; il est enfin midi pour nous.

Mais le Globe tourne et les rôles changent. Qui dormait s'éveille, qui veillait s'endort; qui travaillait se repose, qui se reposait travaille; et, de la sorte, au grand atelier de la Terre, l'activité ne chôme pas un seul instant.

HUITIÈME LEÇON

L'ILLUMINATION DE L'ATMOSPHÈRE

Le soleil du matin, de midi et du soir, 1. — Le rayon lumineux et la poussière d'une chambre obscure, 2. — L'air, disséminateur du jour, 3. — Lumière directe et lumière diffuse, 3. — Le jour et l'aspect du ciel en l'absence supposée de l'atmosphère, 3. — Le ciel étoilé à midi, 4. — Le charbon incandescent exposé aux clartés du plein jour, 4. — Le voile lumineux de l'atmosphère nous dérobe la vue des étoiles, 4. — Le firmament n'est jamais désert, 5. — Les étoiles vues de jour à la faveur d'une éclipse solaire ou du sommet d'une haute montagne, 5. — Le tuyau de cheminée et la lunette astronomique, 6. — Le ciel ténébreux de la nuit, en réalité inondé de lumière, 7. — Pourquoi cette lumière ne nous est pas visible, 7. — Le jour sans fin, 8. — La Terre enrayée, 8. — Le crépuscule, 9. — Hauteur de l'atmosphère déduite de la durée du crépuscule, 9. — Les abimes du vide, 9.

1. Les fraîches clartés de l'aurore montent, toujours plus limpides, plus vives, chassant devant elles l'obscurité nocturne ainsi qu'un voile replié. Une bande de pourpre et d'or frange le bord oriental du ciel; les nuées s'embrasent; un éclair jaillit, et la Terre tressaille devant la radieuse apparition. C'est le Soleil qui franchit l'horizon. Il s'élève dans sa pompe souveraine, de moment en moment plus chaud, plus lumineux. Ses clartés plongent des hautes cimes dans les plaines, des plaines dans les gorges, et dissipent les brumes grises du matin. Le brouillard des vallées gravit les rampes voisines, comme poussé à contre-sens des pentes par quelque main invisible; il se déchire aux corniches des rochers, se divise en flocons et s'évanouit dissous dans un air attiédi. C'est l'heure des joies du réveil; l'heure où, dans la feuillée, les passereaux babillent; l'heure où, sur les haies d'aubépine, commence à bruire le scarabée aux ailes d'or; l'heure où la fleur pendante se redresse et s'épanouit aux sourires du jour; l'heure où l'âme, fleur divine, s'élève aussi dans toute la fraîcheur de ses pensées et monte à Dieu,

aux pieds de qui le Soleil se balance dans les abîmes de l'infini.

A midi, l'astre superbe arrive au sommet de sa course, au sommet des sereines solitudes du ciel. Alors, autour de lui, l'étendue inondée d'une lumière vibrante s'épanouit en auréole devant laquelle pâliraient toutes les clartés accumulées des métaux en fusion. Au centre de ce rayonnement, un orbe resplendit d'une fulguration continue. Tout regard dirigé vers ce foyer sublime serait soudain aveuglé d'un éclair. Il en descend une lumière implacable qui brûle la paupière, laisse à peine à l'arbre un manteau d'ombre et fait scintiller le sable des chemins ainsi que la poudre d'un miroir brisé. Il en descend à flots une chaleur verticale qui raccornit le sol comme une terre cuite, nous transperce de ses traits acérés, et menace de tarir la dernière goutte des veines. O superbe Soleil de midi, qui, sur l'olivier, fais grincer de plaisir l'archet de la cigale, et, sur le seuil du terrier, haleter de bonheur les flancs verts du lézard, tu nous brunis la face, mais tu mûris la moisson; tu nous accables de ta gloire, mais tu es le père de la vie; et pour te voir, le peuplier porte plus haut ses branches, la mousse, pour te voir, sort du creux du rocher.

Le soir vient. Pareil à une meule de fer rouge qui glisserait de nuage en nuage, l'astre, à son déclin, descend vers l'horizon à travers l'incendie du ciel occidental, et, de ses rayons obliques, jette sur la face des eaux comme une écharpe de braise. Il atteint le bord du ciel, soleil couchant pour nous, soleil levant pour l'hémisphère opposé; il plonge par delà les dernières collines; il disparaît; il a disparu. Reviens-nous demain, ô beau Soleil! aussi radieux qu'aujourd'hui! reviens, et garde-toi jamais, garde-toi de t'éteindre; garde-toi de mourir, car tout serait fini!

2. Pour devenir le jour, l'éclat aveuglant du Soleil nécessite un intermédiaire. L'astre, sans doute, est le foyer de la lumière; mais, à lui seul, il ne nous donnerait pas le jour

proprement dit. C'est ce que nous allons établir. Je vous
rappellerai d'abord le rayon de soleil qui pénètre, par une
fente des volets, dans l'obscurité d'un appartement fermé.
Ce rayon forme, vous le savez, une bande lumineuse dans
laquelle flottent et brillent les particules de poussière en
suspension dans l'air. Si, par l'agitation, on soulève de nouveaux tourbillons de poussière, la bande lumineuse redou-
ble aussitôt d'éclat; elle pâlit, au contraire, à mesure que
la poussière flottant dans son étendue se dépose par le repos. Ainsi, la bande de lumière solaire est plus ou moins
brillante suivant qu'elle rencontre sur son trajet plus ou
moins de grains de poussière. Mais ces grains, évidemment,
ne sont pas cause de la lumière; ils se bornent à la rendre
perceptible du point obscur où nous sommes placés et où
elle n'arriverait pas sans cela. Chacun d'eux, en pénétrant
dans le rayon de soleil, s'illumine, devient un point brillant
et nous transmet, comme un petit miroir, la lumière qui le
frappe. S'il n'y avait pas de poussière sur le trajet de la
bande lumineuse, celle-ci ne cesserait pas tout à fait d'être
visible du coin obscur où nous l'observons, mais elle deviendrait incomparablement moins brillante. Je dis plus ; elle
serait rigoureusement invisible s'il n'y avait rien, absolument rien, sur son trajet. Mais il y a toujours quelque chose;
il y a une matière, il y a de l'air. Or l'air, au point de vue
qui nous occupe, peut être regardé comme une poussière
arrivée au dernier degré de finesse ; et c'est lui qui rend visible la bande de lumière solaire, en l'absence de toute autre substance plus grossière. Il est bien entendu que, en
l'absence de toute poussière et même de l'air, la bande lumineuse serait visible si, au lieu de la regarder de côté,
nous la recevions en droite ligne dans les yeux. De là résulte que la lumière n'est sensible pour nous qu'en deux
cas : lorsqu'elle arrive directement à nos yeux, ou bien
lorsque nous regardons une matière quelconque illuminée
par elle.

3. Or, autour de la Terre, s'enroule l'océan aérien, l'atmosphère, dont la faible coloration produit, de jour, l'apparence d'une voûte bleue. Chaque point de cette énorme masse gazeuse s'illumine au soleil, comme s'illuminaient les grains de poussière de notre bande lumineuse ; il dissémine la lumière qui le frappe, et nous la transmet par réflexion ; si bien que l'illumination, au lieu de nous arriver uniquement de son foyer primitif, le Soleil, nous descend adoucie, uniforme, de la voûte entière du ciel. On donne le nom de *lumière diffuse* à cette clarté atmosphérique, et celui de *lumière directe* à celle du Soleil arrivant droit à nous sans intermédiaire. Dans nos habitations, à l'ombre, sous un ciel voilé de nuages, nous sommes éclairés par les clartés aériennes, par la lumière diffuse ; en plein soleil, sous les rayons de l'astre, nous recevons de la lumière directe. L'air est donc, par excellence, le disséminateur du jour ; partout où il pénètre, il amène avec lui, sous forme de lumière diffuse, un reflet des rayons solaires qui, de proche en proche, dans la masse atmosphérique, l'ont illuminé par des réflexions multiples. En l'absence de l'air, le jour n'existerait que sous les rayons directs du Soleil ; il n'y aurait pas de lumière diffuse, et tout ce qui ne pourrait recevoir les rayons de l'astre, directs ou réfléchis par le sol, se trouverait dans une obscurité complète. La ligne de démarcation entre la lumière et les ténèbres serait d'une brusque netteté. De ce côté, le jour ; de cet autre, la nuit sans transition aucune. Un pas de plus en avant, un pas de plus en arrière, nous transporteraient dans la région de l'ombre ou dans celle de la clarté. Le matin, sans préparation aucune au changement de scène, l'illumination du jour succéderait à l'obscurité de la nuit ; les premières clartés jailliraient de l'orient avec une effrayante soudaineté. Le soir, à peine l'extrême bord du Soleil aurait-il disparu derrière l'horizon, que l'obscurité surviendrait, aussi brusque que celle d'un appartement fermé dont on souffle la lampe. Il ferait nuit en plein midi

dans nos habitations ouvertes à tous les coins du ciel, excepté en face du Soleil; l'ombre ne serait plus un demi-jour, mais une obscurité profonde.; les objets terrestres, dépouillés de leur enveloppe d'air lumineux, apparaîtraient avec des lignes brutales de démarcation entre les parties éclairées directement et celles qui ne le seraient pas, comme dans un dessin fantasmagorique blanc et noir; le ciel perdrait son azur pour devenir d'un noir intense; sur ce fond lugubre, le Soleil resplendirait d'un éclat sans rayons, et les étoiles resteraient toujours visibles aussi bien à midi qu'à minuit.

4. Les étoiles visibles à midi! en plein jour, il y a donc des étoiles au ciel? — Oui, et c'est précisément l'illumination diurne de l'atmosphère qui nous empêche de les voir. Quelques explications ici sont nécessaires.

Prenons dans le foyer un charbon allumé. Vu dans l'obscurité, il brille de tout l'éclat de l'incandescence. Transporté au grand jour, il ne répand plus de lueur; il semble froid, et, sans crainte, on le saisirait avec les doigts si l'on n'était averti déjà de sa haute température. Nous le reportons dans l'obscurité; le voilà qui se ravive et reprend son ardeur. Il est tout aussi brillant que jamais; et cependant, remis au grand jour, il paraît encore éteint. La flamme d'une bougie donne lieu à des observations pareilles : dans l'obscurité, elle fournit une vive lumière; en plein soleil, elle est à peine visible. Il est hors de doute qu'au grand jour et dans l'ombre, le charbon allumé comme la flamme de la bougie conservent le même éclat; alors, si cet éclat pâlit, devient même imperceptible pour nous au Soleil, cela provient de ce que l'œil, impressionné par la lumière pénétrante du plein jour, n'est plus sensible à des lueurs relativement faibles. La vue, comme tous nos sens du reste, laisse une impression passer inefficace quand une autre plus puissante l'occupe.

Eh bien, c'est a travers les profondeurs lumineuses de

l'atmosphère éclairée par le Soleil que, de jour, les étoiles nous envoient leurs rayons. On comprend de suite, d'après l'expérience précédente, ce qui doit se passer. Voilées par le rideau lumineux de l'air, elles restent invisibles, parce que leur faible éclat est noyé au sein des splendeurs aériennes. Mais elles reprennent leur visibilité lorsque la partie de l'atmosphère qui nous correspond est devenue obscure en ne recevant plus les rayons du Soleil. Plus brillantes de nuit et moins brillantes de jour que la mer atmosphérique, à travers laquelle nous les regardons, elles paraissent et disparaissent périodiquement par contraste, bien que le ciel en soit toujours peuplé.

5. Le firmament n'est donc jamais désert. Si la solitude se fait devant le Soleil, c'est une solitude apparente occasionnée par l'illumination de l'atmosphère. Pour apercevoir ces étoiles diurnes, ces étoiles qui occupent le ciel en plein midi, il suffit que, d'une manière ou de l'autre, le regard soit garanti des clartés atmosphériques trop vives. A de lointains intervalles se produit une éclipse solaire, c'est-à-dire qu'entre nous et le Soleil, la Lune, alors obscure et invisible, vient s'interposer et arrêter ainsi les rayons de l'astre, comme avec la main nous arrêterions dans un sens la clarté d'une lampe. Derrière cet écran céleste, la portion d'atmosphère située au-dessus de nous ne reçoit plus, momentanément, les rayons du Soleil; l'illumination aérienne cesse, et une foule d'étoiles, dont rien d'abord ne trahissait la présence, se montrent comme au sein de la nuit, pour disparaître dès que la Lune, suffisamment écartée, ne jette plus son ombre sur nous.

D'autres circonstances, qu'il nous est possible de réaliser à volonté, nous montrent aussi l'étrange spectacle d'un ciel étoilé en présence du Soleil. L'épaisseur lumineuse de l'air occasionne, disons-nous, la non-visibilité des étoiles en plein jour. Il est alors possible d'apercevoir au moins les plus brillantes en s'élevant dans les hautes régions de l'atmosphère; car, la masse aérienne traversée par le regard diminuant d'éclat à mesure qu'elle est moins profonde, à une certaine hauteur, le ciel doit être assez assombri pour ne plus dissimuler totalement l'éclat stellaire, comme il le fait ici-bas. En effet, on a reconnu que, de la cime des montagnes très-élevées, le ciel apparaît d'un bleu sombre, presque noir, et que, sur ce fond obscurci, les étoiles se montrent en plein jour ; non toutes, mais celles dont les rayons assez vifs peuvent rivaliser d'éclat avec ce qui reste encore de couches aériennes illuminées. Toutes, jusqu'aux plus faibles, apparaîtraient, si, par impossible, l'observateur parvenait aux extrêmes limites de l'atmosphère. Il lui suffirait de tourner le dos au Soleil pour les voir, en plein jour, briller dans l'étendue sombre comme des étincelles fixées sur une tenture de deuil,

6. Dirigé sans obstacle vers le ciel, le regard embrasse, de jour, une grande étendue lumineuse qui lui rend impossible la vision des étoiles. En rétrécissant beaucoup le champ du regard, on ne laisserait arriver aux yeux qu'une faible partie des clartés aériennes reçues dans les conditions ordinaires ; et alors, la lumière des étoiles pourrait prédominer assez pour devenir sensible. On dit, en effet, qu'en regardant à travers le canal d'une cheminée ou du fond d'un puits, certaines personnes à vue perçante distinguent quelques étoiles dans l'étroite région du ciel ainsi délimitée.

La meilleure manière de circonscrire le champ de la vision et de ne pas laisser distraire le regard par des clartés étrangères trop abondantes, c'est d'employer une lunette astronomique. L'instrument a deux avantages : d'abord, par son long tuyau, il remplit l'office du puits ou de la cheminée, il arrête le retard sur une portion fort restreinte du ciel ; en second lieu, avec ses verres optiques, il recueille les rayons des étoiles et les renforce en les concentrant. Or, avec une lunette astronomique, à quelque heure du jour que se fasse l'observation, le matin, à midi, le soir, n'importe, des étoiles

se montrent dans le ciel, aussi nombreuses qu'en pleine
nuit, mais différentes. Notre conviction est faite. Si le ciel
du jour se montre à nous sans étoiles, c'est l'illumination de
l'atmosphère qui en est cause. En réalité, il est aussi étoilé
que celui de la nuit. Sans relâche, par suite de la révolution
de la Terre autour de son axe, de nouvelles étoiles se succèdent au bord oriental de l'horizon, montent dans le ciel et
redescendent au bord opposé. Toutes les vingt-quatre heures, le même défilé recommence dans un ordre invariable.

7. Pendant une nuit profonde, levez les yeux au ciel. Que
voyez-vous là-haut, les étoiles à part? — Rien; tout est noir
comme de l'encre. — Me croirez-vous si j'affirme que, en
ce moment, ces étendues ténébreuses sont inondées de lumière; que, dans ces espaces affreusement obscurs, les
clartés solaires s'épandent à flots pressés? me croirez-vous
si je dis que, en pleine nuit, le Soleil darde dans notre ciel,
là-haut où nous ne voyons rien, des rayons aussi vifs qu'en
plein jour? Non, vous ne me croirez pas, tant cela vous paraît impossible. Eh bien, alors je le prouve.

La Terre, vous ai-je dit, peut se comparer à un grain de
sable éclairé et réchauffé à distance par un boulet rouge de
feu. Le Soleil, c'est ce boulet. Il lance dans toutes les directions de l'espace sa lumière et sa chaleur. La Terre, au sein
de ce rayonnement, reçoit sa modeste part; comme, au sein
d'un orage, un brin de gazon reçoit sa goutte de pluie. Les
autres rayons solaires, où vont-ils? Ils vont d'ici, de là, vivi-
fier d'autres mondes; ils se répandent surtout dans les
espaces libres, dans les champs de l'étendue. La Terre est
donc enveloppée par l'irradiation du Soleil; elle nage au
sein des effluves lumineux que l'astre, sans repos, déverse
dans le ciel.

Voici (fig. 36) la Terre plongée dans cet océan de lumière.
L'hémisphère A placé en face du Soleil a le jour; l'autre a la
nuit. Un observateur placé en B, dans l'hémisphère obscur,
dirige son regard vers le ciel, suivant BC, BD, BK, etc.

Dans toutes ces directions, le regard traverse des étendues lumineuses, des étendues où le Soleil darde ses rayons en plein; et cependant, là même, l'espace nous apparaît d'une complète obscurité. Nous ne voyons que ténèbres au milieu des splendeurs du Soleil. Pourquoi cela? Rappelons-nous ce que je vous ai dit plus haut. La lumière n'est sensible pour

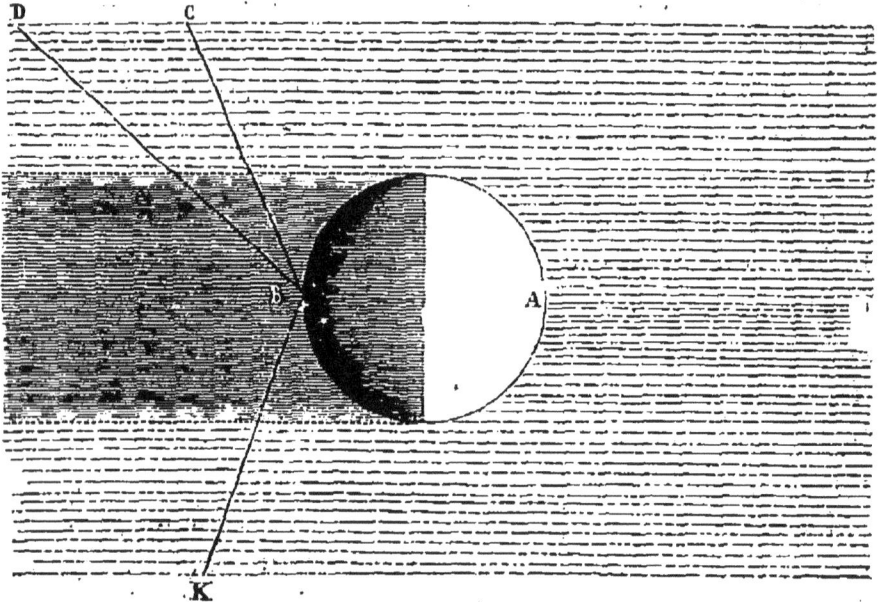

Fig. 56.

nous qu'en arrivant droit à nos yeux, ou bien en illuminant une matière quelconque qui nous la renvoie. Alors, si, dans les espaces célestes, il n'y a rien de matériel, la lumière qui traverse ces espaces est pour nous comme si elle n'existait pas. Vainement elle passe à torrents sur nos têtes, comme elle n'illumine rien en route qui puisse nous la réfléchir, elle traverse l'étendue sans impressionner le regard; de même que le rayon de soleil pénétrant dans une chambre obscure s'affaiblit quand il ne flotte plus de poussière dans son trajet, et cesserait même d'être visible s'il n'y avait plus d'air.

8. Imaginons, au contraire, qu'une substance matérielle

quelconque s'étende autour de la Terre à des profondeurs
indéfinies. Aussitôt les lignes visuelles BC, BD, BK, etc., rencontrent d'interminables files de particules éclairées qui
nous réfléchissent la lumière, comme le font les grains de
poussière de la chambre obscure ; et alors, en l'absence du
Soleil, en pleine nuit, le ciel nous apparait constamment
illuminé d'une douce clarté. La nuit close est impossible, le
ciel n'est jamais noir. Un demi-jour versé par l'illumination
de l'espace succède, et voilà tout, au plein jour du Soleil. Il
y a bien, il est vrai, en arrière de la Terre, une ombre où
les rayons solaires ne peuvent pénétrer; mais cette ombre,
qu'est-elle? L'ombre d'un grain de sable, ombre insignifiante
qui fait à peine tache sur les immensités lumineuses d'alen-
tour. Mais ce demi-jour nocturne, nous ne l'avons pas ; à un
certain moment, après le coucher du Soleil, le ciel devient
d'un noir intense. Il faut donc que, par delà la Terre, il n'y
ait rien de matériel, du moins à une certaine distance du
sol. Et c'est fort heureux, car si les espaces extra-terrestres
étaient occupés par quelque chose de matériel, par une
substance gazeuse aussi subtile que l'on voudra, la conservation du mouvement ne serait plus possible à cause des résistances; et un jour viendrait où la Terre, déperdant peu à
peu ses énergies mécaniques, s'arrêterait, morte, sur son
axe enrayé. L'obscurité nocturne du ciel démontre donc de
la manière la plus évidente que, autour de la Terre, dans
les étendues célestes, n'est répandue aucune substance matérielle; elle établit, en particulier, que la couche atmosphérique dont le Globe est enveloppé, ne s'étend pas à des
profondeurs illimitées. Quelque part, l'atmosphère se termine, plus haut, plus bas, n'importe; mais enfin elle est
limitée, comme est limitée à son tour l'épaisseur de l'océan
des eaux.

9. Telle qu'elle est, l'atmosphère n'en remplit pas moins
un grand rôle dans l'illumination de la Terre. Elle remplace
par une transition graduelle le passage soudain de la nuit

au jour et du jour à la nuit, qui aurait lieu en l'absence de
l'air. Bien avant de se montrer au-dessus de l'horizon, le
Soleil atteint de ses rayons les hautes couches de l'atmosphère, qui s'illuminent et nous donnent par reflet la clarté
matinale, précurseur du jour, qu'on appelle *l'aurore* ou le
crépuscule du matin. Pareillement encore, après le coucher
du Soleil, l'atmosphère reste quelque temps éclairée et verse
à la Terre ce demi-jour qui, par gradation insensible, nous
amène à la nuit, et que nous appelons *crépuscule du soir*.

Soit, en effet, le globe terrestre enveloppé de son atmosphère (fig. 37). Si le Soleil se trouve dans la direction S, le

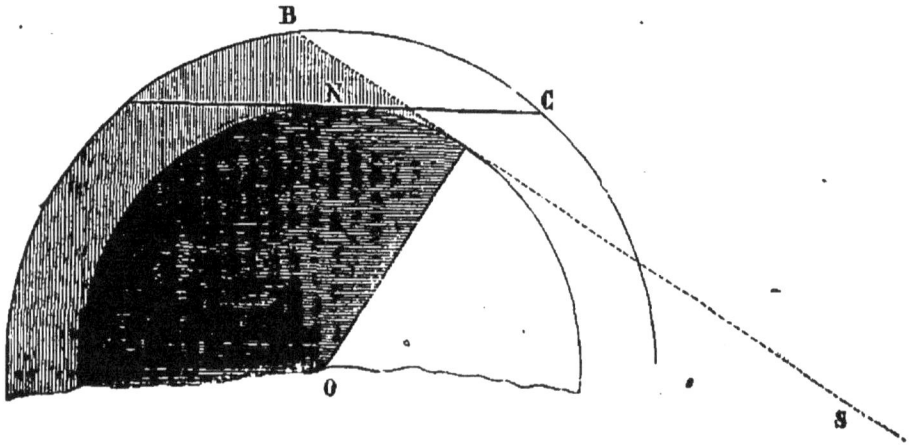

Fig. 37.

dernier rayon lumineux rasant la Terre est BS ; et alors, un
observateur placé en N ne reçoit aucun rayon solaire et devrait ainsi, en l'absence de l'air, se trouver dans une obscurité totale. Mais les rayons solaires, plongeant en liberté
dans l'épaisseur atmosphérique de la région BC, illuminent
cette région, et l'observateur se trouve sous les clartés réfléchies de cette partie du ciel. Il fait jour pour lui, bien que
le Soleil soit invisible encore. A mesure que l'astre monte et
se rapproche de l'horizon NC, l'étendue atmosphérique
éclairée s'agrandit, l'illumination progresse de l'orient à l'occident dans le ciel du spectateur. Enfin le crépuscule cesse,

et le jour véritable commence quand le Soleil se trouve dans la direction NC. Le soir, mêmes résultats, mais en sens inverse, après le coucher du Soleil. La lumière, qui n'atteint plus alors le sol, atteint encore les hauteurs de l'air et prolonge le jour jusqu'au moment où l'astre est descendu assez bas au-dessous de l'horizon, ce qui arrive plus d'une heure après son coucher.

La durée du crépuscule est en rapport avec l'épaisseur de l'atmosphère. Si cette épaisseur était illimitée, le crépuscule du soir rejoindrait celui du matin ; il n'y aurait plus de nuit, c'est-à-dire que, en l'absence du Soleil, le ciel brillerait toujours d'un certain éclat. On peut, de la durée de l'illumination crépusculaire, déduire la hauteur approximative de l'atmosphère. Par cette voie, en effet, la géométrie nous apprend que, à une hauteur de quinze à seize lieues, il n'y a plus rien de matériel, il n'y a plus d'air; car il ne nous arrive aucun reflet des rayons solaires traversant ces hautes régions. Par delà s'ouvrent les abîmes du vide, les étendues libres, où le mécanisme des cieux ne trouve aucune résistance capable d'en compromettre un jour l'harmonie.

NEUVIÈME LEÇON

RÉFRACTION ATMOSPHÉRIQUE

Effets de l'atmosphère sur la température et l'éclat du Soleil, 1. — Influence de l'obliquité sur le pouvoir des rayons solaires, 2. — A l'horizon, le Soleil nous semble plus grand, 3. — La brume et la lampe allumée, 3. — Estimation des distances, 4. — Ce qui nous trompe sur les distances nous trompe aussi sur les grandeurs, 4. — Le Soleil visible avant qu'il soit réellement levé, 5. — Réfraction de la lumière, 5. — La terrine et la pièce de monnaie, 6. — Éducation de l'œil, 7. — Les objets vus au sommet du pinceau lumineux, 7. — Le bâton brisé, 7. — Densité croissante de l'air depuis les extrèmes limites de l'atmosphère, 8. — Réfraction atmosphérique, 9. — Déplacement illusoire des astres, 9. — Le Soleil déformé à l'horizon, 9.

1. L'atmosphère, nous venons de l'apprendre, nous distribue le jour d'une manière égale en formant au-dessus de nous une voûte lumineuse d'où nous descendent les clartés solaires, converties par mille et mille reflets en lumière diffuse ; et, par les crépuscules du matin et du soir, elle allonge la durée de l'illumination. Elle occasionne, en outre, certains faits très-remarquables que nous allons étudier dans la leçon présente.

Et d'abord, le Soleil, à son lever, est moins chaud, moins radieux qu'il ne le sera plus tard. On peut, dès qu'il paraît au bord de l'horizon, le contempler en face ; dans quelques instants, aucun regard n'en supporterait les éblouissantes splendeurs. L'astre, pourtant, darde toujours la même somme de chaleur et de lumière ; son foyer jamais ne s'assoupit et jamais ne s'active davantage. C'est à l'interposition de l'atmosphère que sont dues ces différences d'éclat. A midi, les rayons solaires traversent l'atmosphère d'aplomb, suivant sa plus courte épaisseur ; et, ne rencontrant dans leur trajet que des couches aériennes débarrassées de leurs vapeurs grossières par la chaleur du jour, ils nous arrivent

avec la simple déperdition de température et d'éclat que
leur fait éprouver l'air, même le plus limpide. Mais, le matin, pour nous parvenir, ils traversent l'atmosphère obliquement, sur une épaisseur plus grande; et, dans ce trajet,
ils s'affaiblissent d'autant plus que l'air, au voisinage du
sol, est tout imprégné des brumes du matin. Un coup d'œil
jeté sur la figure 38 achève la
démonstration. On voit que,
pour atteindre le point A de la
Terre, les rayons venus du Soleil levant, suivant la direction
SA, ont à franchir une épaisseur d'air CA, plus brumeuse à
cause de la proximité du sol, et

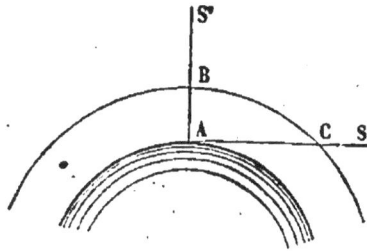

Fig. 38.

plus considérable que l'épaisseur BA, traversée par les rayons
du Soleil arrivé au point le plus haut de sa course.

2. Une autre cause intervient ici. Les rayons de lumière,
comme aussi les rayons de chaleur, ne produisent tout leur
effet qu'en arrivant d'aplomb sur la surface qui les reçoit;
s'ils arrivent de côté, leur pouvoir s'affaiblit à raison de
leur obliquité. Présentez une ardoise, une planchette, une
feuille de carton, à la lumière d'une bougie. Si la lumière
frappe perpendiculairement ces objets, vous les verrez bien
éclairés; si elle les atteint d'une manière oblique, vous les
verrez s'assombrir. Alors, indépendamment de l'atmosphère, les rayons solaires S'A produisent plus d'effet en
chaleur et en lumière que les rayons SA rasant tout juste le
sol. A mesure qu'il se rapproche du haut du ciel, le Soleil
acquiert plus de puissance, parce que ses rayons nous arrivent moins obliques et traversent une épaisseur de l'atmosphère moins grande et moins brumeuse. Parvenu au sommet de sa course, à l'heure de midi, il possède tout son
éclat; par delà, il s'affaiblit encore jusqu'au bord occidental de l'horizon, où il reproduit les mêmes faits qu'au bord
oriental, mais avec une diminution moindre de tempéra-

ture et d'éclat, parce que l'atmosphère, dans l'état où l'a mise la chaleur du jour, est plus limpide que dans l'état résultant de la fraîcheur de la nuit.

3. A l'horizon, soit à l'orient, soit à l'occident, le Soleil se montre sous une singulière apparence : son disque nous semble plus grand qu'il ne l'est au haut du ciel ; et cependant, si on le mesure le matin, à midi et le soir, avec des instruments astronomiques, on lui trouve toujours une même largeur [1]. Il y a là une illusion facile à expliquer. Le Soleil est tellement éloigné de nous que, sous le rapport de sa distance et de son volume, il échappe tout à fait aux appréciations de la vue. Est-il grand, est-il petit? est-il près, est-il loin? Le regard seul, sur ces questions, ne peut rien nous apprendre. L'œil, infiniment trop borné pour saisir le spectacle solaire dans ses prodigieuses proportions, ne voit qu'un disque lumineux fixé à la voûte du ciel; et il juge ce disque tantôt plus près, tantôt plus loin, suivant l'éclat de ses rayons et suivant la perspective des objets échelonnés en avant.

Placez dehors, à dix pas devant vous, une lampe allumée. Si l'air interposé est bien transparent, la lumière vous arrivera dans toute sa vivacité, et la lampe vous paraîtra à dix pas de distance. Mais si l'air est brumeux, si la clarté de la flamme vous arrive ternie, voilée par un brouillard, la lampe vous semblera transportée plus loin. Qui n'a remarqué encore que, de nuit, dans la brume, les lumières des habitations nous paraissent plus distantes qu'elles ne le sont en effet? D'où proviennent ces estimations erronées? — De ce que l'esprit, habitué à juger de la distance des objets d'après la netteté de la vision, rapporte involontairement à une augmentation de distance l'affaiblissement d'éclat dont la cause réelle est l'imparfaite transparence de l'air.

[1] Pareil fait se répète pour la Lune : elle nous semble plus grande à l'horizon qu'au sommet du ciel. L'explication de cette apparence est la même que pour le Soleil.

4. Une montagne bien isolée, se dressant toute seule à l'horizon, nous trompe étrangement sur la distance. Nous croirions pouvoir l'atteindre en quelques heures, et pourtant des journées entières n'y suffiraient pas. Pourquoi cela? — Parce que le regard dirigé vers cette montagne ne rencontre en avant aucune perspective préparatoire, aucun rideau de collines, aucune file de points de repère qui, s'échelonnant l'un par delà l'autre, lui permettent de se reconnaître et d'évaluer à peu près les distances par un travail de comparaison. Mais, si la vue embrasse d'abord une étendue montueuse dont les sommets fuient l'un derrière l'autre, la montagne située par delà est jugée plus distante.

Les deux causes à la fois nous dupent relativement au Soleil. A l'horizon, l'astre perd de son éclat à cause du voile brumeux de l'air avoisinant le sol ; de plus, il se montre en arrière de la longue perspective des objets terrestres placés entre nous et le bord du ciel. Au sommet de sa course, au contraire, il possède tout son éclat ; il règne seul au haut du ciel, sans aucun point de repère pour le regard. Dans le premier cas, il nous semble donc plus éloigné que dans le second. Mais ce qui nous trompe sur les distances nous trompe aussi sur les grandeurs. Un objet qu'une illusion transporte plus loin et qui pourtant produit toujours une image égale sur l'écran sensible de l'œil, nous semble plus grand du même coup ; car nous attribuons à une amplification de l'objet le défaut d'amoindrissement de son image, malgré un surcroît de distance. Alors, par cela même qu'à l'horizon il nous semble plus éloigné, le Soleil doit aussi nous paraître plus grand.

5. L'atmosphère est cause d'une illusion plus remarquable encore que la précédente : le Soleil est en entier visible avant son lever réel ; il est visible également en entier après son coucher réel. Au moment où, le matin, son disque achève de se montrer, en réalité, son bord supérieur effleure l'horizon ; au moment où, le soir, nous l'apercevons rasant

6.

la ligne terminale du ciel, en réalité, il vient de disparaître complétement. L'atmosphère déplace l'astre pour nos regards ; elle le relève, en quelque sorte, à l'horizon, d'une quantité précisément égale à sa largeur. La même chose se répète pour tous les autres corps célestes : le voile de l'air, à travers lequel nous les voyons, nous les fait paraître plus élevés qu'ils ne le sont en effet. Et cela n'a pas lieu aux seuls bords de l'horizon, mais encore dans toutes les régions du ciel ; seulement, la déviation est moindre à mesure que l'astre est plus voisin du point culminant de sa course. Au zénith, l'astre est vu dans sa véritable position ; partout ailleurs, il occupe en apparence une place qu'il n'occupe pas en réalité. Occupons-nous de la cause de ce curieux déplacement.

La lumière se propage en ligne droite, mais à une condition : c'est qu'elle se trouve toujours dans une étendue identique, dans la même substance, dans le même *milieu*, comme on dit. Si elle change de milieu, elle change aussi de direction ; et cela, de la manière la plus brusque. Soient deux milieux différents (fig. 39), séparés par la surface plane MM' : au-dessus, de l'air ; au-dessous, de l'eau par exemple. Un rayon de lumière AB traverse l'air et arrive en B à la surface de l'eau. Là, au lieu de suivre sa direction première, il se dévie brusquement, se coude et suit la direction BC qui fait avec la perpendiculaire NN', à la surface de séparation, un angle CBN', moindre que l'angle primitif ABN. Une déviation analogue arriverait si le rayon passait du vide dans l'air, de l'eau dans le verre, et, en général, d'un milieu moins compacte, moins dense, dans un milieu plus dense ;

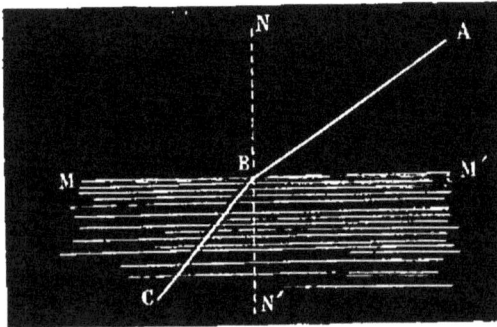

Fig. 39.

on verrait toujours ce rayon se dévier à son entrée dans le milieu plus dense et se rapprocher de la perpendiculaire. D'où cette première loi : *Quand un rayon lumineux passe d'un milieu moins dense dans un milieu plus dense, il se dévie de sa première direction et se rapproche de la perpen-diculaire.*

Supposons maintenant que, dans la figure 39, le rayon de lumière se propage de bas en haut, de l'eau dans l'air. Dans l'eau, il suit la direction CB; mais, en pénétrant dans l'air, il se détourne brusquement de sa voie, il s'écarte de la perpendiculaire et suit la direction BA. En passant du verre dans l'eau, de l'air dans le vide, et, en général, d'un milieu plus dense dans un milieu moins dense, le rayon lumineux serait dévié d'une manière analogue : en pénétrant dans le milieu moins dense, il s'éloignerait de la perpendiculaire. Cela se résume dans cette seconde loi : *Quand un rayon lu-mineux passe d'un milieu plus dense dans un milieu moins dense, il se dévie de sa direction primitive et s'éloigne de la perpendiculaire.*

6. On donne le nom de *réfraction* de la lumière à ce chan-gement de direction que les rayons lumineux éprouvent quand ils pénètrent obliquement d'un milieu dans un autre. Je dis obliquement, car il n'y a pas de déviation lorsque le rayon se propage suivant la perpendiculaire à la surface sé-parant les deux milieux. Ainsi, un filet de lumière qui plon-gerait de l'air dans l'eau suivant la ligne NB poursuivrait sa route suivant BN', sans modifier en rien sa direction pre-mière. Assez sur ce sujet difficile. Citons maintenant quel-ques expériences basées sur le jeu de la réfraction.

Mettez à terre un vase à parois non transparentes, une terrine, et, au fond du vase, une pièce de monnaie. Placez-vous alors de manière que la ligne visuelle, rasant le bord de la terrine, arrive juste à la pièce de monnaie. A partir de cette position, si vous reculez encore, mais fort peu, la pièce cessera d'être visible pour vous; elle sera masquée

par la paroi du vase. Mais si, en ce moment, une autre
personne remplit d'eau la terrine, la pièce, par une étrange
magie, devient aussitôt visible, bien qu'elle n'ait pas changé
de place, bien qu'elle soit masquée réellement par la paroi
du vase. Magie n'est pas le mot; laissons-le, puisqu'il m'a
échappé, mais ajoutons vite que c'est ici un fait très-simple
occasionné par la déviation des rayons lumineux passant de
l'eau dans l'air.

7. Imaginons la droite AB (fig. 40) qui, de la pièce, about-
tit au bord du
vase; nous au-
rons ainsi la di-
rection du der-
nier filet de lu-
mière qui, venu
de la pièce,
puisse sortir de
la terrine avant
l'introduction de
l'eau, les autres rayons, au-dessous de AB, étant arrêtés par

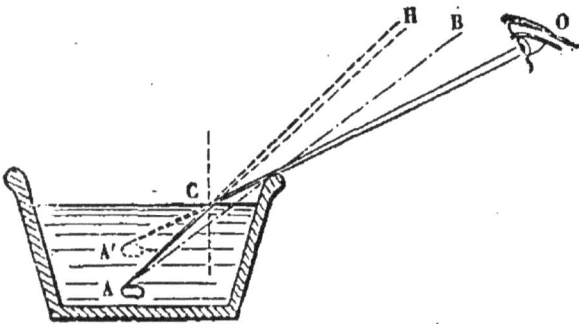

Fig. 40.

la paroi opaque. Alors, pour l'œil placé en O, la pièce de
monnaie est invisible. Nous mettons de l'eau dans le vase, et
les conditions changent. Un filet de lumière, AC par exemple,
qui, sans la présence du liquide, continuerait sa marche en
ligne droite suivant CH, et passerait au-dessus de l'observateur, est dévié de sa direction au sortir de l'eau et s'éloigne de
la perpendiculaire, parce qu'il va d'un milieu plus dense dans
un autre qui l'est moins; il suit la direction CO et parvient à
l'œil, pour lequel la pièce devient ainsi visible, non au
point A où elle est réellement, mais à l'extrémité idéale du
filet lumineux prolongé, au point imaginaire A' d'où ce filet
semble partir. — Et pourquoi, me direz-vous, ne voit-on
pas la pièce en A à sa place véritable, malgré le coude du
filet lumineux qui la rend visible? — Parce que, dans les
conditions ordinaires, l'objet se trouve toujours à l'extrémité

du faisceau de lumière que l'œil reçoit. L'expérience de tous les instants a imprimé dans notre esprit la conviction intime que la chose aperçue est au bout de la ligne droite visuelle; l'habitude est prise, l'éducation de la vue est faite, et désormais, si les rayons lumineux se coudent en route une fois, dix fois, cent fois, n'importe, l'œil n'en tient compte : il voit l'objet au point illusoire d'où ces rayons paraissent venir en ligne droite.

On explique de la même manière pourquoi un bâton en partie plongé dans l'eau paraît brisé au point d'immersion et raccourci. Le filet lumineux AC (fig. 41) venant de l'extrémité du bâton se coude au sortir de l'eau, s'écarte de la perpendiculaire et prend la direction CO. L'œil, trompé par la réfraction, voit donc l'extrémité du bâton au

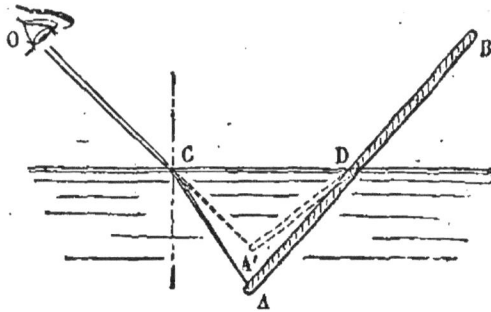

Fig. 41.

sommet du filet de lumière idéalement prolongé, c'est-à-dire en A'. Les autres points de la partie AD éprouvent un déplacement imaginaire pareil, et le bâton nous apparaît de la sorte coudé en D et raccourci.

8. Les rayons lumineux détournés de leur chemin par leur passage de l'eau dans l'air nous rendent visible une pièce de monnaie en réalité cachée derrière le bord opaque d'un vase; pareillement, les rayons du Soleil déviés de leur route par l'action de l'atmosphère nous montrent cet astre avant qu'il soit levé, après qu'il est couché. Au point A de la Terre (fig. 42), prolongeons idéalement à travers l'espace la surface régulière du sol. Ce sera l'horizon AH, qui délimite la portion visible du ciel et la portion invisible. S'il n'y avait pas d'atmosphère, le Soleil resterait invisible pour le point A tant qu'il se trouverait au-dessous de ce plan idéal;

il serait masqué par la courbure de la Terre comme, dans notre expérience, la pièce est masquée par la paroi du vase. Il ne deviendrait visible que du moment où il se trouverait dans la direction AH ou au-dessus. Avec l'atmosphère, sa

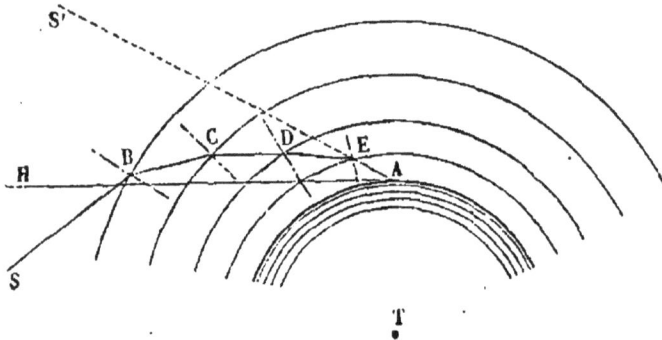

Fig. 42.

visibilité commence plus tôt. Rappelons d abord que l'air est d'autant plus dense qu'il occupe une région plus voisine du sol, car il est comprimé par le poids de toute l'épaisseur atmosphérique située au delà. Au niveau des mers, il pèse 1 gramme et 3 décigrammes par litre; à la limite supérieure de l'atmosphère, il n'a plus qu'un poids à peu près nul. La densité de l'air augmente donc par une gradation insensible depuis les hauteurs extrêmes de l'enveloppe aérienne jusqu'aux régions inférieures touchant le sol. Représentons cet accroissement de densité par des couches concentriques, les plus légères en dehors, les plus lourdes en contact avec la Terre.

9. Un rayon de lumière arrive du Soleil situé au-dessous de l'horizon, et suit la direction SB (fig. 42). En l'absence de l'atmosphère, ce rayon, n'éprouvant aucune déviation, passerait en ligne droite au-dessus de A, sans rendre l'astre visible. Mais il pénètre du vide de l'espace dans la première couche d'air; il plonge d'un milieu sans densité, puisqu'il n'y a rien de matériel, dans un autre doué d'une certaine densité; il se rapproche donc de la perpendiculaire à la

couche atmosphérique [1], et suit la direction BC. Là, il quitte une couche d'air plus légère pour entrer dans une seconde plus lourde, ce qui le dévie encore en le rapprochant toujours de la perpendiculaire et lui fait prendre la route CD. En D, nouvelle déviation à cause d'une plus grande densité de la couche qui suit ; en E, même résultat ; si bien qu'à la suite d'inflexions de même sens, occasionnées par la densité croissante de l'air, il arrive à l'observateur suivant la direction EA. L'œil n'a en rien connaissance de tous ces changements de route, et il voit le Soleil sur le prolongement du filet lumineux tel qu'il lui parvient, c'est-à-dire dans la direction AES'. C'est ainsi que, par le jeu de la réfraction atmosphérique, le Soleil se montre au-dessus de l'horizon à un moment où, dans le fait, il est au-dessous, et devient visible alors que la convexité de la Terre nous le cache réellement.

Un autre effet de la réfraction atmosphérique, c'est de déformer un peu le disque du Soleil à l'horizon et de lui donner l'apparence d'un ovale écrasé dans le sens vertical. Cela provient de ce que la réfraction est d'autant plus forte que le point considéré est plus voisin de l'horizon. De la sorte, le bord inférieur de l'astre est relevé dans une proportion plus grande que le bord supérieur ; et, de cet inégal déplacement, résulte pour le disque une apparence un peu ovalaire. Cet effet diminue et cesse bientôt d'être sensible à mesure que le Soleil s'élève. Les mêmes apparences se reproduisent pour la pleine Lune.

Le déplacement illusoire occasionné par la réfraction atmosphérique affecte un astre quelconque, et à toute heure de la journée, mais d'autant plus que l'observation se fait plus près de l'horizon. L'astre n'est pas vu à sa véritable place ; il paraît plus voisin du haut du ciel qu'il ne l'est en effet. Il n'est aperçu dans sa vraie position qu'au moment où il passe au zénith, sur le prolongement de la verticale ;

---

[1] Une ligne est perpendiculaire à la circonférence ou bien à la sphère quand, prolongée, elle aboutit au centre.

car, alors, il nous envoie des rayons perpendiculaires aux couches atmosphériques, et, dans le cas où elle passe perpendiculairement d'un milieu dans un autre, la lumière, vous ai-je dit, n'éprouve pas de déviation. Il est bien entendu que, dans leurs recherches, les astronomes ont soin de corriger les effets trompeurs de la réfraction atmosphérique, pour ne pas rapporter un astre à un point du ciel où il n'est réellement pas.

DIXIÈME LEÇON

LES DISTANCES INACCESSIBLES

1. Qui n'a suivi la Lune du regard quand, au delà des nuages rapides, elle semble courir follement dans le ciel[1]? A l'approche de l'astre, les nuées, imprégnées d'une blanche clarté, prennent le mol aspect d'une toison d'argent; puis, devenues plus épaisses, elles s'enténèbrent et la Lune se cache derrière leur mobile rideau. Par moments, une vague auréole trahit sa présence sous le voile inégal des va-

---

[1] Il suffit de regarder la Lune à travers le branchage d'un arbre pour reconnaître que, dans un ciel nuageux, les nuées seules sont en mouvement, et non l'astre lui-même. On voit alors les nuages courir derrière les branches, tandis que la Lune reste au repos.

peurs. Mais une éclaircie se fait ; et la voilà qui reparaît dans sa pleine sérénité, et, des hauteurs du ciel, nous regarde, curieuse. Alors, en notre esprit, mille questions s'éveillent. Qu'est-ce que cet astre où nous croyons voir confusément les traits d'une figure humaine ? que fait-il là-haut dans les froides étendues de la nuit? On dirait qu'au sein des nuées, il joue à cache-cache avec la Terre, sa voisine? Quelle est sa nature? comment est-il fait? qu'y a-t-il? — Eh bien, pour satisfaire votre juste curiosité, faisons ensemble une excursion dans la Lune, avec la science pour guide. Êtes-vous prêts, partons... Je me trompe; halte ! En voyageurs prudents, informons-nous d'abord de la distance à parcourir. On ne s'engage pas dans une expédition aussi lointaine sans connaître d'abord la longueur du chemin. Mesurons donc la distance de la Terre à la Lune. — Mesurer la distance d'ici à la Lune, mais c'est impossible ! qui portera le mètre bout à bout sur la ligne idéale joignant la Terre à l'astre? qui donc se flattera d'enjamber les espaces du ciel pour mettre un pied sur la Terre, l'autre sur la Lune, et tendre entre les deux la chaine d'arpenteur? — C'est la géométrie qui fera ce prodige; la géométrie qui, à l'aide d'une combinaison fort simple d'angles et de lignes droites, nous dit la grandeur et la distance des objets dont on ne peut s'approcher. Vous désirez sans doute connaître, dans ce qu'elles ont de plus élémentaire, ces méthodes savantes qui mesurent l'inaccessible ; méthodes d'une haute portée, qu'il faut ranger au nombre des plus belles conceptions de l'intelligence humaine. Pour nous en occuper un instant, ajournons alors notre voyage. Vous aurez ainsi la satisfaction de voir par vous-mêmes qu'il est possible de mesurer en effet la distance de la Terre à un astre, au lieu d'admettre de confiance les nombres qui vous seraient cités. Apprendre de mémoire est excellente chose; mais comprendre, voir clair, est encore meilleur.

2. Vous avez un modèle de dessin, une tête à copier. Vo-

tre travail peut être égal en dimensions au modèle, ou plus petit, ou plus grand ; mais, dans tous les cas, le point essentiel, c'est d'exécuter la copie ressemblante. Rien de plus clair. Voilà le nez dessiné. Il vous a pris fantaisie de le faire en longueur et en largeur juste la moitié du nez copié. En cela, je n'ai rien à dire ; il suffit que le travail soit continué dans des proportions convenables. Vous passez à la bouche. Puisque le nez est réduit de moitié, n'est-il pas évident que la bouche, à son tour, doit être de moitié plus petite ? Et les yeux, les oreilles, le menton, le front, les boucles de cheveux, tout cela ne doit-il pas être de moitié moindre en dimensions ? Car, voyez un peu le singulier effet que produiraient un nez tout petit à côté d'un œil démesuré, un menton amoindri sous une bouche énorme. Vous n'auriez plus une copie ressemblante, mais une affreuse caricature. Il est inutile d'insister : vous comprenez tous qu'une fois le dessin commencé avec un nez deux fois plus petit, il faut, pour la ressemblance, que les yeux, la bouche, le menton, etc., soient aussi deux fois plus petits. Si vous aviez débuté, au contraire, par un nez deux fois plus grand, les autres parties de votre dessin devraient être toutes deux fois plus grandes que les parties correspondantes du modèle. Ce principe, incontestable pour le tracé d'une tête, s'applique également au tracé des figures géométriques, et, dans tous les cas, on doit dire : Dans des figures semblables, les lignes correspondantes ont entre elles la même proportion.

Mais cette proportionnalité entre les diverses lignes ne suffit pas pour la ressemblance des figures ; il faut encore autre chose. Supposons que vous ayez à tracer un dessin géométrique semblable au modèle ABCDH (fig. 43), avec des dimensions moitié moindres. Vous faites ab, moitié de AB (fig. 44) ; à la suite, vous faites bc, moitié de BC ; puis cd, moitié de CD ; et enfin dh, moitié de DH. L'égalité de rapport entre les diverses lignes correspondantes est parfaitement observée, et cependant la copie ne ressemble pas au modèle. Que lui manque-t-il pour cette ressemblance? Il lui manque l'égalité des angles, dont je n'ai tenu aucun compte dans la construction. Reprenons le tracé, en ayant soin de faire, dans la copie, les angles égaux à ceux du modèle. Je fais $a'b'$ égal à la moitié de AB (fig. 45); puis, au point b', je

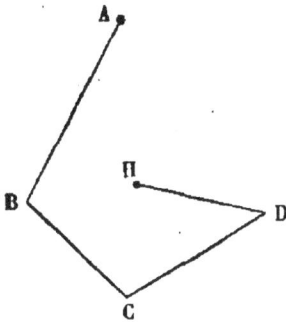

Fig. 43.

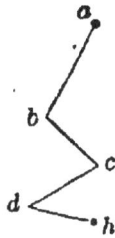

Fig. 44.

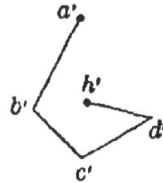

Fig. 45.

construis un angle exactement égal à son correspondant du modèle, et, en continuant de la sorte, j'obtiens la figure $a'b'c'd'h'$ ressemblante au dessin primitif. Nous dirons donc désormais : *Dans les figures géométriques semblables, les lignes correspondantes ont entre elles une même proportion, et les angles correspondants sont égaux.*

3. Pour dessiner une tête, un paysage ou autre chose, d'après un modèle mis sous les yeux, il est indispensable que ce modèle soit visible dans toutes ses parties. S'il est quelque part voilé par un grand pâté d'encre, s'il en manque une partie, vous chargeriez-vous de le reproduire fidèlement en entier? — Certes non. Pour copier un dessin, il faut, avant tout, le voir. Ce qui manque, ce qui est inconnu ne saurait être imité ; c'est de pleine évidence. — Eh bien, à cause de leur extrême simplicité, les figures géométriques présentent ici une remarquable exception : elles peuvent être reproduites, copiées avec une rigoureuse ressemblance, bien qu'elles soient inconnues, invisibles en partie. Je n'en veux pour preuve que l'exemple suivant. Soit le polygone

ABCD (fig. 46) à reproduire, avec des dimensions trois fois moindres, je suppose. Si le modèle était intact comme dans la figure 46, le travail à faire n'offrirait rien de particulier ; mais imaginons qu'il soit maculé d'une tache d'encre et mis dans l'état où nous le montre la figure 47. L'an-

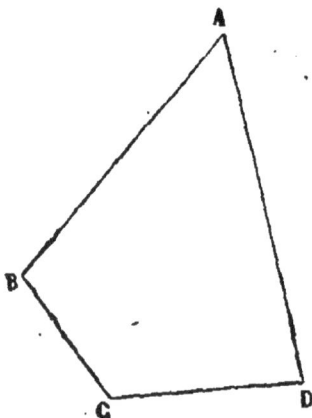

Fig. 46.

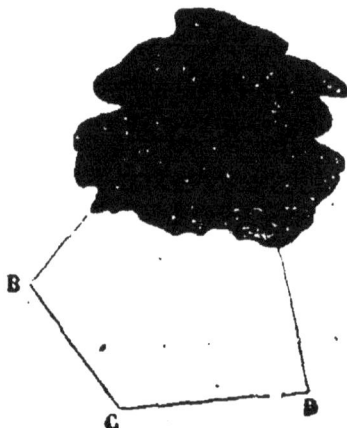

Fig. 47.

gle A nous est alors caché, ainsi que la longueur des côtés AB et AD. Pourrons-nous cependant, d'après ce modèle incomplet, faire une copie exacte de la figure primitive que nous sommes censés n'avoir plus sous les yeux ? Essayons. Je fais l'angle c (fig. 48) égal à son correspondant C. Sur les

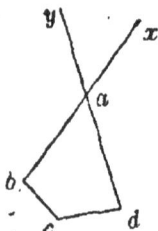

Fig. 48.

côtés de cet angle, je prends cd et cb égaux au tiers de CD et CB. Puis, au point b, je fais un angle égal à l'angle B ; ce qui me donne la droite indéfinie bx. De même, en d, je fais un angle égal à D ; ce qui me fournit la droite indéfinie dy. Ces deux lignes bx et dy se coupent quelque part, en a, et la figure s'achève d'elle-même, forcément, sans qu'il nous soit possible de rien ajouter à la construction, sans que nous ayons à tenir compte ni de l'angle A, ni des côtés BA, DA, dont la valeur nous est inconnue. Puisque le tracé se complète de lui-même, sans rien d'arbitraire, sans rien qui dé-

pende de notre choix, il faut que ce tracé reproduise rigoureusement le modèle, car il n'y a pas d'autre construction
possible. Donc : *Pour construire une figure géométrique
semblable à une autre, il n'est pas nécessaire de connaître
cette dernière dans tous ses détails; il suffit d'en connaître
assez pour que la construction, parvenue à un certain point,
s'achève forcément d'elle-même.*

4. Appliquons ce principe, riche de conséquences, à la
question suivante. Nous sommes en A (fig. 49), séparés de
la tour C par une rivière qu'il nous est impossible de franchir, et nous voulons savoir la distance AC qui nous sépare
de la tour, ainsi que la largeur de cet édifice. A cet effet,
sur le bord que nous occupons, nous plantons un jalon
quelque part, n'importe où, en B par exemple, et nous mesurons directement avec le mètre ou la chaîne d'arpenteur
la ligne AB, qu'on appelle *base*. Nous lui trouvons, je suppose, 70 mètres. Ensuite, avec le graphomètre placé en A,
nous obtenons la valeur de l'angle CAB, soit 52 degrés. Enfin le graphomètre est transporté en B pour mesurer pareillement l'angle CBA. Soit 40 degrés.

D'après ces mesures, nous connaissons, dans le triangle CAB, deux angles sur trois, les angles A et B, et un côté
sur trois, le côté AB. Tout le reste, savoir l'angle C et les
côtés AC et BC, nous est inconnu, non pas précisément
voilé par un pâté d'encre, mais par quelque chose de pire,
l'obstacle de la rivière, qui nous empêche de parcourir d'un
bout à l'autre la distance à mesurer. Si, malgré le pâté
d'encre, nous avons pu tantôt construire une figure semblable, l'obstacle de la rivière ne nous empêchera pas de
tracer sur le papier la fidèle reproduction du triangle ABC,
à demi inconnu. Effectivement, menons sur une feuille de
papier une droite *ab* (fig. 50) de 70 millimètres, qui représenteront les 70 mètres de la base AB, mesurée sur le terrain.
Faisons en *a* un angle de 52 degrés, et en *b* un angle de 40.
Les deux droites, en se coupant en *c*, achèvent forcément la

construction ; notre tracé se termine de lui-même, et, par suite, il reproduit exactement le modèle du terrain. Les

Fig. 40.

deux triangles *abc* et ABC étant de la sorte semblables, leurs côtés correspondants ont entre eux une même proportion. Mais *ab* est de 70 millimètres, tandis que AB est de

70 mètres. Alors *ac*, à son tour, contient autant de millimètres que la distance AC contient elle-même de mètres.
Nous mesurons *ac* avec une règle convenablement divisée,
et nous lui trouvons, par exem-
ple, 50 millimètres. Par conséquent, la distance que nous cherchons, AC, est de 50 mètres.
Vous le voyez : malgré la rivière
qui nous barre le passage, la
distance de la tour se trouve
exactement mesurée. A l'aide du
tracé d'une figure semblable,

Fig. 50.

une base et deux angles font tous les frais de cette belle opération [1].

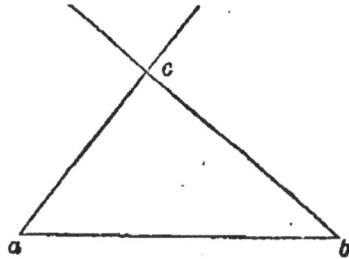

5. Une fois la distance de la tour connue, on peut facilement trouver sa grosseur, son diamètre. Du point A (fig. 51),
avec les deux lunettes du graphomètre, l'observateur vise la
tour à droite et à gauche, de manière à comprendre la largeur de l'édifice entre les deux côtés prolongés de l'angle de
son instrument. L'angle BAC, ainsi formé, est, je suppose,
de 10 degrés. On nomme cet angle *diamètre angulaire* de
la tour, parce qu'il comprend entre ses côtés le diamètre
réel, la largeur de l'édifice. Maintenant faisons sur le papier
un angle *a* de 10 degrés (fig. 52), et, sur ses côtés, à partir
du sommet, prenons deux longueurs, *ab* et *ac*, égales l'une
et l'autre à 50 millimètres, conformément à la distance de
la tour, que nous savons être égale à 50 mètres. Arrivé à
ce point de construction, notre tracé s'achève forcément de

[1] Les géomètres, au lieu de déterminer la distance inconnue AC par
la construction sur le papier d'un triangle semblable, la calculent au
moyen de la base AB et des deux angles mesurés. Le calcul des triangles porte le nom de *trigonométrie*. On obtient par cette méthode
une précision incomparablement plus grande que par le tracé d'une
figure semblable. Malheureusement, ce sont là des calculs trop élevés
pour nous.

lui-même, car, sans plus amples recherches, il suffit de joindre *b* et *c* pour que le triangle soit terminé. Le trian-

Fig. 51.

gle *abc*, ainsi construit, est donc semblable au triangle ABC du terrain. Alors la droite *bc* représente, dans une figure à dimensions mille fois moindres, le diamètre réel BC de la tour. Mesurée avec la règle divisée, *bc* vaut, je suppose, 9 millimètres. La largeur de la tour est donc elle-même de 9 mètres.

Ainsi, pour évaluer en grandeur un objet inaccessible, il faut d'abord déterminer géométriquement la distance qui nous sépare de cet objet; ensuite mesurer le diamètre angulaire,

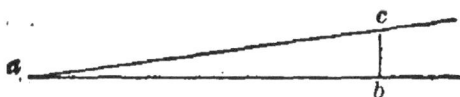

Fig. 52.

c'est-à-dire l'angle que forment les deux lignes visuelles dirigées du point où l'on se trouve aux extrêmes bords de l'objet. Avec cet angle et la distance, on a tout ce qu'il faut pour résoudre la question. En terminant, reconnaissons-le : la géométrie est d'une étonnante habileté. Tout là-bas, à mille, dix mille mètres de distance ou davantage, un objet quelconque se dresse, un édifice, un rocher. Sans bouger d'ici, elle va nous en dire les dimensions et la distance comme si réellement elle portait le mètre sur les longueurs à évaluer. Dans les recherches de son ressort, ne disons jamais: impossible; presque toujours nous aurions tort.

6. S'il nous fallait juger de la distance de la Terre à la Lune d'après les simples apparences, nous commettrions les plus grossières erreurs : le regard seul ne peut en rien nous renseigner ici. On voit bien que l'astre est situé par delà les nuages, élevés eux-mêmes de deux, trois, quatre mille mètres, tantôt plus, tantôt moins; mais de combien est-il plus éloigné? C'est ce qu'il nous serait radicalement impossible de savoir sans le secours de la géométrie. Adressons-nous alors à la sévère science.

Deux observateurs se postent en deux points de la Terre fort éloignés l'un de l'autre, pour avoir une base en rapport avec la distance à mesurer. Ils ont soin de choisir leurs stations sur le même alignement nord et sud; en d'autres termes, sur le même méridien. L'un, par exemple, s'établit

7.

à Vienne, en Autriche; l'autre à la pointe méridionale de l'Afrique, au cap de Bonne-Espérance. Ils ont ainsi entre eux près du quart du tour de la Terre, base colossale sur laquelle doit s'asseoir leur échafaudage géométrique. Un point essentiel, c'est que les observations se fassent au Cap et à Vienne exactement à la même heure, à la même minute, à la même seconde afin que l'astre soit vu par les deux observateurs au même point du ciel. Comment s'entendre sur l'instant précis à de telles distances? — La Lune elle-même lève cette difficulté, car de son disque part un signal visible au même instant des deux observateurs. En effet, à certaines époques, la Lune, alors dans son plein, s'obscurcit de proche en proche, devient invisible, s'éclipse, en pénétrant dans l'ombre de la Terre, qui lui masque la vue du Soleil. Eh bien, le signal qu'attendent les deux astronomes pour commencer leurs observations simultanées, c'est précisément l'éclipse lunaire. Au moment précis où l'ombre commence à gagner le bord de la Lune, ils dirigent leurs lunettes vers ce bord, et de la sorte, d'un bout du monde à l'autre, les mesures sont prises au même instant, comme si les deux astronomes communiquaient entre eux.

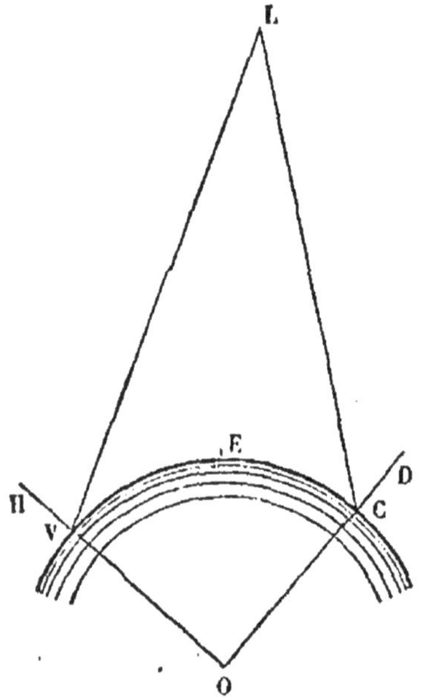

7. Ces mesures se réduisent à deux angles. Voici comment. Soit VEC (fig. 53), la courbure de la Terre, le méridien, passant à la fois par Vienne V et par le Cap de Bonne-Espérance C. Soit, enfin, E, le point où l'équateur coupe ce méridien, et L la position de la Lune à l'instant choisi pour les observations. L'astronome de Vienne mesure avec un grapho-

Fig. 53.

mètre l'angle HVL, formé par la verticale et la ligne visuelle dirigée vers la Lune; celui du Cap mesure de son côté l'angle DCL, compris entre la verticale DC et la direc-ion de l'astre CL. Et c'est tout. Il ne leur reste plus qu'à déterminer la latitude de leurs stations, c'est-à-dire, comme on vous l'a déjà dit, la distance en degrés de ces stations à l'équateur. Elle est donnée par l'observation du pôle céleste correspondant. Il est bien entendu que, dans ces nouvelles recherches, la simultanéité est inutile ; chaque observateur prend son temps et détermine la latitude de sa station, sans se préoccuper de son collègue. La latitude de Vienne est trouvée, je suppose, de 48 degrés. Cela signifie que l'arc de méridien EV, compris entre l'équateur et Vienne est de 48 degrés. Celle du Cap, ou l'arc EC, vaut à son tour 34 degrés. La somme de ces deux latitudes, la somme des deux arcs VE et CE, représente la valeur de l'angle COV compris entre les deux verticales, entre les deux rayons terrestres des stations choisies. L'observation de l'un et l'autre pôle apprend donc que l'angle COV est égal à 48 + 34, ou bien à 82 degrés. Il n'en faut pas davan-tage pour déterminer, au moyen du tracé d'une figure semblable, la dis-tance de la Lune à la Terre.

7. Pour représenter la courbure du Globe, décrivons sur le papier une portion de cercle (fig. 54), avec un rayon quelconque qui figurera le rayon terrestre. Faisons un angle *cov* de 82 degrés. Au point *v*, me-nons une ligne *vl*, comprenant avec la verticale, avec le rayon *ov* pro-longé, un angle *hvl* égal à celui

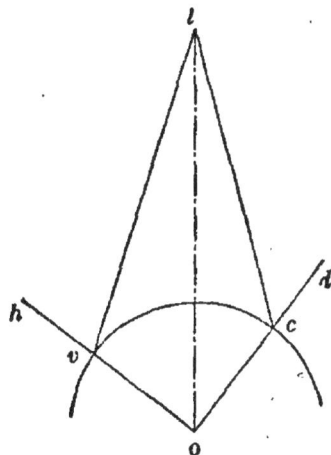

Fig. 54.

que l'astronome de Vienne a obtenu par l'observation de la Lune. Au point *c* pareillement, faisons un angle *dcl* égal à celui qu'a obtenu l'astronome du Cap. Les deux droites *vl, cl* se rencontrent en *l*, et la figure *ovlc*, se terminant

d'elle-même, est semblable à la figure OVLC, idéalement
tracée dans les entrailles de la Terre et dans les espaces
du ciel. Or, si l'on porte avec le compas la ligne *oc* sur la
ligne *ol*, on trouve qu'elle y est contenue environ 60 fois[1].
La Lune est donc éloignée du centre de la Terre d'environ
60 fois le rayon terrestre. Nous disons environ, car cette distance est variable suivant la position de l'astre. La plus
grande distance est de 64 rayons terrestres, et la plus petite
de 56. La moyenne est de 60[2].

8. Les apparences qui nous montrent la Lune presque au
sein des nuages nous trompent donc grossièrement. C'est
immensément plus loin par delà que l'astre se trouve. Pour
l'atteindre, il faudrait mettre bout à bout 30 globes comme
la Terre; il faudrait un fil assez long pour faire par neuf à
dix fois le tour du monde en suivant l'équateur. Un boulet
de canon, conservant toujours la vitesse de 400 mètres par
seconde qu'il possède à sa sortie de la bouche à feu, arriverait en 11 jours de la Terre à la Lune; une locomotive
lancée avec la vitesse de 15 lieues par heure n'y parvien-
drait que dans 9 mois.

Puisqu'elle est si éloignée de la Terre, la Lune doit être
bien plus grosse qu'elle ne le paraît, car la distance doit
singulièrement l'amoindrir à nos yeux. Pour avoir sa grosseur réelle, il faut répéter l'opération que nous avons faite
pour la tour : il faut mesurer son diamètre angulaire et
combiner cet angle avec la distance. En visant le bord supérieur et le bord inférieur du disque lunaire, on trouve que
le diamètre angulaire de l'astre est d'un demi-degré. Traçons
alors un angle d'un demi-degré, portons sur les côtés de

---

[1] Ne pas perdre de vue que les figures du livre sont forcément défec-
tueuses, les dimensions de la page ne permettant pas de leur donner
leurs proportions véritables. Dans notre figure, *oc* n'est pas contenu 60
fois dans *ol*.

[2] Se rappeler que le rayon terrestre vaut en nombre rond 1600
lieues.

cet angle 60 longueurs représentant 60 rayons terrestres, nous trouverons ainsi, pour la ligne qui complète le triangle et représente le diamètre réel de la Lune, une valeur égale au quart à peu près du diamètre terrestre, ou plus exactement aux trois onzièmes. La Lune n'est donc pas un disque de quelques empans, mais un globe encore énorme, quoique plus petit que la Terre. Son rayon est les trois onzièmes du rayon terrestre. Par conséquent, son contour est de 2700 lieues, et son volume est à peu près la cinquantième partie de celui de la Terre. Maintenant, nous pouvons partir pour l'expédition projetée. Si le chemin est long, les ailes de la pensée sont rapides.

ONZIÈME LEÇON

UNE EXCURSION DANS LA LUNE

L'aéronaute précipité, 1. — Traversée de l'atmosphère, 2. — Les champs du vide, 3. — La frontière des attractions, 4. — Les voyageurs renversés, 5. — Une chute de neuf mille six cents lieues de haut, 5. — Faiblesse de la pesanteur à la surface de la Lune, 6 et 7. — Le fond d'un volcan, 8. — Aspect général du paysage lunaire, 8. — Forme et dimensions de quelques montagnes lunaires, 9. — Le cirque de Héas dans les Pyrénées et les cirques de la Lune, 10. — Comment se mesure la hauteur des montagnes de la Lune, 11. — Le cirque de Tycho, 12. — Les bandes brillantes et les rainures, 12. — Le jour sur la Lune, 13. — Absence d'atmosphère, 14. — Occultation des étoiles, 15. — Absence d'eau, 16. — Les prétendues mers, 16. — L'organisation telle qu'elle nous est connue, incompatible avec les conditions physiques de la Lune. 16. — Variations extrêmes de température. 16. Ce que les télescopes nous apprennent, 17. — Le télescope de lord Ross, 18. — La prunelle d'un géant de 800 mètres de haut, 18.

1. Ce doit être pour l'aéronaute un moment d'émotion poignante que celui où le dernier frein du ballon est enfin dénoué. La machine aérienne oscille sur ses flancs rebondis; elle s'ébranle, elle est partie. Un plomb descend moins

vite dans les gouffres de l'Océan qu'elle ne monte dans les hauteurs de l'air. En quelques secondes, la foule des curieux n'est plus qu'une mesquine fourmilière en émoi ; les maisons prennent des proportions ridiculement amoindries ; la ville, pareille à un amas de petits cubes blancs, tiendrait à l'aise dans le creux de la main. Ah ! voici un nuage. L'aérostat y plonge et tout disparaît. Un élan de plus, et le ballon, émergeant des profondeurs grises du nuage comme un monstre marin qui viendrait respirer à la surface des eaux, s'élance dans les solitudes supérieures, toujours sereines, toujours inondées de soleil. Il monte à dix mille mètres, la plus grande élévation où l'homme soit encore parvenu. Par moments, à travers les trouées des nuages, l'aéronaute entrevoit la terre, mais indécise à cause de la distance, mais effrayante à cause de la profondeur. Une douzaine de cordons, une corbeille d'osier, le tiennent suspendu sur l'abîme. Si la frêle nacelle chavirait, que deviendrait-il, grand Dieu ! précipité de dix mille mètres d'élévation ! Le froid vous prend aux os rien qu'en songeant à pareille chute. En trois quarts de minute, le malheureux toucherait le sol, avec une vitesse de 441 mètres, c'est-à-dire à peu près la vitesse d'un boulet de canon. Après le choc, horreur ! Ce n'est plus forme humaine, mais quelque chose n'ayant pas de nom. Détournons les yeux de cet épouvantable spectacle, et, si vous vous sentez la tête et le cœur assez fermes pour ne pas avoir le vertige, montons ensemble plus haut que l'aéronaute; élevons-nous jusqu'à la Lune. Du reste, par prudence et pour une foule d'autres motifs, nous ferons le voyage uniquement en esprit.

2. Chemin faisant, constatons quelques faits au sujet de l'atmosphère. Les couches inférieures, sur une épaisseur variable d'une à deux lieues, sont seules nuageuses. Par delà, l'air est tellement aride, tellement dépouillé de vapeurs, qu'il ne peut plus s'y former de nuages. Dans les régions supérieures de l'atmosphère règne donc une perpétuelle

sérénité. Là jamais n'éclate d'orage, là jamais ne fulmine d'éclair.—La température décroit très-rapidement. A quelques kilomètres d'élévation, le froid est déjà très-vif, et les hauteurs toujours sereines de l'atmosphère, malgré les rayons d'un soleil dont rien ne ternit l'éclat, ont en toute saison une température plus basse que celle des journées les plus rigoureuses de nos hivers. — L'air, de plus en plus rare, bientôt ne peut suffire aux besoins de la respiration. Les aéronautes qui ont plongé le plus avant au sein de la mer aérienne, à 10 000 mètres de hauteur, Glaisher et Coxwell racontent que, au terme de leur ascension, ils perdaient connaissance, bleuis de froid, suffoqués par le manque d'air. Entre deux et trois lieues d'élévation, la vie est tellement en péril, qu'il est douteux que l'homme puisse jamais atteindre plus haut. Voyez comme il faudrait déjà renoncer à notre voyage, si nous l'avions entrepris autrement qu'en esprit. A peine perdrions-nous terre, que l'asphyxie, le froid, nous menaceraient de mort. Mais en notre qualité de voyageurs imaginaires, nous n'avons rien à redouter ici. En avant! — Qu'est ceci? En plein jour, le ciel s'enténèbre d'une façon lugubre. Nous sommes partis avec un ciel d'un magnifique bleu, et maintenant ce bleu tourne de plus en plus au noir; la nuit vient en présence du Soleil. — Le motif de ces ténèbres célestes est facile à saisir. Nous n'avons plus au-dessus de nos têtes qu'une partie de l'épaisseur atmosphérique, cause de la lumière diffuse; le voile lumineux de l'air s'amincit, et, à travers ce voile trop léger, apparaissent les étendues où il n'y a plus de jour, parce qu'il n'y a plus de matière éclairée.—D'un élan achevons cette première étape; nous voici hors de l'atmosphère. Retournez-vous un moment vers la Terre : avec de bons yeux, peut-être verrez-vous la houle de sa mer aérienne qui se gonfle en ondulations énormes, et se dégonfle silencieuse aux confins de notre monde. Passons.

3. Ce sont maintenant les champs indéfinis du vide, où

le Soleil darde à flots ses rayons sans produire de jour. Du côté du Soleil, une lumière ardente frappe d'aveuglement; partout ailleurs l'étendue est d'un noir profond, et les étoiles y brillent d'un incomparable éclat. C'est la nuit en plein jour, ce sont les ténèbres au sein de la lumière. Où il n'y a rien, le Soleil ne peut rien illuminer. Vainement ses rayons traversent l'immensité déserte; pour l'œil qui ne les reçoit pas en droite ligne, ils passent invisibles. — C'est ici le domaine de l'éternel silence, du lourd silence du néant : aucune rumeur n'y monte de la Terre; une explosion qui briserait le Globe n'en troublerait pas le calme, car en l'absence de toute matière le son est impossible. — C'est ici le domaine du froid atroce, qui frapperait la Terre de mort sans le manteau de l'atmosphère. Où il n'y a rien à échauffer, la chaleur du Soleil, comme la lumière, demeure inefficace. Les évaluations les plus modérées portent à 60 degrés au-dessous de zéro la température de ces déserts extra-terrestres. C'est trois fois le froid le plus intense de l'hiver exceptionnel de 1829. Des recherches délicates portent même à croire que le froid descend ici à 140 degrés. Vous comprenez, je l'espère, qu'avec ces mortelles conditions, absence totale d'air respirable et température excessivement basse, la vie est à jamais bannie des espaces du ciel. Poursuivrons-nous notre expédition à travers ces redoutables étendues? — Pourquoi pas? L'imagination est une merveilleuse monture, qui se rit du danger et vous mène partout où vous voulez; mais elle est sujette à d'étranges écarts. Aussi serons-nous sur nos gardes, et n'admettrons-nous son dire qu'après l'avoir contrôlé par le dire sévère de la science.

4. Inutile de prolonger notre séjour dans ces étendues monotones. La Lune est notre but : ne perdons pas de temps. Cependant une station remarquable est à visiter en route. Sur la ligne idéale joignant la Terre à la Lune, un point se trouve qui délimite les domaines respectifs des deux globes relativement à l'attraction. Rien ne le distingue des

autres points de l'étendue; il n'en est pas moins digne d'intérêt. Expliquons-nous. La Terre exerce son attraction sur les corps environnants et tend à les faire tomber vers elle; la Lune aussi les attire de son côté. Comme l'attraction est proportionnelle à la masse, la Terre, plus grosse, plus lourde, l'emporte à parité de distance sur son faible antagoniste. Mais, d'autre part, l'attraction diminue proportionnellement au carré de la distance. Alors, si le corps attiré se trouve assez près de la Lune, la distance moindre compensera la faiblesse de masse, et l'astre le plus petit pourra égaler l'astre le plus gros en énergie attractive, ou même le surpasser. Eh bien, il s'agit de déterminer le point où, par la combinaison des distances et des masses respectives, l'attraction lunaire balance l'attraction terrestre, de sorte que tout corps qui, de fortune, s'y trouverait placé, serait également attiré par la Terre et par la Lune, et ne tomberait ni d'un côté ni de l'autre. Le calcul établit que ce point se trouve aux neuf dixièmes de la distance mutuelle des deux astres à partir de la Terre, ou bien au dixième à partir de la Lune. En deçà de cette limite des deux empires attractifs, la Terre fait la loi; au delà, c'est la Lune. Alors, un objet situé sur la droite joignant les deux astres tomberait vers la Terre ou vers la Lune, suivant qu'il serait placé de ce côté-ci ou de l'autre côté du point d'égale puissance.

5. Nous sommes parvenus à ce point, frontière des attractions. Jusqu'à l'heure présente, nous nous sommes élevés la tête en haut, vers la Lune, les pieds en bas, vers la Terre, vers la masse qui nous attirait. Cette position est seule normale, seule appropriée à nos conditions d'existence; car un renversement complet, pour peu qu'il fût prolongé, serait mortel pour nous. Et pourtant, chose étrange, au point où nous venons d'arriver, il faut, pour ne pas être incommodés, tourner la tête du côté où nous avions les pieds, tourner les pieds du côté où nous avions la tête. La raison en est évidente : une fois cette limite franchie, nous n'appartenons

plus à la Terre, nous appartenons à la Lune, dont l'attraction s'empare de nous. Le bas pour nous maintenant, c'est le globe qui nous attire, c'est la Lune; le haut, c'est la Terre, à laquelle nous n'obéissons plus. Désormais le voyage n'est plus une ascension, c'est une chute; nous ne montons pas, nous tombons; nous tombons vers la Lune d'une hauteur égale à six fois 1 600 lieues. Plus d'efforts à faire pour atteindre le but; l'attraction lunaire nous entraîne avec une vitesse croissante, qui, dans quelques instants, sera épouvantable. Tout à l'heure, le frisson nous prenait à l'idée seule d'un **aéronaute** précipité de 10 000 mètres de hauteur; que sera-ce de notre propre chute de neuf mille six cents lieues d'élévation?... Ouf! c'est fait, nous sommes arrivés. Ah! qu'il fait bon de ne tomber ainsi qu'en esprit!

6. Où sommes-nous? — Sur une pente rocailleuse, pareille aux escarpements pelés de quelques cantons des Alpes. Oui, ce sont bien des pierres que nous voyons là, de véritables rocs entassés dans un affreux désordre. Nous avons tous vu, sur les flancs déchirés des montagnes terrestres, de pareilles avalanches de roches vives. La Lune, comme la Terre, est un globe de matériaux pierreux. — La pierre est-elle bien lourde ici? Voilà un bloc, qui d'après son volume, pèserait bien cent kilogrammes sur la Terre. Nous le soulevons aisément de nos mains. Un bloc égal de sapin serait soulevé sur la Terre avec moins de facilité. On dirait presque du liége, tant le poids en est faible. Singulier pays, où les pierres ne pèsent guère plus que le liége chez nous! Tout, du reste, participe à cet allégement. Une sensation étrange nous avertit que, pour nous aussi, la pesanteur est amoindrie. A peine avons-nous conscience de notre propre poids, et les pieds, comme matelassés d'étoupe, n'éprouvent presque plus la pression du sol. Notre marche hésite : l'effort d'un pas nous porte au delà du but prévu; nous allons sans trouver appui, sans équilibre, sans lest; nous sommes trop légers pour la force déployée; il n'y a plus harmonie entre la résistance à

vaincre et la puissance mise en jeu. De là notre plaisante maladresse pour faire la chose la plus simple du monde, marcher. Espérons que l'habitude nous viendra en aide et que nous pourrons gravir les pentes dont nous sommes en- tourés. Un mot, en attendant, sur la cause de cette diminu- tion de la pesanteur.

7. Le poids d'un corps n'est pas une qualité qui lui soit inhérente, et qu'il emporte partout avec lui comme il em- porte sa configuration et sa substance. Sans rien y ajouter, sans rien en retrancher, supposez le même objet à une dis- tance double du centre de la Terre, et aussitôt son poids, c'est-à-dire sa tendance à tomber, devient quatre fois moindre. Le poids résulte de l'attraction exercée sur le corps; il augmente à proportion de la masse attirante, il diminue à proportion du carré de la distance. Puisque peser c'est tendre vers un centre attractif, le poids d'un corps est donc subordonné à la masse attirante et à la distance du centre de cette masse. La Lune équivaut en matière à la quatre-vingt-huitième partie de la Terre[1]. Alors, à égale dis- tance des centres, le poids d'un corps sur la Lune serait 88 fois moindre que sur la Terre. Mais, comme le rayon de la Lune n'est que le quart environ de celui de la Terre, la distance moindre supplée en partie à la faiblesse de la masse, et, tout compte fait, il résulte qu'à la surface de la Lune les corps pèsent six fois moins qu'à la surface de la Terre. — Comprenez-vous maintenant pourquoi chacun de nos pas est un bond involontaire? Le jarret se détend comme s'il devait soulever le poids habituel, lorsqu'il ne soulève en réalité qu'un fardeau six fois moindre. C'est donner un coup de poing au lieu d'une chiquenaude pour lancer une bille de liège.

8. Le point où les hasards de la chute nous ont conduits

---

[1] Ce nombre a été déduit de l'action que la Lune exerce sur nos océans, c'est-à-dire des marées.

est fort peu rassurant. Le sol autour de nous se redresse en pentes abruptes d'une morne nudité, et forme un gouffre conique, un large entonnoir, dont le fond se perd dans un chaos de ténèbres et de rocs éboulés. A un kilomètre au-dessus de nos têtes, l'orifice de l'enceinte bâille tout ébréché, comme la margelle d'un immense puits en ruines. Le doute n'est pas possible, nous sommes tombés dans le cratère d'un volcan. Pareille situation sur la Terre serait dange-reuse; ici, peut-être n'y a-t-il pas de péril. Du moins, les astronomes n'ont jamais constaté d'éruption dans les volcans lunaires, dont l'activité, ce semble, est pour toujours assou-pie. Dans l'incertitude, sortons de l'entonnoir volcanique; de la cime, nous donnerons un coup d'œil d'ensemble au paysage

Il serait difficile de voir un sol plus étrange ; on se croirait en face d'une colossale scorie. Une infinité de cônes volca-niques se succèdent au nord, au midi, à notre droite, à notre gauche, aussi loin que la vue peut porter, plus grands, plus petits, isolés, assemblés, greffés l'un sur l'autre comme des verrues parasites. Ceux-ci, humbles taupinières, ou-vrent leurs cratères à peine au-dessus de la plaine ; ceux-là rivalisent d'élévation avec les plus hautes cimes de la Terre, et leurs entonnoirs plongent si bas, que le soleil jamais n'en visite le fond. En voici qui, pour piédestal, ont choisi quel-que gibbosité du sol ; en voici d'autres implantés au milieu de circonvallations dont on ne ferait pas le tour en plusieurs jours de marche. Puis, sur les flancs de ces cônes, à leur base, dans les vallées qui les séparent, c'est un pêle-mêle bizarre d'aspérités, de dentelures, de crêtes ébréchées, de boursouflures difformes. Pour bouleverser ainsi le sol, il a fallu, sans doute, des convulsions d'une puissance inouïe.

9. Ce que nous voyons du sommet de notre observatoire se répète partout à la surface de la Lune : partout le trait dominant de l'astre est un aspect tourmenté, qui rappelle, mais avec des proportions énormes, celui de certains can-

Fig. 55. — Un cratère lunaire.

tons de l'Auvergne et du Vivarais, couverts de vieux volcans en repos. Sauf quelques grands espaces nivelés, mal à propos qualifiés de mers, la surface de la Lune est hérissée de montagnes de configuration volcanique, c'est-à-dire excavées en cratère. La forme la plus générale est celle de protubérances creusées, au sommet, d'une vaste enceinte circulaire ou cirque, dont le centre est fréquemment occupé par un dôme, par un piton élevé. Tous ces cratères sont-ils des bouches volcaniques comme nous l'entendons sur la Terre? — Leurs prodigieuses dimensions ne permettent pas de le croire. Le cratère de *Clavius*[1] mesure 55 lieues de diamètre; celui de *Ptolémée*, 45; celui de *Copernic*, 22; celui de *Tycho*, 20. Que sont à côté les bouches volcaniques terrestres, les cratères du Vésuve et de Ténériffe, par exemple, dont la largeur n'atteint que 200 et 150 mètres! Leur hauteur n'est pas moins imposante. *Ptolémée* a 2 643 mètres d'élévation; *Copernic*, 3 418; *Tycho*, 5 216; *Clavius*, 7 091; *Newton*, 7 264; *Dœrfel* va jusqu'à 7 603. Si les petits cratères de la Lune peuvent raisonnablement se comparer aux bouches volcaniques terrestres, ces immenses circonvallations rappellent plutôt certains effondrements circulaires, certaines vallées cratériformes qui, dans les Pyrénées, prennent le nom de cirques. Ce ne sont pas des bouches éruptives comme le Vésuve et l'Etna, mais des points où la surface de la Lune s'est soulevée sous la pression des forces intérieures de l'astre en travail, puis effondrée au centre de la boursouflure, en laissant un amphithéâtre de remparts verticaux.

10. Mais encore quelle disproportion entre les cirques de la Lune et ceux de la Terre! Celui de Héas, dans les Pyrénées, est un gouffre de plus de deux lieues de circuit. Ses remparts n'ont jamais moins de 800 à 900 mètres de haut.

---

[1] On a donné aux montagnes de la Lune des noms d'astronomes célèbres.

De nombreux troupeaux errent dans son enceinte, dont ils ont peine à trouver les limites. Trois millions d'hommes ne le rempliraient pas; dix millions auraient place sur les gradins de ses remparts. Et pourtant, le majestueux cirque pyrénéen n'est plus qu'une misérable fossette, comparé aux cirques lunaires, qui mesurent 100, 150 lieues de tour, et dont les murailles se dressent à 6 et 7 kilomètres. A l'intérieur de l'enceinte, l'amphithéâtre a même plus de profondeur, car il est à remarquer que le fond des cirques lunaires est en général au-dessous du niveau du sol extérieur, comme si la matière de l'astre, fluide ou pâteuse à l'époque lointaine de ses convulsions, avait éprouvé un retrait vers le centre au moment où la boursouflure crevée s'épanouissait en circonvallation.

Au caractère volcanique déjà si frappant, les inégalités de la surface de la Lune en joignent donc un autre des plus remarquables, savoir des dimensions colossales comparativement à l'astre. Sur 1 095 montagnes lunaires dont la hauteur a été mesurée, 6 dépassent 6 000 mètres, et 22 sont supérieures à la cime du mont Blanc, dont l'altitude est de 4 210 mètres. Le pic lunaire *Dœrfel*, avec ses 7 603 mètres d'élévation, peut presque entrer en parallèle avec le Gaurisankar et le Kunchinjunga, les plus hautes montagnes de la Terre, qui s'élèvent à 8 840 mètres. En tenant compte du petit volume de l'astre, l'exagération des montagnes lunaires devient encore plus frappante. Le Gaurisankar représente en relief la 740e partie du rayon terrestre; *Dœrfel* représente la 227e partie du rayon lunaire. D'après cette comparaison des cimes extrêmes, on voit que, toute proportion gardée, les montagnes sont trois fois plus hautes sur la Lune que sur la Terre. Une cause très-probable de cet excès du relief lunaire, c'est la pesanteur six fois moindre. Si les montagnes de la Lune sont dues, comme celles de la Terre, à des commotions centrales, à des poussées intérieures qui les auraient soulevées au-dessus du niveau général, on conçoit qu'une même force de ressort ait produit des effets plus considérables là où le poids des matériaux ébranlés présentait six fois moins de résistance.

11. Une chose, à bon droit, vous étonne sans doute. Je cite en mètres l'ampleur des cirques lunaires et l'élévation de leurs points culminants. Ces nombres méritent-ils confiance? peut-on, de la Terre, mesurer la hauteur des montagnes de la Lune? — Oui, sans grande difficulté; malheureusement nos connaissances géométriques sont encore trop bornées pour nous permettre d'aborder nous-mêmes la question en son entier. Je vais, du moins, vous montrer sur quels principes ce genre de recherches repose.

Si l'on dirige vers l'astre une lunette même de médiocre puissance, le disque lumineux apparaît semé d'une multitude prodigieuse de taches rondes ou ovalaires, mi-partie éclairées, mi-partie obscures, et entourées d'un bourrelet ou rempart dont les crêtes brillent du plus vif éclat. A l'époque de la nouvelle Lune ou du dernier quartier, alors que la partie visible de l'astre est réduite à un croissant, la netteté de ces détails est admirable, et l'on reconnait, sans la moindre hésitation, que ces taches rondes sont bien des cavités, des cratères énormes. La pente intérieure du gouffre en face du Soleil est éclatante de lumière; la pente opposée, à l'abri des rayons solaires, est d'une obscurité profonde. Les pics du rempart circulaire semblent flamboyer, et la montagne en bloc projette en arrière, dans les plaines, son ombre d'un noir intense. Eh bien, c'est d'après la longueur des ombres comparée au diamètre de la Lune que l'on juge de la hauteur de la montagne et de la profondeur de son cratère.

On suit encore la marche que voici. Si la Lune avait une surface entièrement exempte d'inégalités, la ligne de séparation de la partie éclairée par le Soleil et de la partie obscure serait d'une parfaite régularité. Or, si l'on examine l'astre à l'état de croissant, on voit, au contraire, en dehors de la ligne de lumière continue, une foule d'irrégularités lumineuses, en particulier des points brillants isolés et comme détachés du croissant. Ces points sont des cimes de montagnes qui, par suite de leur élévation, reçoivent le Soleil avant les plaines environnantes et brillent lorsque, à leurs pieds, tout est encore plongé dans l'obscurité de la nuit. De la distance de ces points brillants à la ligne de lumière continue, on peut déduire la hauteur des montagnes correspondantes; car, plus un pic est élevé, plus tôt aussi les rayons du Soleil en frappent la cime.

12. Allons plus loin. Suivez-moi sur les énormes dentelures groupées en cercle qui se dressent à notre droite. Elles appartiennent au cirque de *Tycho*. — Et maintenant, regardez. Un rempart de rochers verticaux se courbe en ceinture annulaire dont le regard à peine embrasse le circuit. Le diamètre de cet amphithéâtre de géants est de 20 lieues, et son contour de 63. La hauteur des murailles est en quelques points de 5 000 mètres et plus. Pour combler ce gouffre, trois des grandes montagnes de la Terre, le Chimborazo, le mont Blanc et le pic de Ténériffe, ne suffiraient pas. Une plaine rugueuse constitue le fond du cirque. Elle brille, ainsi que les parois intérieures des remparts, d'un éclat particulier, comme si quelque matière de nature cristalline était remontée des entrailles de l'astre au moment où s'ouvrit le cratère, et avait laissé sur son trajet un enduit vitreux. Enfin un piton de 5 000 mètres d'élévation se dresse en majestueuse pyramide au centre même de l'enceinte.

Les flancs extérieurs du cirque ont moins d'éclat, par suite apparemment de leur nature différente; mais, en dehors, partent du pied des remparts et rayonnent en tous sens sur le sol grisâtre de longues bandes brillantes douées du même éclat que le centre et les parois internes du cratère. De la Terre, on les voit comme des filets lumineux s'irradiant autour du cirque au nombre d'une centaine et plus. *Kepler*, *Copernic* et d'autres cratères servent également de centre

à de pareils rayons. Ces bandes brillantes ne projettent jamais d'ombre; au lieu d'être formées d'aspérités, elles se
trouvent donc à fleur du sol. Suivant toute apparence, à
l'époque où de violentes convulsions donnaient ses cratères
à la Lune, le sol s'est étoilé de cassures autour des centres
de commotion, comme se fend un carreau de vitre autour
du point atteint par un caillou; et la matière intérieure, vi-
treuse peut-être, très-réfléchissante et pareille à celle dont
les parois internes et le fond du cratère sont formés, est
venue remplir ces crevasses en remontant au dehors.

Des cassures analogues, mais d'un autre aspect, se montrent encore en différentes régions de la Lune. On leur
donne le nom de *rainures*. Ce sont des sillons, des fossés
rectilignes, compris entre deux talus parallèles à pic. La
plupart sont isolées; quelques-unes se rejoignent comme
des veines, ou même s'entre-croisent. Leur longueur est
comprise entre 4 et 50 lieues, et leur plus grande largeur
atteint 1 600 mètres. Dans la pleine Lune, elles apparaissent comme des lignes blanches, parce que leur cavité est
éclairée en entier. Sur l'astre à l'état de croissant, elles sont
noires, à cause de l'ombre que projette dans leur cavité le
talus non atteint par le Soleil. Il est vraisemblable que ces
cassures sont les dernières en date des nombreuses disloca-
tions éprouvées par le sol lunaire. Du moins, elles sont pos-
térieures à la formation des cirques, car quelques-unes ont
pénétré dans certains cratères en faisant brèche à travers
leurs remparts.

13. Après le relief tourmenté du sol lunaire, un fait,
entre tous, frappe ici l'observateur : c'est l'étrange âpreté
des lumières et des ombres, la crudité brutale de l'illumination. A ce signe seul, on se reconnaît transporté en dehors des choses de la Terre, tant nos idées les plus familières
sur la répartition du jour sont bouleversées. Ici, plus de
perspective jetant sur les objets un voile vaporeux d'après
leur distance; plus de ces dégradations de teinte, qui, sur

la Terre, nous permettent de juger de l'éloignement. L'horizon n'est pas une ligne indécise noyée dans des clartés mouvantes, mais un cercle d'une rude netteté, où les derniers pics visibles resplendissent avec une véhémence de lumière égale à celle des plus rapprochés. A l'abri du Soleil, ce n'est pas de l'ombre, mais quelque chose de plus nourri, de plus opaque ; ce serait la nuit totale sans les mille reflets d'un sol aussi accidenté. De la Terre, le moindre télescope nous montre les ombres lunaires aussi franchement noires, aussi brutalement délimitées qu'un flot d'encre sur une feuille de papier. La Lune n'a donc pas de lumière diffuse ; elle n'a pas davantage de crépuscule : au moment où le Soleil se lève ou se couche, le jour, la nuit surviennent soudain, sans transition aucune, le premier avec tous les éblouissements de sa lumière, la seconde avec toute la noirceur de ses ténèbres. Enfin, ici, le ciel n'est jamais bleu ; de jour, de nuit, en présence du Soleil comme en son absence, l'étendue céleste est d'une obscurité lugubre, et les astres y brillent d'un éclat continu. On n'ose se croire dans le domaine de la réalité en face de ces paysages lunaires projetant les fantastiques silhouettes de leurs cratères, à demi ténébreux, à demi ruisselants de lumière, sur un ciel en deuil, constamment étoilé. Explorateurs imaginaires, serions-nous dupes de notre imagination? — Non, car il est facile de constater de la Terre l'absence d'atmosphère sur la Lune, et alors tout s'ensuit naturellement : défaut de lumière diffuse et de crépuscule, crudité des ombres, ciel ténébreux étoilé en plein jour.

14. Et d'abord une observation très-simple nous apprend que si une enveloppe aérienne existe autour de la Lune, du moins elle n'est pas nuageuse comme notre atmosphère. Si des nuages y flottaient, en effet, de la Terre nous les verrions errer sur le disque de l'astre, comme des taches de formes changeantes. Or, on n'aperçoit rien de pareil. Quand notre ciel est limpide, la Lune est toujours d'une parfaite

sérénité; nul lambeau de nuage, nul voile vaporeux qui vienne, même de loin en loin, troubler un peu la netteté des accidents du sol.

Une atmosphère douée d'une immuable limpidité n'est pas même admissible. De tous les effets qui résultent de notre propre enveloppe aérienne, l'un des plus frappants est la transition ménagée entre le jour et la nuit; nous passons du jour aux ténèbres nocturnes, et de la nuit à l'illumination du jour par les clartés crépusculaires, qui, le matin et le soir, servent de prélude au changement de scène, et sont réfléchies par les hauteurs aériennes, les premières et les dernières illuminées. Pour un observateur qui le contemplerait à distance, le globe terrestre n'apparaîtrait donc pas divisé en région obscure et région éclairée par une ligne de brusque démarcation; il y aurait, au contraire, entre la région de l'ombre et celle de la lumière, une zone à lueur indécise, la zone crépusculaire, établissant de l'une à l'autre un passage graduel.

Sur le disque de la Lune, rien de tout cela ne se remarque. La partie obscure et la partie éclairée sont délimitées par une ligne nette, sans demi-jour intermédiaire. S'il n'y a pas, entre le jour et la nuit, à la surface de la Lune, le terme moyen de l'illumination crépusculaire, la conclusion est forcée : il n'y a pas d'atmosphère.

15. On arrive au même résultat par les considérations suivantes. Vous savez déjà comment la réfraction des rayons lumineux à travers l'atmosphère de la Terre, nous rend le Soleil visible un peu avant son lever, un peu après son coucher. Vous vous rappelez aussi qu'une pièce de monnaie placée au fond d'un vase opaque et réellement masquée par la paroi, devient visible par l'effet de la réfraction lorsque le vase est rempli d'eau. Or, la Lune, dans son voyage à travers le firmament, passe de temps à autre devant quelque étoile; elle nous la cache, elle l'*occulte*, comme on dit. Si la Lune était entourée d'une enveloppe aériforme, la durée

de l'*occultation* serait un peu abrégée, parce que l'étoile, à cause de la déviation de ses rayons à travers cette atmosphère lunaire, serait visible pour nous un peu après avoir disparu derrière le disque de l'astre et un peu avant de surgir en réalité au bord opposé; de même que, par le jeu des réfractions terrestres, le Soleil est visible quelques instants avant de monter au-dessus de l'horizon, et quelques instants après avoir plongé au-dessous. Eh bien, si l'on mesure la durée d'une occultation, on la trouve exactement égale à celle employée par la Lune pour se déplacer dans le ciel de sa propre largeur. Puisque l'étoile reste cachée derrière la Lune juste le temps que celle-ci met à passer, il faut que les rayons stellaires cessent de nous parvenir à l'instant précis où le disque lunaire atteint l'étoile, et nous reviennent à l'instant précis où ce disque, déplacé de sa largeur, ne la masque plus; il faut, en d'autres termes, que ces rayons ne soient pas déviés de leur direction rectiligne, ne soient pas réfractés en rasant l'un et l'autre bord de la Lune, ce qui entraîne logiquement l'absence d'une atmosphère. Méfions-nous toutefois d'une négation trop absolue. Un point seul est certain : si la Lune possède une enveloppe aériforme, la substance de cette enveloppe, qui ne s'illumine pas de clartés crépusculaires et ne réfracte pas la lumière, est quelques milliers de fois plus rare que l'air de notre atmosphère. Le vide produit par nos meilleures machines pneumatiques est, pour le moins, aussi riche en matière. Autant vaut couper court à ces restrictions, et admettre zéro.

16. De l'absence d'une atmosphère, on conclut forcément à l'absence de l'eau, car s'il existait des nappes aqueuses mers, lacs ou étangs, à la surface de la Lune, une évaporation spontanée, rendue plus abondante par un soleil permanent de quinze jours, envelopperait l'astre d'un manteau grossier de nuages et de vapeurs. Or, nuages, vapeurs, enveloppe quelconque, tout cela fait défaut. Le sol de la Lune **est** donc partout à sec.

8.

L'astronomie pourtant emploie les expressions de marais,
de lacs, de mers, pour désigner certaines parties de l'astre.
On dit : la *Mer de Nectar*, la *Mer des Crises*, la *Mer des
Nuées*, la *Mer des Vapeurs*, la *Mer des Tempêtes*, la *Mer de
la Sérénité*, le *Lac des Songes*, le *Marais du Sommeil*, etc.,
au sujet des taches grisâtres que nous distinguons en grande
partie à la vue simple. Ce sont là des expressions impropres
consacrées par l'usage. En dirigeant une lunette vers ces
prétendues mers, on y reconnaît des terrains plats, criblés
de bouches volcaniques, fendillés de crevasses, et moins
brillants que les contrées montagneuses.

Ni de l'eau, ni de l'air ! en l'absence de ces deux conditions premières de la vie, la Lune est le domaine exclusif de
la matière brute, le domaine du minéral, si toutefois l'organisation a des lois immuables, conformes à celles de la
Terre. C'est une solitude perpétuellement silencieuse, un
désert d'une morne immobilité, d'où la plante et l'animal,
tels que nous les connaissons, sont irrévocablement exclus.
La touffe de mousse, pour végéter sur un angle de granit
de nos montagnes, trouve dans la rosée des nuits la goutte
d'eau nécessaire à ses maigres racines, et dans les gaz de
l'atmosphère l'alimentation de ses feuilles, et cela lui suffit.
Mais, sur un roc d'une éternelle sécheresse et pour toujours
privée du bain vivifiant de l'air, la robuste plante serait impossible. Nos lichens coriaces, qui se contentent pour sol
d'un roc nu, nos mousses, qui trouvent à végéter sur la
tuile du toit, sont donc incompatibles avec les conditions
physiques de la Lune. Que dire alors des végétaux supé-
rieurs, de l'animal surtout, dont l'existence est bien plus
délicate ? Rien d'analogue ne doit se trouver à la surface de
l'astre.

On peut l'affirmer avec d'autant plus de raison, que, à
l'absence de l'air et de l'eau, vient s'adjoindre une alternative mortelle de températures extrêmes. La Lune met environ
trente fois plus de temps que la Terre pour présenter à tour

de rôle ses flancs aux rayons du Soleil. Pendant quinze fois
24 heures, chacun de ses hémisphères reste sans interruption en présence du Soleil; pendant quinze fois 24 heures. il demeure plongé dans l'ombre de la nuit[1]. Si nos
journées d'été sont accablantes, à cause de leur longueur,
seize heures au plus, que pensez-vous des journées lunaires
de 360 heures, où les ardeurs continues du Soleil ne sont
tempérées par aucun voile de nuages, par aucun souffle
d'air? Leur température doit être insupportable. Une nuit
de pareille durée leur succède. La déperdition de la chaleur
est alors d'une excessive rapidité, car il n'y a pas ici d'atmosphère, pas de matelas gazeux pour protéger le sol du
refroidissement, et la température descend peut-être jusqu'au froid atroce des étendues célestes. De quinze jours en
quinze jours, brusquement meurtris par la chaleur, brusquement meurtris par le froid, que deviendraient sur la
Lune les êtres de la Terre? L'évidence se fait : à tous les
points de vue, la Lune est un désert, à moins que l'organisation n'ait des ressources non encore soupçonnées. N'insistons pas davantage ; laissons à l'inconnu ses mystères.

17. Les télescopes, qui nous montrent les curieux détails
du sol lunaire, ne peuvent-ils résoudre la difficulté avec
leur puissante vision, et nous apprendre si la Lune est vraiment d'une stérilité absolue ? — Non. L'astronomie ne possède pas encore des appareils suffisants pour distinguer sur
la Lune des objets aussi petits que les êtres vivants de la
Terre. La distance moyenne de l'astre est de 96 000 lieues.
Pour la ramener à sa millième valeur, c'est-à-dire pour voir
la Lune comme nous la verrions à la vue simple à 96 lieues
de distance, il faut employer une lunette grossissant
1 000 fois. Pour la réduire de moitié encore, ce qui permet-
trait d'explorer la Lune comme nous explorons à l'œil nu les
objets éloignés de 48 lieues, il faudrait un grossissement

---

[1] La durée du jour lunaire est en moyenne de 14 jours, 18 heures et
22 minutes.

de 2.000. De Lyon, à 40 lieues de distance, on voit parfaitement à l'œil nu le mont Blanc, du moins dans ses grandes
masses; mais il est inutile d'ajouter que, à la même distance, des objets aussi petits qu'un homme, un arbre et
même une maison, seraient totalement invisibles. Avec une
lunette grossissant 2 500, on verrait donc les montagnes de
la Lune comme de Lyon on voit le mont Blanc. Ce serait
merveilleux de netteté pour les masses considérables, pour
les grands accidents du sol; mais encore l'instrument resterait sans effet pour les objets de faibles dimensions. Allons
plus loin. Servons-nous d'un grossissement de 4 000 fois,
et la Lune sera comme transportée à 24 lieues seulement
de l'observateur; d'un grossissement de 6 000, et l'astre ne
sera plus qu'à 16 lieues. Verrons-nous maintenant des objets du volume de nos animaux? — Certes non. A 16 lieues
de distance, qui donc se flatterait de distinguer même un
bœuf, un éléphant? Vous me direz sans doute : Augmentez
toujours le grossissement, et la Lune, rapprochée autant
qu'il convient, n'aura plus de secrets pour nous.

18. D'accord; mais je vous ferai observer que j'ai déjà
très-largement dépassé les bornes de l'amplification d'un
usage possible. Le grossissement a pour effet inévitable de
disperser la lumière émanée de l'objet sur une étendue plus
grande, au désavantage de la netteté de la vision. Quand
une certaine limite, proportionnée à la vivacité de la source
lumineuse, est atteinte, la lumière est tellement rare et
affaiblie, que la visibilité de l'objet cesse. Vouloir trop gros-
sir, c'est donc se condamner à n'y plus voir clair. Or, pour
la Lune, la limite des grossissements possibles arrive bientôt, à cause du peu d'éclat de l'astre. On ne peut guère dépasser une amplification de 1 000 à 2 000, même en employant les télescopes colosses construits par Herschell et
lord Ross. Le dernier de ces appareils est un énorme tube
de 16^m,76 de longueur et de 1^m,83 de diamètre. Il pèse
66 quintaux métriques. Un miroir métallique concave du

poids de 3 809 kilogrammes occupe le fond du tuyau. Il a pour effet de recueillir et de concentrer une grande quantité de lumière, qui puisse, sans trop s'affaiblir, supporter la dispersion nécessitée par un fort grossissement, et donner une image nette de l'astre observé. La lourde machine est portée par des murs énormes, véritables fortifications à créneaux. Une forêt de poutres et de cordages la mettent en branle et la tournent vers le point voulu du ciel. Comme appareil de vision, cet instrument équivaut à un œil dont la prunelle aurait $1^m,83$ d'ouverture, à l'œil d'un géant de 800 mètres de haut. Eh bien, avec ce télescope, tout au plus distingue-t-on nettement sur la Lune les objets comparables en volume à nos cathédrales. Il est donc jusqu'ici impossible de se convaincre du regard si la Lune est véritablement une solitude morte, comme l'affirment les analogies les plus pressantes. L'avenir, sans doute, en donnant à la science des télescopes d'un pouvoir plus grand, résoudra tôt ou tard la question.

DOUZIÈME LEÇON

LA TERRE VUE DE LA LUNE

1. Tout en dissertant sur le peu de probabilité de l'existence d'êtres organisés à la surface de la Lune, nous avons oublié le cirque de Tycho, où l'essor de l'esprit nous avait

transportés. Remontons à cet observatoire pour jeter de ses
hauteurs un regard sur la Terre, et choisissons une époque
propice, l'époque où la Lune tourne vers nous sa moitié
obscure, son hémisphère plongé dans la nuit.— Où est-elle
donc maintenant notre Terre si vaste, notre Terre qui nous
semblait servir de base à l'univers? Il y a bien dans un coin
du ciel, au-dessus de nos têtes, une espèce de grosse lune
qui blanchit le paysage de ses clartés; serait-ce la Terre,
amoindrie par la distance? Précisément. Voilà l'Europe,
l'Afrique, l'Asie, délicatement dessinées comme sur la moitié d'une mappemonde. Les mers sont grises, un peu
bleuâtres. Les terres brillent de reflets plus vifs; leur
lumière est blanche avec une très-légère nuance de vert
occasionnée par le tapis de la végétation. Des nébulosités
d'un éclat uniforme errent au sein d'une enveloppe diaphane à grand'peine perceptible. Des taches noires les
accompagnent sur le disque lumineux. Ce sont des nuages
qui flottent dans l'atmosphère et projettent leurs ombres sur
le sol. Au bord occidental, un peu en avant des plaines
grises de l'Atlantique, un coin de terre apparaît, qui nous
est cher à tous. C'est notre pays, c'est la France, tête et
cœur des nations. Elle pense, elle sent, et les peuples tres-
saillent à ses idées, à ses aspirations. Un grand vide, un vide
irréparable, se ferait dans le monde si, par malheur, dispa-
raissait ce coin de terre que, des cimes du cirque lunaire,
nous couvrons largement de la main. Il y a là, sur un travers de doigt d'argile, trente et quelques millions de nos
semblables. Grand Dieu, qui nous voyez des profondeurs de
votre perspective, du sein de votre gloire et des confins des
choses créées, que sommes-nous donc matériellement à vos
yeux? Et cependant nul n'échappe à votre Providence, qui
stabilise la Terre sur son axe pour de plus petits que nous,
et, après avoir pondéré les masses formidables du ciel,
distribue avec sollicitude sa goutte de miel à l'insecte, au
brin d'herbe sa goutte d'eau !

2. Au sud et à l'est de l'étroite région où nous reconnaissons la France, quelques traînées de points, séparés par de fortes ombres, brillent d'un éclat exceptionnel. Ces points resplendissants sont les sommités neigeuses des Pyrénées et des Alpes, qui répercutent vivement les rayons du Soleil. Les ombres interposées représentent les vallées où le Soleil ne donne pas encore. A gauche des Alpes, nous apercevrions, avec une vue plus perçante, une foule de cavités coniques éclairées par le soleil du matin sur la pente orientale, obscures sur la pente opposée, et pareilles, moins les dimensions, à celles de la Lune. Ce sont les entonnoirs volcaniques du Vivarais et de l'Auvergne; mais, sans instruments, des cratères aussi petits ne sont pas visibles d'ici.

Portez maintenant les yeux sur l'un et l'autre bout du disque terrestre. A l'extrémité sud, une vaste étendue, irrégulièrement découpée par la mer, brille d'un éclat aussi vif que les cimes des Alpes. Elle est formée par la coupole de neige et de glace du pôle antarctique. A l'extrémité nord, une autre région brillante se montre, occasionnée par les neiges du pôle arctique. Elle est moins grande que la première; et le motif, le voici. C'est actuellement l'été pour l'hémisphère nord de la Terre, l'hiver pour l'hémisphère sud. Au nord, les neiges, en partie fondues, ont rapproché leurs limites du pôle; au sud, elles ont progressé plus avant sur les mers congelées. Dans six mois d'ici, le contraire aura lieu par l'inversion des saisons; les neiges arctiques gagneront en étendue, les neiges antarctiques reculeront.

Une autre particularité remarquable de l'aspect général de la Terre est la suivante. Dans ces lambeaux nébuleux d'un blanc uniforme qui errent sur le disque terrestre, nous avons reconnu des nuages frappés par le Soleil. On en voit un peu partout, dispersés sans ordre; rares en certains endroits, plus abondants en d'autres. Mais, dans les régions équatoriales, ils affectent un arrangement spécial ; ils sont disposés en bandes irrégulières dirigées de l'est à l'ouest. Ce parallélisme des traînées nuageuses équatoriales est le résultat des vents alizés, qui soufflent toute l'année de l'orient à l'occident par suite de la rotation en sens inverse de la Terre.

3. Nous venons de comparer la Terre à une grosse lune ; la comparaison est exacte. Du point où nous sommes, le globe terrestre apparaît comme un grand disque argenté. Il fait clair de Terre sur la Lune, absolument comme il fait clair de Lune sur la Terre, mais avec un éclat bien plus vif. Le diamètre de la Terre, en effet, est à celui de la Lune dans le rapport de 11 à 3 ; d'où résulte que le disque terrestre équivaut en surface à 14 fois le disque lunaire. Imaginons réunies en une seule quatorze pleines Lunes, pareilles à celle qui éclaire les plus belles nuits terrestres, et nous aurons l'effet de notre globe illuminant les nuits lunaires.

Le clair de Terre est, en ce moment, dans toute sa magnificence. L'astre, aussi large qu'une roue de moulin, verse à flots du haut du ciel noir ses blanches irradiations et communique au paysage un aspect indescriptible. Des cimes des pitons paraissent ruisseler des nappes d'argent fondu ; les flancs des cratères semblent blanchis de céruse ; les moindres aspérités reluisent comme frottées de phosphore ; à nos pieds, dans la plaine, on dirait un lac de lait lumineux ayant pour îles des taches d'ombre. Cette illumination, tout à la fois douce et puissante, vive et froide, donne aux nuits lunaires une telle splendeur que, de la Terre, à certaines époques, nous en apercevons encore un reflet.

4. C'est ce qui a lieu aux époques où la Lune se montre sous la forme d'un mince croissant. Comme l'astre ne tourne alors vers nous qu'une faible partie de son hémisphère éclairé, son disque ne devrait pas être en entier visible. Cependant, si l'on observe la Lune avec attention, un peu après le coucher du Soleil, surtout en automne et au prin-

temps, on voit, outre le croissant illuminé par les rayons directs du Soleil, le reste du disque éclairé d'une vague lueur qu'on appelle *lumière cendrée*.

Cette lueur de l'hémisphère lunaire nocturne résulte de l'illumination produite par un splendide clair de Terre; car, en ce moment, notre globe tourne en plein vers la Lune son hémisphère frappé par le Soleil. Si le reflet des nuits lunaires est très-affaibli quand il nous arrive sous l'apparence de lueur bleuâtre ou cendrée, les nombreuses allées et venues de la lumière en sont cause. La lumière, en effet, est venue d'abord du Soleil à la Terre; de notre hémisphère resplendissant des clartés du jour, elle s'est réfléchie vers la Lune en un vif clair de Terre; et de la Lune, elle est revenue vers nous, réduite à une faible lueur par ces voyages et ces réflexions multiples.

La Terre, faisant office de lune à l'égard de la Lune elle-même, n'est parée, bien entendu, que d'une lumière d'emprunt. Qui n'a remarqué de quel insupportable éclat resplendissent un mur blanc, une route, inondés de Soleil? Ce que font une route blanchie de poussière, un mur crépi de chaux, toute chose atteinte par les rayons solaires le fait aussi à des degrés divers; elle réfléchit les clartés qui la frappent, et devient de la sorte une source plus ou moins vive d'illumination. La Terre, vue de loin du côté de son hémisphère éclairé, est donc lumineuse par suite de l'éclat des roches, du sol, des nuages, des eaux, de toutes les surfaces enfin illuminées par le Soleil. La Lune ne fait pas davantage : de ces rocs pelés, elle nous réfléchit les rayons qui l'éclairent. En somme, clair de Terre et clair de Lune ne sont que des illuminations d'emprunt; leur source première est toujours le Soleil.

5. N'importe : vue de la Lune, la Terre est un astre admirable d'ampleur et d'éclat. Rien, dans le ciel lunaire ne peut lui être comparé, pas même le Soleil. Celui-ci, sans doute, foyer primitif de lumière, resplendit de souveraines ardeurs;

mais, à côté du disque de la Terre, il apparaît quatorze fois
plus petit en superficie. Or, cette merveille du ciel n'est
visible que d'une moitié de la Lune ; pour l'autre moitié,
c'est un astre inconnu. Cela provient de ce que la Lune
tourne toujours vers nous le même hémisphère, comme on
le constate d'après la perpétuelle permanence des taches
obscures et des parties lumineuses où l'on croit vulgairement reconnaître une sorte de figure humaine. La face de
la Lune que nous voyons aujourd'hui de la Terre, les siècles
les plus reculés l'ont vue exactement pareille, et les siècles à
venir la verront comme nous. Pour toujours, la face opposée nous restera cachée. Ce n'est pas à dire que la Lune ne
tourne sur son axe pour présenter successivement ses diverses
régions au Soleil ; elle tourne sur elle-même, comme la
Terre, mais dans un temps plus long, en une trentaine de
jours à peu près. Or, pendant ce même temps, elle accomplit son voyage autour de la Terre, si bien que, en effectuant
une partie de sa rotation sur elle-même, ce qui devrait nous
cacher certaines régions et les remplacer par de nouvelles,
elle décrit une égale partie de son cercle autour de nous, de
manière à rester dans un invariable point de vue et à nous
montrer les mêmes régions. De la sorte, la Lune voit le
Soleil et les autres astres tourner en apparence, se lever et
se coucher dans l'espace de quinze jours ; mais, pour elle,
la Terre demeure invariablement suspendue au même point
du ciel, juste en face de l'hémisphère que nous voyons.

6. Cette double rotation de la Lune sur elle-même et
autour de la Terre, double rotation dont les effets contraires
s'annulent à cause d'une exacte parité de durée, peut être
imitée comme il suit. Placez-vous au milieu d'un appartement et faites un tour, un seul, sur les talons. Les diverses
parties de l'appartement, cloisons, portes, fenêtres, cheminée, etc., passeront l'une après l'autre sous vos yeux, et le
tour sera fini lorsque le regard rencontrera de nouveau l'objet
point de départ. Maintenant, au centre de la chambre, met-

tez une table ronde, et sur la table un globe géographique, ou le premier objet venu, une orange, une pomme. Cette pomme représente la Terre; votre tête représente la Lune. Tournez autour de la table en regardant toujours la pomme. La Lune, dont vous tenez lieu, présentera ainsi à la Terre, à la pomme, constamment le même hémisphère, c'est-à-dire votre face; et quand le tour de la table sera fini, vous aurez fait une révolution sur vous-même, car les diverses parties de l'appartement, cloison de gauche, porte, fenêtre, cheminée, cloison de droite, etc., auront passé sous vos yeux, absolument comme si, au lieu de circuler autour de la table, vous aviez fait une simple pirouette sur le talon. En regardant toujours la pomme, vous aurez tourné une fois sur vous-mêmes pendant que vous tourniez une fois autour de la table. Pareillement, la Lune accomplit une révolution autour de la Terre dans le temps qu'elle met à tourner sur son axe; et c'est ainsi qu'elle nous montre toujours le même hémisphère. De cet hémisphère, la Terre est visible; de l'autre, elle ne se voit jamais, pas plus que ne se voient pour nous les constellations du ciel austral.

7. Pendant que nous causons de la moitié de la Lune à tout jamais privée du magnifique spectacle de la Terre, celle-ci, au sommet du ciel, tourne sur son axe à raison de sept lieues par minute suivant son équateur. La France, qui tantôt occupait le bord occidental, s'est avancée vers l'intérieur du disque. Le Japon, la Nouvelle-Hollande, ont disparu; par contre, l'Atlantique se montre en entier, et les côtes orientales de l'Amérique commencent à poindre. Dans douze heures, par suite de la rotation de la Terre, la France se sera transportée de l'extrême bord occidental de l'astre à l'extrême bord oriental, et l'aspect du disque sera en entier renouvelé; aux terres et aux mers actuellement visibles auront succédé le grand Océan et les deux Amériques. La Terre serait donc ici pour nous comme une majestueuse horloge, indiquant l'heure par la position perpétuellement

variable d'une mer, d'une île, d'une contrée prise pour
point de repère. Seulement cette horloge cesserait, dans
quelque. jours, de nous pouvoir servir : en restant, en effet,
ici deux semaines, c'est-à-dire toute la durée de la nuit lunaire, nous verrions le disque terrestre. s'échancrer peu à
peu, se réduire à la moitié, au tiers ; puis s'amincir en un
croissant délié qui s'évanouirait enfin. La Terre, sans l'interposition d'aucun écran de nature à nous en dérober la
vue, deviendrait pour quelque temps invisible. Pour un observateur, en effet, qui la regarderait de la Lune ou de tout
autre point de l'espace, la Terre n'est visible que du côté de
son hémisphère éclairé. L'autre hémisphère, par cela même
qu'il est privé de lumière, ne peut être aperçu. Or, à cause
de la position variable de la Lune, la Terre tourne vers cet
astre tantôt sa moitié éclairée, tantôt sa moitié obscure, tantôt une partie de l'une et de l'autre à la fois. De là les apparences graduelles que prendrait la Terre vue de la Lune,
depuis un disque lumineux complet jusqu'au mince croissant, délié comme un fil et suivi bientôt d'une invisibilité
totale. Un mois s'écoule à peu près entre deux retours consécutifs de la pleine Terre. Quand la Lune nous tourne son
hémisphère obscur, la Terre lui présente son hémisphère
éclairé. C'est l'époque de la nouvelle Lune pour nous, et de
la pleine Terre pour la Lune. Inversement : lorsque la Lune
est pleine pour nous, la Terre est invisible pour la Lune. La
leçon suivante achèvera d'élucider cette curieuse question ;
mais il faut d'abord redescendre sur la Terre. D'ailleurs, il
est temps.

TREIZIÈME LEÇON

LES PHASES DE LA LUNE

Les soupçons d'un géomètre en herbe, 1. — Chute du boulet lancé par un canon, 2. — La Lune tombe comme le boulet, 3. — Cause de la chute de la Lune, 4. — Démonstration de Newton, 4 et 5. — Les projectiles célestes maintenus sur d'éternelles orbites, 5.— Vitesse de translation de la Lune, 6. — Comment se constate le mouvement propre de la Lune, 6.— Vitesse angulaire et révolution sidérale, 6. — Les phases, 7. — Nouvelle Lune et pleine Terre, 7.— Le croissant et la lumière cendrée, 8. — Le premier quartier, 8. Pleine Lune et nouvelle Terre, 9. —Le dernier quartier, 9. — Lunaisons, 10. — Révolution synodique, 11. — Une preuve de la translation de la Terre autour du Soleil, 11.

1. Newton, l'illustre géomètre qui nous a dévoilé le mécanisme de l'Univers, Newton, encore jeune, se promenait un jour dans un jardin planté de pommiers. Une pomme tomba à terre. Vous l'eussiez ramassée pour la manger, et tout eût été dit. Le géomètre en herbe se demanda pourquoi elle était tombée. Belle demande ! lui auriez-vous répondu ; elle est tombée parce que, étant assez mûre, elle s'est détachée de la branche. Le jeune philosophe aurait souri de l'étourderie de votre réponse, sans se tenir pour satisfait : il songeait à bien autre chose. Si le pommier, se disait-il, exagérant ses dimensions par un prodige, eût porté ses fruits à une lieue d'élévation, à dix, à cent, à mille, la pomme serait-elle toujours tombée? Évidemment oui. A cette distance de la Terre, la cause de la chute peut être plus faible; mais pour quel motif serait-elle nulle? et qu'est-ce qui empêcherait donc la pomme de tomber? Rien. Alors la Lune, lourde masse de pierre, doit tomber comme tomberait le fruit d'un arbre dressant jusque là-haut ses branches. — Les soupçons de l'imberbe savant sur la chute de la Lune étaient fondés; il en donna plus tard une admirable démonstration,

que je vais vous faire connaître. Oui, enfants, la Lune
tombe; et si jamais elle nous atteignait, c'en serait fait de
nous tous et de notre pauvre globe terrestre, qui se briserait
en éclats sous le choc brutal de l'astre descendu du firmament. Elle tombe sans repos; toutefois, rassurez-vous, malgré sa perpétuelle chute, elle reste toujours à la même distance de nous, ce qui doit vous paraître le plus étrange
paradoxe. Aussi j'ai hâte d'entrer dans les explications nécessaires.

2. Sur un monticule (fig. 56), imaginons un canon pointé
bien horizontalement, suivant la ligne CA; et, en face du
canon, à une distance suffisamment grande, un mur. La ligne
de visée étant CA, le boulet, ce semble, devrait frapper le
mur juste au point A. Cependant, au lieu de parcourir la
droite CA, suivant laquelle le canon a été pointé, le projectile parcourt une ligne courbe CBD et va frapper le mur
bien au-dessous du point visé, au point D par exemple. Et,
en cela, il n'y a pas maladresse de la part de l'artilleur qui
dirige la pièce : vous pouvez lui supposer toute l'habileté
possible, jamais il n'atteindra avec le boulet le point en face
de la bouche du canon, mais un point plus bas; de sorte
que, s'il veut réellement atteindre le point A, il est obligé
de viser un peu plus haut. Pourquoi le projectile ne suit-il
pas la ligne de visée et frappe-t-il le mur au-dessous du
point que regarde le canon?—Rien de plus simple: dès que le
boulet s'élance du canon, il cesse d'être soutenu, et il tombe
parce que, malgré le mouvement dont l'explosion vient de
l'animer, il est toujours soumis à l'attraction de la Terre.
Voilà pourquoi la direction qu'il suit, CBD, descend de plus
en plus au-dessous de la droite de visée et forme une ligne
courbe. Bien plus : le boulet chassé par la poudre tombe de
la même quantité que s'il était librement abandonné à lui-
même. Supposons, en effet, que, pour aller du canon au
mur, le boulet emploie une seconde de temps. Pour une
seconde de chute, un corps qui tombe en liberté parcourt

Fig. 56.

une verticale de 4 mètres 9 décimètres. Eh bien! en mesurant la distance du point A, où le boulet aurait dû frapper le mur si l'attraction de la Terre ne l'avait pas fait descendre plus bas, au point D atteint en réalité, on trouve précisément 4 mètres 9 décimètres. Si le projectile avait mis 2, 3, 4 secondes, etc., pour aller du canon au mur, on trouverait pour AD 4 fois, 9 fois, 16 fois 4^m,9, c'est-à-dire encore la hauteur exacte dont un corps pesant abandonné à lui-même tombe dans le même temps. Ainsi, tandis que, en vertu de l'impulsion reçue, le boulet est chassé en avant dans le sens horizontal, il se déplace dans le sens vertical en vertu de la pesanteur et tombe comme si la chute s'effectuait en toute liberté. En suivant le trajet courbe CBD, il obéit à la fois aux deux forces en action : à la force explosive de la poudre qui, agissant seule, lui ferait parcourir dans un certain temps la droite CA, du canon au mur; à l'attraction terrestre qui, agissant seule, le ferait tomber dans le même temps d'une hauteur égale à AD.

3. La Lune, dans un intervalle d'un peu moins d'un mois, circule autour de la Terre en même temps qu'elle effectue une révolution sur son axe idéal. Dans la figure 57, le globe T représente la Terre; et la ligne circulaire qui l'entoure à distance représente l'orbite de la Lune, c'est-à-dire le chemin que cet astre parcourt dans son voyage mensuel autour de nous. Quand elle arrive en un point

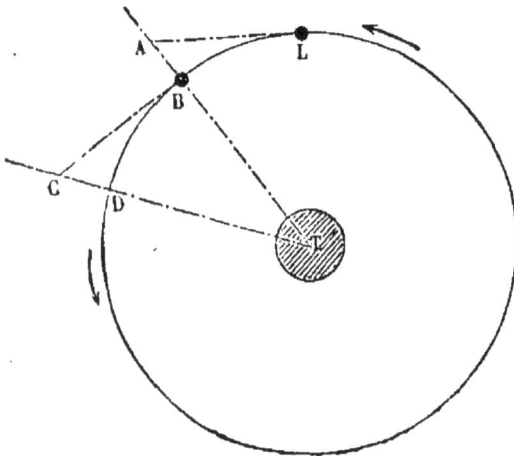

Fig. 57.

quelconque de son orbite, en L par exemple, la Lune est animée d'une certaine impulsion qui la chasse en avant, comme le boulet à l'issue de la gueule du canon. D'après le principe de l'inertie de la matière, principe en vertu duquel tout corps, une fois lancé, doit se mouvoir avec une vitesse invariable sur une ligne droite sans fin, elle irait donc, si rien ne modifiait sa marche, tout droit devant elle, suivant la tangente LA, prolongement indéfini de la petite portion d'orbite qu'elle parcourt en ce moment-ci; de même que le boulet, si l'attraction de la Terre ne le faisait descendre, se transporterait du canon au mur suivant la ligne droite de visée CA (fig. 56). Or ce n'est pas la tangente LA que la Lune parcourt, pas plus que le projectile ne suit la droite de visée; elle parcourt une ligne courbe LB, et, au lieu d'atteindre au point A la verticale indéfinie TA, qui figure en quelque sorte le mur de notre expérience du canon, elle l'atteint plus bas, en B; .c'est-à-dire qu'elle tombe de la quantité AB, absolument comme le boulet qui frappe au-dessous du point visé. De même, arrivée en B, la Lune, en vertu de son impulsion et de son inertie, quitterait son orbite si rien ne la maîtrisait, et irait tout droit frapper en C le mur imaginaire, la verticale CT; mais, en réalité, elle suit la courbe CD, et c'est en D qu'elle arrive par une chute égale à la longueur CD. C'est ainsi que, par une suite non interrompue de chutes vers la Terre, la Lune, au lieu d'abandonner pour toujours notre globe et de s'en aller à l'aventure dans les immensités du ciel en suivant la tangente, la droite où son impulsion seule la chasserait, tourne autour de nous, fidèle luminaire, sur une orbite éternellement recommencée. J'avais donc raison de le dire : la Lune tombe, et c'est précisément à cause de sa chute continuelle qu'elle reste à la même distance de nous. Si elle ne tombait pas, elle fuirait en ligne droite, perdue à tout jamais pour nous.

4. Quelle est la cause de la perpétuelle chute de la Lune? L'astre, colossal projectile céleste, obéit-il, comme le projectile lancé par le canon, à la force de la pesanteur? est-il entraîné par l'attraction terrestre, comme un vulgaire cail-

lou qu'abandonne notre main ?—Oui, et c'est là le problème
qui faisait réfléchir Newton sous le pommier que vous savez.
La démonstration que le grand géomètre donna de cette belle
vérité peut trouver place ici.

Un corps, en tombant à la surface de la Terre, parcourt
4^m,9 dans la première seconde de sa chute. S'il était transporté à une distance double, triple, quadruple, à partir du
centre de la Terre, il serait attiré avec une énergie 4 fois,
9 fois, 16 fois moindre, puisque l'attraction diminue proportionnellement au carré de la distance ; et, par suite, il ne
parcourrait, dans la première seconde de sa chute, que le
quart, le neuvième, le seizième de 4^m,9. A la distance de
60 rayons terrestres, il parcourrait 4^m,9 divisés par le carré
de 60, ou bien $\dfrac{4^m,9}{60 \times 60}$, c'est-à-dire un peu plus d'un millimètre. Connaissant la valeur du chemin parcouru dans la
première seconde de chute, il est facile de calculer de combien le corps tomberait en une minute ou 60 secondes ; car
il suffit de multiplier cette valeur par le carré du nombre
de secondes [1]. On trouve de la sorte, pour une chute de
60 secondes de durée, la hauteur $\dfrac{4^m,9 \times 60 \times 60}{60 \times 60}$, ou
bien 4^m,9 ; c'est-à-dire qu'un objet quelconque, un boulet,
un caillou, transporté à 60 rayons terrestres de distance,
retomberait vers nous en parcourant, dans la première
minute de sa chute, juste le même espace qu'il franchirait
dans la première seconde à la surface de la Terre.

5. Si la Lune tombe d'après les lois des corps terrestres,
pour elle aussi, la descente vers la Terre, la chute, est donc
de 4^m,9 en une minute de temps, car elle est éloignée de

---

[1] On démontre, en effet, en mécanique, que l'espace parcouru par un
corps tombant en liberté, est égal à l'espace parcouru pendant la première seconde multiplié par le carré du nombre de secondes de la chute.
La démonstration de ce principe n'a rien de difficile, mais elle nous
écarterait trop de notre sujet.

60 rayons. Telle est la prévision logique qu'il s'agit de voir confirmer par l'expérience. Reportons-nous à la figure 57. Supposons que la Lune se transporte en une minute de L en B. La valeur dont l'astre s'abaisse au-dessous de sa direction initiale, au-dessous pour ainsi dire de sa droite de visée LA, en d'autres termes, sa chute vers la Terre en une minute de temps, est représentée par AB. Or si, par les méthodes géométriques, on calcule cette ligne BA d'après l'ampleur du cercle décrit par la Lune et le temps employé à ce parcours, choses l'une et l'autre fort bien connues, on trouve exactement 4^m,9. Résultat admirable, établissant avec une pleine évidence que, pour infléchir vers nous la route de la Lune, pour ramener sans cesse l'astre dans son chemin circulaire toujours sur le point d'être abandonné, la Terre, par son attraction, fait sans repos tomber le projectile céleste, comme elle fait tomber le projectile du canon. Lorsque, pour la première fois, cette haute vérité lui apparut, amenée par de savantes méditations, Newton en fut si vivement impressionné qu'il n'eut pas la force d'achever ses calculs. L'illustre penseur venait d'entrer en plein dans le secret des cieux et d'entrevoir comme un rayonnement de Celui dont il ne prononçait jamais le nom trois fois saint sans se découvrir la tête en signe de respect ; il venait de comprendre comment, une fois lancés dans l'espace par la main du Créateur, les astres sont maîtrisés dans leur élan impétueux et décrivent d'éternelles orbites autour de leur centre d'attraction.

6. Animée de son impulsion originelle, qui se conserve invariable à travers les temps, et maintenue par l'attraction dans un champ de course circulaire, comme un coursier fougueux que le licol dirige du centre et fait courir en rond, la Lune tourne autour de la Terre en 27 jours et un quart à peu près, à la distance moyenne de 60 rayons terrestres. Sa vitesse confond la pensée. En une heure, 922 lieues sont franchies par l'impétueux mobile. Mais pour nous, qui l'obser-

vons de la Terre, la fougue de l'astre est tellement amoindrie par la distance, qu'elle ne frappe que les yeux de la raison. Il est très-facile pourtant de reconnaître que la Lune se déplace dans le ciel en vertu d'un mouvement propre. Et d'abord, mettons de côté l'illusion occasionnée par la rotation de la Terre sur son axe. L'effet de cette rotation est de nous montrer le ciel comme tournant autour de nous de l'est à l'ouest dans l'intervalle de 24 heures, et entraînant avec lui les astres fixés à sa voûte, la Lune ainsi que les étoiles, ainsi que le Soleil. Il n'est pas question ici de ce déplacement général, trompeuse apparence, mais d'un mouvement spécial que l'on constate comme il suit. Observons, un soir, la Lune au moment où elle passe au haut du ciel et traverse notre méridien. Elle se trouve dans ce méridien en compagnie de telle et de telle autre étoile que nous remarquons avec soin. Le lendemain, à la même heure, l'observation est reprise. Les étoiles sont fidèlement revenues au méridien de la veille ; une durée de 24 heures les a ramenées aux mêmes points de la voûte du ciel, ou plutôt la Terre, ayant accompli une révolution, nous a remis en face des mêmes repères célestes. Mais la Lune fait défaut au rendez-vous ; elle est en arrière de plus de 13 degrés à l'est du méridien[1]. Ce retard, d'où provient-il ? — Évidemment de ce que l'astre, animé d'un mouvement propre, s'est déplacé dans les vingt-quatre heures en sens inverse de la rotation apparente du ciel. Le surlendemain, nouveau retard qui s'ajoute au premier ; et ainsi de suite jusqu'à ce que, par l'ensemble de ces rétrogradations accumulées, la Lune ait fait le tour complet du ciel, de l'occident en orient, et se re-

---

[1] Exactement 13 degrés, 10 minutes et 34 secondes. C'est ce qu'on nomme la *vitesse angulaire diurne* de la Lune, c'est-à-dire la quantité dont l'astre se déplace journellement vers l'est. Peu de temps suffit pour rendre sensible ce déplacement de la Lune. Si l'on remarque sa position dans le ciel par rapport aux étoiles voisines, au bout d'une paire d'heures, on reconnaît qu'elle s'est rapprochée des étoiles situées plus à l'est

trouve au méridien point de départ, en compagnie des mêmes étoiles. Cela arrive en 27 jours 7 heures et 43 minutes, durée de ce qu'on nomme *révolution sidérale* de la Lune. La Lune tourne donc autour de la Terre d'occident en orient dans l'intervalle de 27 jours et un quart environ.

7. A cause de son mouvement de translation autour de la Terre, la Lune nous présente tantôt son hémisphère éclairé par le Soleil, tantôt son hémisphère obscur, tantôt encore une partie plus ou moins grande de l'un et de l'autre à la fois ; et de ces points de vue variés résultent les aspects changeants de l'astre, ou ce qu'on nomme les *phases* de la Lune. Dans la figure 58, T est la Terre ; A, B, C, D, etc., sont des positions successives de la Lune sur son orbite. Le Soleil, dont les rayons sont représentés par des traits parallèles, est sensé se trouver à droite, à une distance très-grande. Lorsqu'elle occupe la position A, entre la Terre et le Soleil, la Lune est invisible, bien qu'elle soit en face de nous, sans l'interposition d'aucun obstacle qui nous en masque la vue. Elle est invisible par cela seul qu'elle tourne de notre côté son hémisphère non atteint par les rayons du Soleil, son hémisphère ténébreux. L'absence de lumière entraîne du coup l'invisibilité. La Lune, pas plus que la Terre, n'étant lumineuse par elle-même, nous ne pouvons apercevoir de sa moitié en vue que la partie où donne le Soleil ; le reste, faute d'illumination, demeure inaperçu. Or, vous reconnaissez sans hésitation, d'après la figure, que, au point A de son orbite, la Lune nous présente en plein et uniquement son hémisphère obscur ; il est alors tout naturel que, dans cette position, elle nous soit invisible. C'est alors l'époque de la *nouvelle Lune*. L'astre, situé, par rapport à la Terre, du même côté que le Soleil, se lève avec ce dernier, passe avec lui dans notre ciel et se couche avec lui, toujours noyé dans les clartés de son radieux compagnon de route. Ce voisinage trop rapproché des splendeurs solaires nous empêche de voir la lumière cendrée, reflet du clair de Terre qui règne

sur l'hémisphère nocturne de la nouvelle Lune. Remarquez,
en effet, que, dans la position A, la moitié de l'astre située à
l'opposite du Soleil est bien en face de l'hémisphère éclairé
de notre globe. Il y a donc pleine Terre pour la Lune, au
moment même où la Lune est invisible pour nous.

8. **Trois ou quatre jours se passent, et la Lune, parvenue
du point A au point B de son orbite, se montre à l'occident
au déclin du jour,** sous forme d'un mince croissant dont les

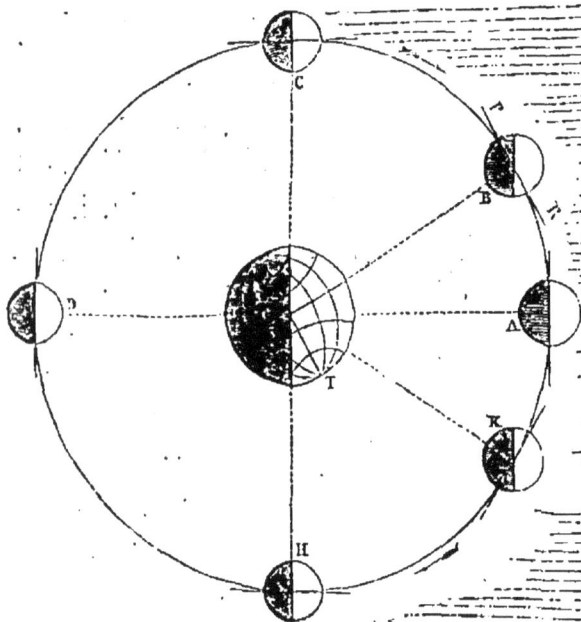

Fig. 58.

cornes sont dirigées vers l'est, à l'opposé du point que le
Soleil, déjà couché, occupe sous l'horizon. Ce croissant appartient à l'hémisphère éclairé, qui, par le déplacement de
l'astre, commence à se tourner vers nous. Pour délimiter,
en effet, dans la figure 58, la moitié lunaire accessible au
regard, il faut couper la Lune par une ligne PR perpendiculaire à la droite joignant la Terre à l'astre. Tout ce qui se
trouve en deçà de cette limite est à la portée de nos yeux :

tout ce qui se trouve au delà, non. Eh bien! dans sa moitié tournée vers la Terre, il y a, vous le voyez, une grande partie de l'hémisphère obscur et un petit coin blanc, fraction minime de l'hémisphère éclairé. Ce coin blanc correspond dans notre image plane au croissant lumineux du globe de la Lune. A l'époque où la Lune apparaît sous forme d'un croissant, la lumière cendrée se voit avec netteté sur la partie nocturne du disque, parce que le Soleil, alors couché depuis assez longtemps, ne la masque plus à nos regards par sa vive illumination; c'est encore à cette époque que les accidents du sol lunaire, cratères, montagnes et cirques, se dessinent le mieux par le contraste accentué des lumières et des ombres.

De jour en jour, la Lune se couche plus tard après le Soleil; de jour en jour, son croissant s'élargit; et enfin, au bout d'une semaine environ, l'astre, parvenu au quart de son voyage, atteint la position C. C'est l'époque dite du *premier quartier*. La Lune tourne alors vers nous, comme le montre la figure 58, la moitié de son hémisphère éclairé et la moitié de son hémisphère obscur; de sorte que l'astre nous apparaît, à cette phase, avec la forme d'un demi-cercle lumineux. A l'époque du premier quartier, la Lune passe au haut du ciel vers six heures du soir et se couche vers minuit, n'éclairant ainsi que la première moitié de la nuit; à cette époque, enfin, la lumière cendrée cesse d'être visible, parce que, de la Lune, ne se voit alors que la moitié de l'hémisphère éclairé de la Terre. Le clair de Terre étant affaibli de moitié, les nuits lunaires n'ont plus une illumination assez vive pour réfléchir jusqu'à nous des lueurs sensibles.

9. En deux semaines environ, la Lune arrive en D, à l'opposite de la Terre. Depuis le premier quartier, sa partie lumineuse visible pour nous a graduellement passé du demi-cercle au cercle complet, et maintenant l'astre nous présente en entier son hémisphère éclairé. Par contre, la Terre lui tourne son hémisphère obscur. C'est pour nous l'époque de la

pleine Lune; c'est pour la Lune l'époque de la Terre invisible ou nouvelle. La Lune se lève alors à peu près au moment où le Soleil se couche ; elle se couche au moment où le Soleil se lève; et, de la sorte, elle nous éclaire toute la nuit.

Vers le vingt et unième jour, la Lune a parcouru les trois quarts de son orbite; elle se trouve au point H. Cette phase prend le nom de *dernier quartier*. La partie visible de l'astre est réduite à un demi-cercle, comme à la phase opposée du premier quartier; mais les heures du lever et du coucher sont inverses. La Lune alors se lève à minuit; elle passe au méridien vers six heures du matin, et se couche quand le Soleil lui-même atteint le haut du ciel. Elle n'éclaire donc que la seconde moitié de la nuit.

A partir du dernier quartier, la demi-Lune s'échancre ; bientôt elle est réduite à un croissant qui se montre à l'est au point du jour, et dont les cornes sont dirigées vers l'ouest, à l'opposé du Soleil levant, qui le suit toujours de plus près. La lumière cendrée redevient visible, parce que la région obscure du disque commence à regarder en face l'hémisphère terrestre éclairé ; puis le croissant, chaque matin plus mince, disparaît entre le vingt-neuvième et trentième jour. La Lune, alors, revenue au point A de son orbite, reprend le cours de ses phases; une lunaison est finie, une seconde commence, pour reproduire les mêmes aspects dans un ordre immuable.

10. Une *lunaison*, c'est-à-dire la durée comprise entre deux passages consécutifs de l'astre par la même phase, entre deux pleines Lunes par exemple, ou deux nouvelles Lunes, embrasse, disons-nous, une trentaine de jours. Comme les phases résultent de la translation de la Lune autour de la Terre, la période complète des phases devrait égaler, ce semble, la durée de la translation. Or, nous avons reconnu plus haut que, pour parcourir son orbite, la Lune met 27 jours et un quart à peu près. Pourquoi donc la pleine Lune ne revient-elle pas tous les 27 jours et un quart, puis-

que, dans ce temps, l'astre accomplit en entier son voyage autour de la Terre? — Il y aurait là une absurde inconséquence si la Terre, bornée au mouvement de rotation sur son axe, ne changeait pas de place dans le ciel. Mais si elle voyage elle-même autour d'un centre d'attraction, si elle circule autour d'un astre dominateur, le Soleil, comme la Lune circule autour de nous, alors tout s'explique : dans le cours d'une lunaison, la Terre se transporte ailleurs, et, pour la rattraper et se mettre avec elle dans un point de vue identique au premier, la Lune doit, encore un certain temps, lui courir après. Examinons plus en détail ce fait remarquable.

La Lune est pleine, je suppose, en ce moment. Elle est au haut du ciel, dans notre méridien, juste en face d'une certaine étoile qu'elle vient de couvrir de son disque. Demain, la Lune passera au méridien plus tard que l'étoile; après-demain, plus tard encore; et chaque jour ainsi, jusqu'à ce que, par suite de toutes ses rétrogradations vers l'est, conséquence de son mouvement propre d'occident en orient, elle ait fait, en sens inverse de la rotation apparente des astres, le tour complet de la Terre. Alors la Lune se retrouve au même méridien, en compagnie de l'étoile qui nous sert de repère. Nous reconnaissons donc que la Lune a fini de parcourir son orbite quand elle revient se mettre en face de la même étoile. Cela a lieu tous les 27 jours et un quart environ.

11. Maintenant, portez votre attention sur la figure 59, où S est le point que le Soleil occupe; T, la Terre, décrivant une orbite circulaire autour de cet astre central; et L, la Lune, tournant autour de la Terre, tout en l'accompagnant dans son voyage. Quand la Terre est en T et la Lune en L, celle-ci est pleine, car elle se trouve en droite ligne de l'autre côté de la Terre par rapport au Soleil. En ce moment, la Lune, vue de notre globe, correspond à une certaine étoile située dans la direction TE, à une distance infiniment grande. Vingt-sept jours et un quart s'écoulent, la Terre se transporte sur son orbite de T en T'; et la Lune,

achevant son circuit autour de nous, vient se mettre en A
en face du même repère céleste, en face de la même étoile,
située maintenant dans la direction T′E′ parallèle à TE. Je dis parallèle, car la distance des étoiles est si prodigieuse, que les deux lignes de visée TE, T′E′, aboutissant l'une et l'autre à la même étoile, peuvent être considérées comme ne se rencontrant jamais. Ainsi la Lune est en A quand sa révolution sidérale est achevée, quand elle correspond au même point du ciel, enfin quand elle a fini le parcours de son orbite. Est-ce à dire que la lunaison

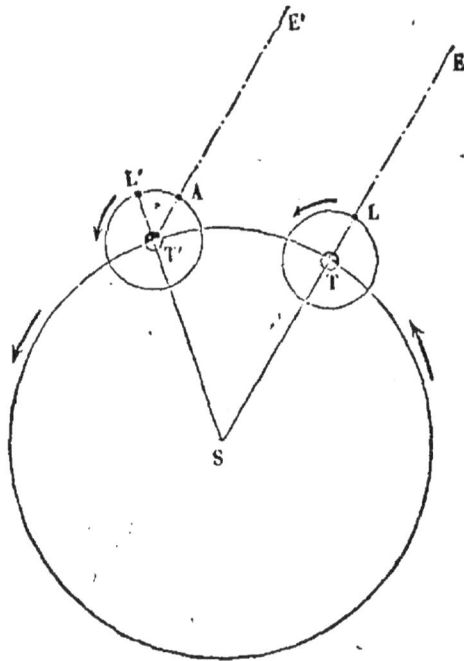

Fig. 49.

soit achevée, et que, pour la seconde fois, la Lune soit
pleine? Évidemment non; car, pour devenir pleine, la
Lune doit encore se transporter de A en L′, à l'opposé du
Soleil. Eh bien! pour aller de A en L′ et rattraper le chemin
que le déplacement de la Terre lui a fait perdre, la Lune met
un peu plus de deux jours. On nomme *révolution synodique*
l'intervalle compris entre deux pleines Lunes consécutives,
ou, en général, entre deux phases pareilles. La révolution
synodique est de 29 jours 12 heures 44 minutes; tandis que
la révolution sidérale est de 27 jours 7 heures 43 minutes.
Rappelons-nous désormais que l'inégalité de ces deux périodes est une preuve frappante de la translation de la Terre
autour du Soleil.

QUATORZIÈME LEÇON

LES ÉCLIPSES

1. Dans un même milieu, la propagation de la lumière se fait en ligne droite[1]. C'est ainsi qu'en pénétrant dans une chambre obscure par une fente des volets, un rayon de soleil trace une bande rectiligne, rendue visible par l'illumination des grains de poussière en suspension dans l'air. Si, dans l'épaisseur de cette bande lumineuse, nous mettons un corps non transparent, la main, par exemple, un espace obscur apparaît aussitôt en arrière, parce que le rayon, arrêté dans sa marche rectiligne, ne peut se propager au delà de la main. On donne le nom d'*ombre* à cet espace obscur. L'ombre n'est donc pas une obscurité spéciale projetée par les corps ; c'est le manque de lumière en arrière des obstacles empêchant les rayons lumineux d'aller plus avant. Si elle était parfaite, si aucun reflet lumineux n'y pénétrait, l'ombre d'un corps opaque serait d'une obscurité absolue,

---

[1] Si le milieu changeait de nature, la lumière, nous l'avons déjà vu, serait déviée de son trajet rectiligne, ou, en d'autres termes, se réfracterait.

et tout ce qui s'y trouverait plongé serait invisible. L'ombre de la main dans la bande solaire est incomplète, parce qu'il y pénètre encore un peu de lumière réfléchie par l'air et les grains de poussière non garantis de l'illumination ; les ombres que nous avons journellement sous les yeux le sont aussi, parce que si les rayons directs du Soleil n'y parviennent pas, rien n'empêche, du moins, les clartés diffuses réfléchies par l'atmosphère, le sol et les objets voisins vivement éclairés, d'y pénétrer en liberté. Une ombre absolument ténébreuse ne peut se produire en plein jour que dans les espaces du ciel, là où l'absence de toute matière rend impossible la lumière diffuse, qui jetterait ses reflets dans la région garantie du Soleil. Pour qu'elle se forme, il faut un écran opaque interposé sur le trajet des rayons solaires. Cet écran, quel est-il ? Il y en a beaucoup, et de proportions colossales : la Lune et la Terre, en particulier, globes opaques qui arrêtent la lumière du Soleil, comme notre main arrête le filet lumineux glissant à travers la fente du volet, et traînent après eux dans l'espace un immense cône d'ombre. Occupons-nous d'abord de l'ombre de la Terre.

2. Soient S le Soleil et T la Terre (fig. 60). Si nous menons les deux lignes AC et BC, qui rasent à la fois le bord des deux cercles, et qu'on nomme en géométrie *tangentes extérieures*, nous représenterons ainsi, à l'aide d'une figure plane, un cornet idéal ou cône, dans lequel la Terre et le Soleil seraient contenus, la Terre plus au fond, le Soleil à l'embouchure, comme deux billes inégales dans un cornet de papier. Il est visible que, dans la partie de ce cornet située au delà de la Terre, de T en C, aucun rayon venu du Soleil ne peut pénétrer, par la raison que, pour y parvenir dans sa marche en ligne droite, il aurait à traverser la Terre de part en part. On donne le nom de cône d'ombre à cette région TC, où la lumière solaire n'arrive pas, arrêtée qu'elle est par l'écran opaque de notre globe. Ce cône ténébreux a

pour base le contour même de la Terre, c'est-à-dire dix
mille lieues, et pour longueur 216 rayons terrestres, ou bien
de trois à quatre fois la distance d'ici à la Lune [1]. Telle est
l'ampleur du cône obscur qui voyage dans le ciel à l'arrière de la Terre, comme notre ombre marche après
nous.

Menons encore DV, BK (fig. 61), nommées *tangentes intérieures*. Elles représenteront deux cornets imaginaires

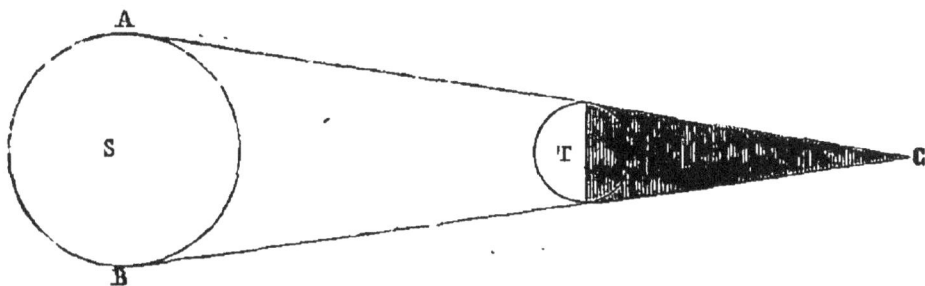

Fig 60.

opposés par la pointe et enveloppant l'un le Soleil, l'autre
la Terre. L'espace compris entre le cornet KV et le cône
d'ombre s'appelle le *pénombre*. Dans cet espace, l'obscurité
n'est pas totale comme dans l'ombre; mais l'illumination
s'y trouve plus ou moins affaiblie, parce que le Soleil ne s'y
voit pas en plein. Considérons, en effet, un point de la pénombre, le point H, par exemple. Si nous menons une
droite HR qui rase le globe terrestre et aboutit en R au Soleil, on reconnaît, d'après la figure, que la partie du globe
solaire située au-dessous de R ne peut envoyer des rayons
au point H, à cause de l'obstacle de la Terre, mais que la
partie située au-dessus en envoie librement. En H, l'illumination est donc incomplète, puisque le Soleil n'y est pas
visible en entier. Pour un second point H', plus voisin de
l'ombre, l'illumination est encore plus défectueuse; car,

[1] La géométrie déduit cette longueur des dimensions de la Terre et
du Soleil, et de la distance des deux globes.

pour ce point, toute la partie du Soleil située au-dessous de
R' est invisible. Ainsi, dans la pénombre, la clarté s'affaiblit
graduellement à mesure que le point considéré est plus
rapproché de l'ombre, parce que la portion visible du Soleil
décroît. Trois régions sont donc à considérer en arrière
de la Terre, éclairée par le Soleil : la région de la lumière
pure, l'ombre et la pénombre. Dans la première, située en
dehors de l'enveloppe conique idéale correspondant aux tan-

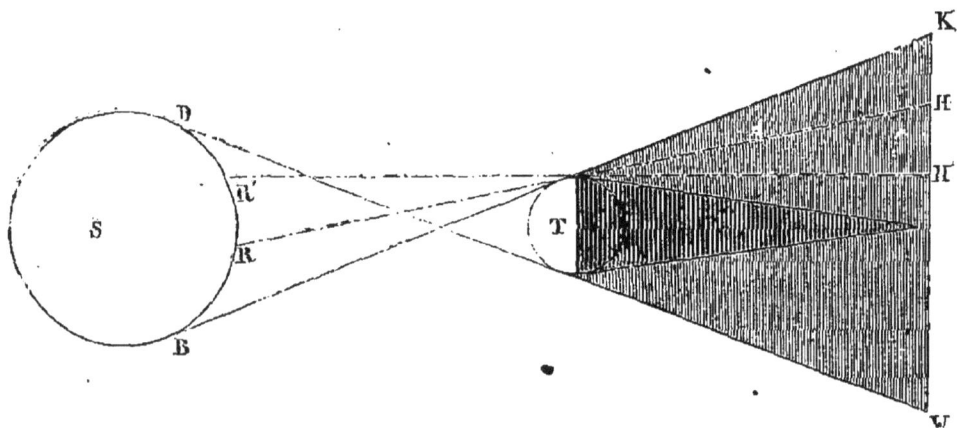

Fig. 61.

gentes intérieures K et V, le Soleil est visible sans obstacle,
et l'illumination est complète. Dans la seconde, comprise
dans le cône correspondant aux tangentes extérieures, aucun
rayon solaire n'arrive et l'obscurité est totale. Dans la troisième, embrassant l'étendue comprise entre les deux autres
régions, le Soleil n'est visible qu'en partie, et l'illumination
y décroît par degrés depuis le plein jour jusqu'à l'obscurité
totale. Si quelque écran céleste s'étalait dans l'espace en
arrière de la Terre, de façon à embrasser les trois régions à
la fois, l'ombre s'y dessinerait en cercle d'un noir intense,
la pénombre formerait autour de ce cercle une zone à clarté
graduelle, et, par delà, viendrait le jour dans tout son
éclat.

3. Aucun écran n'existe dans le ciel qui nous permette de

voir en plein le spectacle de l'ombre de la Terre ; comme sur une feuille de papier, nous verrions l'ombre d'une boule. Vainement le cône ténébreux plonge à 347 000 lieues, il ne peut rencontrer qu'un seul corps, trop petit pour lui servir d'écran complet, qu'un seul astre, le plus voisin de tous, la Lune. Celle-ci est éloignée de 60 rayons terrestres en moyenne, et le cône d'obscurité s'étend à 216 rayons. C'est plus qu'il n'en faut pour que la Lune, dans certaines circonstances, soit atteinte et même entièrement enveloppée par l'ombre de la Terre. Alors qu'arrivera-t-il ? — En pénétrant dans le cône d'ombre, la Lune cessera de recevoir la lumière du Soleil, arrêtée par l'obstacle de la Terre ; et, comme elle n'est pas lumineuse par elle-même, elle deviendra brusquement obscure, invisible ; elle sera *éclipsée.* Pour se produire, une éclipse lunaire exige donc une condition indispensable : c'est que la Lune se trouve en arrière de la Terre à l'opposé du Soleil. Reportons-nous à la figure 58 de la leçon précédente, et nous verrons que cette condition est remplie uniquement à l'époque de la pleine Lune, ou, en termes d'astronomie, à l'époque de l'opposition [1]. Il devrait alors y avoir éclipse tous les 28 ou 29 jours, au moment où l'astre, parvenu à l'opposite du Soleil, devient pleine Lune. Cependant cela n'a pas lieu, et pour un motif dont il est temps de parler. Dans l'explication des phases, vous avez compris, sans doute, et je n'ai rien fait pour vous dissuader, vous avez compris que la nouvelle Lune venait juste s'interposer entre la Terre et le Soleil, et que la pleine Lune se trouvait pareillement en droite ligne en arrière de la Terre. Ce n'est pas là l'expression des faits. Dans son voyage autour de nous, la Lune rarement se trouve en ligne droite avec la Terre et le Soleil, parce que son orbite n'est pas couchée dans cette direction. Elle passe tantôt au-dessus de l'aligne-

---

[1] On dit que la Lune est en opposition quand elle occupe le point D de son orbite, l'opposé du Soleil. Elle est en conjonction quand elle est au point A, entre la Terre et Soleil (fig. 58).

ment des deux globes, tantôt au-dessous ou par côté, pas beaucoup, il est vrai, mais enfin assez pour éviter de projeter son ombre sur nous, ce qui produirait une éclipse de Soleil, et de pénétrer elle-même dans l'ombre de la Terre, ce qui amènerait une éclipse de Lune.

4. Mais, entraînée par la Terre, qu'elle doit accompagner autour du Soleil, la Lune modifie à chaque instant son orbite, qui cesse d'être circulaire pour devenir une ligne sinueuse très-compliquée ; et, de cette modification incessante résulte, de loin en loin, la position des trois astres à peu près sur une même ligne droite. Alors et seulement alors ont lieu les éclipses : éclipse de Soleil à l'époque de la conjonction ou de la nouvelle Lune ; éclipse de Lune à l'époque de l'opposition ou de la pleine Lune.

Lorsque le concours de ces deux circonstances se présente, pleine Lune et position des trois astres sur un même alignement à peu près, la Lune, située en arrière de la Terre juste à l'opposé du Soleil, ne peut manquer de plonger dans notre cône d'ombre, trois ou quatre fois plus long qu'il ne faut pour l'atteindre et suffisamment large pour l'envelopper. Trois cas peuvent se présenter dans le passage de l'astre en arrière de la Terre : ou bien la Lune plonge en entier dans le cône d'ombre, ou bien elle n'y pénètre qu'en partie, ou bien encore elle traverse simplement la pénombre. Ces trois cas sont représentés dans la figure 62.

Quand son passage en arrière de la Terre a la direction 1, la Lune traverse uniquement la pénombre, c'est-à-dire la région de l'espace où l'illumination est incomplète, parce que le Soleil, en partie masqué par notre globe, n'y darde pas ses rayons en plein. Alors l'éclat de la Lune pâlit un peu, ses grandes taches grisâtres prennent une teinte plus foncée, et tout se borne là ; l'astre, un moment terni, comme par l'interposition d'un léger brouillard, se dégage de la pénombre et reprend sa sérénité sans être devenu invisible un seul instant. Ce n'est pas encore là une éclipse véritable.

Mais supposons que la Lune suive la direction 2. D'abord elle pâlit en pénétrant dans la pénombre ; puis une échancrure noire apparaît tout à coup sur le disque lumineux, et de proche en proche l'envahit en plus ou moins grande partie. Cette échancrure provient de l'immersion partielle de la Lune dans la région de l'ombre. Tout ce qui plonge dans le cône ténébreux s'obscurcit et devient invisible, parce que la

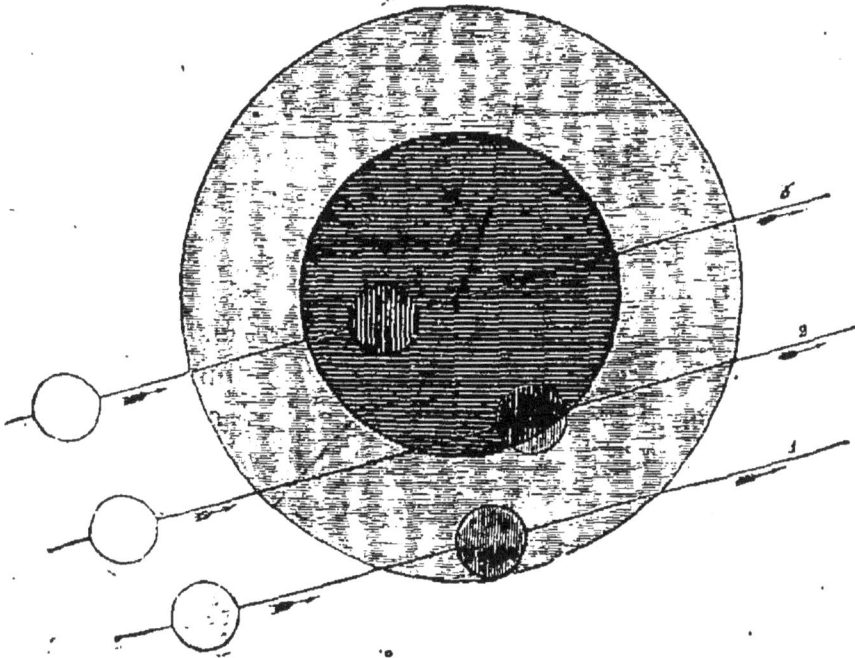

Fig. 62.

lumière du Soleil ne lui parvient plus ; tout ce qui reste en dehors est visible, mais un peu terni par la pénombre. L'éclipse alors est dite partielle.

Enfin, l'éclipse est totale lorsque la Lune suit une direction qui l'amène en plein dans le cône d'ombre, la direction 3 de la figure 62, par exemple. Alors, à mesure qu'il plonge plus avant dans la région de l'ombre, le disque de la Lune s'échancre, puis il disparaît en entier lorsque l'immersion est complète. Après un laps de temps variable, il reparaît peu à peu du côté opposé. La durée de l'éclipse totale est évidemment plus ou moins longue, suivant l'épaisseur d'ombre traversée par la Lune : la plus grande valeur correspond au trajet de l'astre suivant le diamètre du cercle ténébreux. Dans ce cas, la Lune reste en entier obscurcie pendant près de deux heures. Mais, prise dans toutes ses phases, c'est-à-dire depuis l'instant où le disque commence à s'échancrer au contact de l'ombre, jusqu'à celui de la réapparition totale au bord opposé, l'éclipse peut durer quatre heures environ.

5. La Lune ne disparaît pas toujours complétement dans les éclipses totales ; quoique plongée en entier dans l'ombre de la Terre, souvent elle reste visible, mais colorée d'un rouge obscur et blafard. Cette faible visibilité est occasionnée par l'atmosphère de notre globe. Vous connaissez ces verres, dits brûlants, qui recueillent les rayons solaires et les rassemblent en un point très-chaud et très-lumineux. On leur donne le nom de *lentilles*. Leur propriété résulte de la déviation qu'ils font subir à la lumière, en d'autres termes, de la réfraction. Or l'atmosphère terrestre se comporte ici comme le pourtour d'une gigantesque lentille : elle dévie de leur droit chemin les rayons du Soleil, elle les réfracte et les rassemble en arrière dans l'espace occupé par la Lune. Celle-ci reçoit donc de la sorte une faible lueur, malgré l'interposition de la Terre. Pour arriver à l'astre, les rayons réfractés ont à traverser l'atmosphère de part en part, suivant sa plus grande épaisseur ; aussi, dans leur trajet au sein des couches d'air humides et grossières avoisinant le sol, ils s'appauvrissent et ne gardent qu'une teinte rougeâtre, comme les rayons obliques de l'aurore et du soleil couchant. De là provient la coloration cuivreuse du disque lunaire éclipsé. On conçoit d'ailleurs que l'état de l'atmosphère, au moment de l'éclipse, doit beaucoup modifier le degré de visibilité de l'astre. Si les couches aériennes sont

assez chargées de vapeurs pour éteindre les rayons solaires
en route, il peut même se faire que la Lune devienne totalement invisible.

6. Si le disque de la Lune avait assez d'ampleur pour recevoir en entier l'ombre de la Terre, nous verrions cette
ombre s'y dessiner avec la forme d'un cercle noir, et ce
serait une preuve frappante de la rondeur de la Terre. La
Lune est loin, il est vrai, d'avoir les dimensions nécessaires
pour intercepter en plein l'ombre de notre globe ; toutefois,
au moment des éclipses, elle nous fournit encore une preuve
de la sphéricité de la Terre, car, toutes les fois que l'astre
est partiellement éclipsé, le contour de la portion d'ombre
projetée sur le disque est un arc circulaire régulier.

Une éclipse de Lune, partielle ou totale, n'est pas un fait
local, visible pour certaines contrées, invisibles pour d'autres, commençant ici plus tôt, ailleurs plus tard. Au même
instant, pour tous les points du monde, l'éclipse commence ;
au même instant, elle finit. De plus, d'un bout à l'autre de
la Terre, à la condition seule que l'astre ne soit pas couché,
toutes les contrées la voient avec les mêmes aspects. Un
hémisphère entier assiste à la fois au spectacle de l'éclipse,
et, s'il nous était possible de nous transporter hors de ce
monde en un point quelconque de l'espace, nous verrions,
comme d'ici, la Lune s'obscurcir. Une lampe qui s'éteint
dans un appartement obscur cesse au même instant d'être
visible de tous les points de la salle. De même la Lune, qui
s'éteint en plongeant dans l'ombre de la Terre, c'est-à-dire
ne reçoit plus les rayons solaires, cause de sa clarté, s'éclipse
au même instant pour tous les lieux du monde. Elle n'est
plus visible ni de la Terre, ni d'aucun autre point de l'univers. Les éclipses lunaires sont donc générales et simultanées.

7. Les éclipses de Soleil ont un caractère inverse : elles sont
visibles de proche en proche et pour certaines stations seulement. C'est ce que vous aurez bientôt compris. Mais, d'abord,

occupons-nous de leur cause. Le Soleil, foyer de lumière, ne s'obscurcit pas, comme la Lune, en pénétrant dans l'ombre d'un astre. En sa présence, c'est évident, les ténèbres n'existent plus. Mais un écran opaque peut nous en masquer la vue; et alors, pour nous, il y a éclipse de Soleil. La Lune est cet écran. Vous vous rappelez qu'elle passe entre la Terre et le Soleil à l'époque où son hémisphère nocturne est tourné vers nous, à l'époque enfin de la nouvelle lune. Si les trois astres se trouvaient alors à peu près sur la même droite, l'éclipse solaire aurait lieu; mais, je vous l'ai déjà dit, cet alignement est assez rare à cause de l'inclinaison de l'orbite lunaire. En général, la Lune passe en dehors de la droite joignant la Terre au Soleil, et assez loin pour ne pas jeter son ombre sur nous; sinon, il y aurait une éclipse de Soleil toutes les lunaisons. En somme, pour une éclipse solaire, il faut que la Lune se trouve entre la Terre et le Soleil, c'est-à-dire soit nouvelle. Mais ce n'est pas assez : il faut encore qu'elle vienne se placer à peu près sur l'alignement des deux astres. Ce premier point établi, faites l'expérience suivante.

8. Tracez au tableau noir un cercle un peu grand dont vous blanchirez l'intérieur; puis, prenez du bout des doigts un petit disque de carton, ou mieux un sou, pour le rapprocher plus ou moins d'un œil, l'autre restant fermé. Placez-vous alors en face du cercle blanc. Si la pièce de monnaie est assez près de l'œil, elle vous cachera tout le cercle, si grand que soit ce dernier; en quelque sorte, il l'éclipsera. Mais cette espèce d'éclipse totale n'a lieu que juste en arrière du sou interposé. Pour une personne située à votre droite ou à votre gauche, le rond blanc du tableau reste toujours visible. Maintenant, sans déranger le sou de sa place, inclinez un peu la tête, de manière à changer la direction du regard. Ah! voilà le rond qui reparaît en partie, échancré comme le croissant de la Lune. Dans ces conditions, l'éclipse est partielle. Inclinez davantage la tête; inclinez toujours. Le croissant s'élargit, et bientôt le cercle se montre en en-

tier. L'éclipse n'a plus lieu. Revenez enfin à la première position, de manière que l'œil, la pièce de monnaie et le rond blanc soient bien en ligne droite. D'abord le rond est totalement masqué. Mais éloignez peu à peu le sou de l'œil dans l'exacte direction du cercle blanc, et vous verrez celui-ci déborder tôt ou tard la pièce de partout et apparaître sous l'aspect d'un anneau. Ce genre d'éclipse, qui masque la vue des parties centrales et laisse les bords visibles sous forme d'un anneau, porte pour ce motif la qualification d'annulaire. Dans cette expérience évidemment, tout est subordonné à la position de l'œil. En arrière du sou, à une certaine distance, l'éclipse du cercle est totale ; un peu plus loin, sur la même droite, elle est annulaire ; de côté, elle est partielle ; plus à l'écart, elle est nulle. S'il y avait donc plusieurs observateurs en arrière du même sou, chacun, suivant sa position, verrait une éclipse différente ; ou, plus fréquemment, n'en verrait pas du tout.

9. Dans les explications précédentes, substituez le disque du Soleil au rond blanc du tableau, la Lune à la pièce de monnaie, telle ou telle région de la Terre à l'œil de l'observateur, et vous aurez l'exacte théorie des éclipses solaires. La Lune est trop éloignée de nous relativement à sa grosseur pour cacher jamais le Soleil à toute la Terre ; ou, si vous voulez, pour envelopper notre globe dans son cône d'ombre [1]. Elle est comparable au sou de notre expérience, qui masque la vue du cercle blanc pour un observateur placé juste en arrière, et ne le fait qu'en partie ou même ne le fait pas du tout pour un observateur situé un peu de côté. Dans les circonstances les plus favorables, c'est-à-dire lorsqu'elle

[1] La longueur du cône d'ombre de la lune varie entre 57 et 59 rayons terrestres. La distance de la Lune au point le plus voisin de la surface de la Terre, varie de son côté entre 56 et 63 rayons. On voit donc que, suivant les circonstances, le cône d'ombre de la Lune peut ne pas atteindre la Terre, ou bien ne l'atteindre que de sa pointe à peu près. Dans ce dernier cas, le cercle noir produit sur la Terre par l'ombre de la Lune, a tout au plus 22 lieues de largeur.

10.

est le plus rapprochée de nous, la Lune peut faire ombre à la surface de la Terre dans l'étendue d'un cercle de vingt-deux lieues de largeur. Pour tous les lieux compris dans l'intérieur de ce cercle, le Soleil est caché en plein et l'éclipse est totale Au voisinage de cette limite, il est en partie visible et l'éclipse est partielle. Plus loin encore, il se voit en entier et l'éclipse n'a pas lieu. Or, par suite de la rotation de la Terre sur son axe et de la translation de la Lune autour de nous, ce cercle d'ombre court à la surface des continents et des mers en traçant une bande obscure pour l'étendue de laquelle l'éclipse est totale de proche en proche. D'un côté et d'autre de cette bande, l'éclipse est partielle, et le Soleil y paraît échancré par le disque lunaire d'autant plus profondément que la station est plus voisine de l'ombre pure. Par delà, il n'y a plus rien. Vous le comprenez maintenant; les éclipses de Soleil ne peuvent être générales et simultanées comme les éclipses de Lune; elles se propagent d'un point à un autre de la Terre à mesure que la Lune s'avance et vient interposer son disque. Dans l'expérience que je viens de vous proposer, supposez des spectateurs rangés devant le rond blanc du tableau; supposez aussi que la pièce de monnaie se déplace et vienne à tour de rôle intercepter leur regard. L'invisibilité du rond n'aura pas lieu pour toute la rangée à la fois; elle se propagera d'une personne à l'autre. Au même instant, d'après la position de la pièce, l'éclipse du cercle sera totale pour un spectateur, partielle pour un autre, nulle pour d'autres encore. Ainsi des éclipses de Soleil.

Si la Lune est suffisamment éloignée de nous, elle ne peut plus masquer en entier le Soleil; de même que la pièce de monnaie laisse déborder le rond du tableau quand nous l'écartons un peu trop de l'œil. Alors le Soleil dépasse le contour du disque noir de la Lune et se montre quelques instants sous la forme d'un étroit anneau lumineux. L'éclipse est alors annulaire. Il est bien entendu qu'une éclipse, annulaire pour certains points du Globe, est partielle ou nulle pour d'autres au même instant.

10. Une éclipse totale de Soleil est bien un des spectacles les plus solennels qu'il nous soit donné de voir. Tout à coup, sans motif apparent, dans un ciel inondé de lumière, le bord occidental de l'astre est maculé de noir. C'est le disque invisible de la Lune qui, par rapport à notre point de vue, accourt se projeter sur le disque solaire. L'écran obscur s'avance toujours et la tache noire augmente. Bientôt le Soleil, à demi éteint, semble, de ses rayons blafards, n'éclairer qu'à regret le paysage attristé. Enfin, de minute en minute plus mince, l'extrême bord de l'astre mourant disparaît, et les ténèbres se font, soudaines mais non complètes, car autour du cercle noir de la Lune, rayonne, encore inexpliquée, une auréole de pâle lumière ou *couronne*, qui produit parfois de magiques effets. Alors, dans le firmament obscurci, les étoiles, d'abord effacées par les clartés de l'atmosphère, deviennent visibles, du moins les plus brillantes. La température baisse, la rosée se dépose, une brusque impression de fraîcheur vous saisit. Les plantes replient leur feuillage et ferment leurs fleurs comme pour le repos nocturne. Les chauves-souris, tristes amies du crépuscule, quittent leurs retraites pour voleter au grand air; les oiseaux, au contraire, mettent la tête sous la plume ou regagnent leur nid d'un vol incertain. Les bêtes de somme se couchent en chemin, indociles au fouet qui veut les faire avancer; les taureaux se rangent en cercle au pâturage, les cornes en dehors, comme pour conjurer un danger commun; les poussins se réfugient sous l'aile de leur mère; le chien tremble d'effroi aux talons de son maître; l'homme lui-même, l'homme, qui connaît la cause de ces ténèbres insolites et calcule d'avance leur venue, ne peut se défendre d'une vague inquiétude. Chacun, devant le sombre phénomène, sent rouler au fond de ses pensées d'involontaires appréhensions. O beau Soleil! quel deuil, quels suprêmes épouvantements, si ta face jamais se voilait

pour toujours! Quelques minutes, cinq au plus, s'écoulent dans cette anxieuse attente; puis un flot de lumière jaillit, l'astre radieux déborde de plus en plus l'écran noir de la Lune, et l'illumination du jour renait par degrés.

11. En des siècles d'ignorance, les éclipses jetaient la terreur dans les populations. On voyait en elles les redoutables précurseurs des colères du ciel. Aujourd'hui, élevés par la science à des idées plus saines, nous voyons dans les éclipses l'expression des lois éternelles qui meuvent la Lune et la Terre sur d'immuables orbites, et les ramènent à jour fixe sur la même droite avec le Soleil. Elles ne sont plus pour nous le signe avant-coureur d'un fléau, mais la preuve évidente de l'ordre imprimé à jamais à l'univers par l'Architecte divin. L'astronome, au courant de la mécanique du ciel, calcule une éclipse aussi longtemps à l'avance qu'il le désire. Il dit le jour, l'heure, la minute précise de son arrivée. Il dit en quels lieux elle sera totale, en quels lieux partielle; et jamais les faits ne viennent le démentir, car il s'appuie sur une donnée infaillible, précieux héritage de la science, la donnée des lois inviolables du ciel. Le suivre dans ses calculs ardus n'est pas pour nous possible; nous nous contenterons de savoir que tous les dix-huit ans et onze jours, les éclipses reviennent dans le même ordre, autant celles de Lune que celles de Soleil : c'est ce qu'on nomme la *Période chaldéenne.* Il suffit donc de noter toutes les éclipses d'une période de dix-huit ans et onze jours pour être en état de prédire les éclipses pour les périodes suivantes. Ce n'est là, il est vrai, qu'une méthode grossière, donnant au plus la date approchée, sans spécifier l'aspect de l'éclipse, et encore moins l'instant précis de l'apparition et les lieux de visibilité; mais, pour des détails plus circonstanciés, il faut appeler à son aide tous les ressources d'une haute géométrie.

12. Dans cette période de dix-huit ans et onze jours arrivent environ 70 éclipses, dont 41 de Soleil et 29 de Lune. Cependant, pour un lieu déterminé, les éclipses de Soleil sont

à peu près trois fois plus rares que celles de Lune. Cela
tient à ce que les éclipses de Lune sont générales, c'est-à-
dire visibles à la fois de tout l'hémisphère faisant face à cet
astre, tandis que celles de Soleil ne correspondent, chacune,
qu'à une région limitée de la surface terrestre. En une année, pour la Terre entière, il y a au plus sept éclipses, soit
de Lune, soit de Soleil; il y en a deux au moins et quatre en
moyenne. Pour un lieu déterminé, il ne survient qu'une
éclipse totale de Soleil en deux cents ans. En considérant,
non un lieu précis, mais la surface entière du Globe, les
éclipses totales de Soleil ne sont pourtant pas très-rares. En
ce siècle, on en compte douze. Celle du 8 juillet 1842 a été
visible dans le midi de la France ; celle du 28 juillet 1851,
dans le nord de l'Allemagne ; celle du 15 mars 1858, en An-
gleterre; celle du 28 juillet 1860, dans le nord de l'Espagne;
celle du 25 avril 1865, dans l'Amérique méridionale et le
sud de l'Afrique. Pour voir celles qui doivent arriver encore
avant la fin du siècle, il vous faudra voyager, car l'ombre de
la Lune se projettera bien loin de la France. Il y aura, le 22
décembre 1870, une éclipse totale de Soleil pour le midi de
l'Espagne et le nord de l'Afrique; une autre, le 19 août 1887,
pour le midi de la Russie et l'Asie centrale; une troisième, le
9 août 1896, pour les régions circompolaires, la Sibérie, la
Laponie, le Groënland; une dernière enfin, le 8 mai 1900,
pour l'Espagne, l'Algérie, l'Égypte et les États-Unis. Qui sait
si quelqu'un d'entre vous, dépaysé par les exigences de notre
vie remuante, n'assistera pas un jour à quelqu'une de ces
éclipses totales dont la science lit la date dans le livre de
l'avenir ?

QUINZIÈME LEÇON

LE SOLEIL

Insuffisance des bases terrestres pour mesurer la distance du Soleil, 1. — Méthode d'Aristarque de Samos, 2. — Méthode des passages de Vénus, 3. — Distance du Soleil. Un voyage de trois siècles et demi, 4. — Volume du Soleil. Le grain de blé et les quatorze décalitres. 4. — Comment on pèse le Soleil, 5. — Chute de la Terre, 6. — Les coursiers de Phoebus et le faix du Soleil, 7. — Un attelage comme on n'en voit pas, 7. — La pesanteur à la surface du Soleil. L'homme écrasé sous son poids, 8. — Faible densité du Soleil. 9. — Taches du Soleil. Sa rotation, 9. — L'enveloppe gazeuse du Soleil. Les ouragans solaires, 10. — Déviation de la lumière par le prisme, 11. — Dispersion, 12. — Le spectre solaire, 12. — Les raies du spectre, 13. — La lumière qui nous arrive du Soleil est incomplète, 13. — Lumière parfaite d'une boule chauffée à blanc, 14. — Effet des flammes à vapeurs métalliques, 14. — Constitution physique du Soleil, 15. — Son analyse chimique, 15.

1. Pour trouver la distance de la Terre à la Lune, une base est prise, aussi grande que le permet la configuration des continents ; et, de chaque extrémité de cette base, on mesure au même instant la distance angulaire de la Lune au zénith de l'observateur. La construction d'une figure semblable, ou mieux le calcul, donne, en rayons terrestres, la valeur de l'éloignement de la Lune. Cette méthode, ce semble, peut s'appliquer à un astre quelconque. Cependant, si l'on veut l'appliquer au Soleil, une grave difficulté se présente, amenée par l'exiguïté de la base par rapport à la distance à évaluer. La Terre, dans ses plus grandes dimensions, n'est plus qu'un point quand on se propose d'y échafauder un pareil arpentage. Revenez, en effet, à la figure 53, relative à la Lune ; et supposez que les distances zénithales DCL, HVL, mesurées sur un même méridien en deux points C et V aussi éloignés que possible sur le Globe, se rapportent, non plus à la Lune, mais au Soleil. Il s'agit maintenant de construire une figure semblable avec les valeurs

angulaires trouvées pour le Soleil[1]. Eh bien, dans ce cas, les deux lignes *cl* et *vl* (fig. 54) s'allongent démesurément. La feuille de papier, si grande que vous la preniez, ne peut suffire à la construction. Les deux lignes fuient sans se rencontrer ; on les dirait parallèles. Que signifie ce résultat ? Évidemment que la base CV, de l'extrémité de l'Afrique au cœur de l'Europe, est, dans le cas présent, une étendue sans valeur. La Terre est trop étroite pour l'édifice géométrique dont le sommet est le Soleil. Mesurer la distance de cet astre avec les dimensions de notre globe pour base, c'est ridiculement asseoir sur la longueur d'un empan le triangle qui doit donner la distance d'une tour éloignée de quelques kilomètres. Vous trouviez au début notre terre si grande ; déjà, sans doute, avez-vous changé d'avis. Pour le second pas que nous faisons dans le ciel, le diamètre de la Terre est un échelon trop court. La géométrie n'a pas ses coudées franches avec la surface des continents et des mers pour champ d'opération ; dans notre monde rétréci, l'appui lui fait défaut pour son élan. Donnons-lui l'essor dans les plaines du ciel ; peut-être trouvera-t-elle ailleurs la base demandée.

2. Cette base est toute trouvée : c'est la distance d'ici à la Lune. Sur une ligne de soixante rayons terrestres de longueur, la géométrie ne peut manquer d'être à l'aise. Elle le serait en effet s'il lui était possible d'effectuer ses observations aux deux extrémités de cette base ; si, de la Lune, elle pouvait viser la Terre d'une part et le Soleil de l'autre, comme, de la Terre, elle vise la Lune et le Soleil. Avec les deux angles obtenus de la sorte, elle construirait un triangle semblable, qui nous donnerait la distance de la Terre au Soleil, de même qu'un triangle dont on connaît un côté et deux angles nous apprend, à travers l'obstacle d'une rivière, la distance d'une tour. Malheureusement, jamais œil de

---

[1] Nous continuons à nous servir de la construction d'une figure semblable pour plus de simplicité ; mais il est bien entendu que le calcul donnerait, à sa manière, les signes de l'insuffisance de la base.

géomètre n'ira sur la Lune pointer un rapporteur vers la Terre et le Soleil. Il faut donc tourner la difficulté et s'arranger pour ne pas avoir besoin de mesurer l'angle de la station lunaire. Il suffit à cet effet d'épier, d'après les phases de la Lune, le moment où cet angle est droit. Le premier qui eut cette idée ingénieuse est un astronome célèbre de l'antiquité, Aristarque de Samos. La science reconnaissante a donné son nom à l'un des cirques de la Lune. Voici sa méthode :

Soient T le lieu d'observation sur la Terre, S le Soleil, L la Lune (fig. 63). A l'époque exacte du premier ou du dernier quartier, c'est-à-dire au moment où la Lune nous

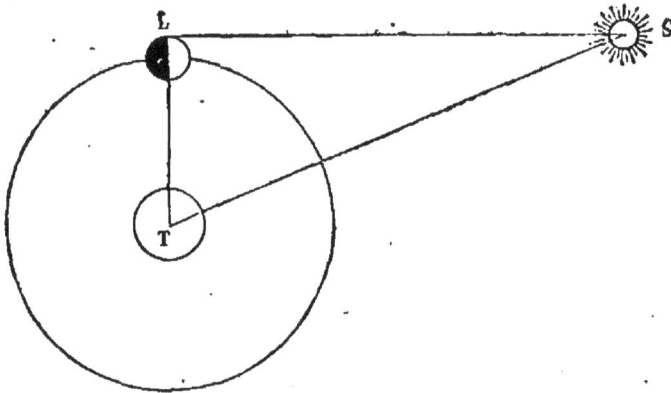

Fig. 63.

montre tout juste la moitié de son hémisphère éclairé, on vise d'une part le centre du Soleil, et de l'autre la ligne de démarcation entre la partie obscure et la partie lumineuse du disque lunaire ; ce qui fournit l'angle STL, ou bien l'angle de la station terrestre. Quant à l'angle TLS de la station lunaire, il est connu sans être mesuré, car il est droit. Effectivement, dans les circonstances que nous avons choisies, les rayons du Soleil sont perpendiculaires à la ligne visuelle TL, puisque nous voyons exactement la moitié de l'hémisphère qu'ils éclairent. La ligne SL, qui peut être considérée comme l'un de ces rayons, est donc perpendiculaire à TL. Ainsi, dans le triangle TLS, nous savons que LT vaut soixante rayons terrestres, nous savons que l'angle L est droit, et nous connaissons, d'après des mesures directes, l'angle T. Cela nous suffit pour construire une figure semblable, absolument comme nous l'avons fait pour évaluer la distance d'une tour inaccessible. Nous saurons ainsi combien de fois la ligne TS, ou la distance de la Terre au Soleil, vaut de rayons terrestres.

3. Excellente en principe, la méthode d'Aristarque est défectueuse en application, à cause de l'extrême difficulté de saisir l'instant précis où la Lune nous montre juste la moitié de son hémisphère éclairé. La moindre erreur sur cet instant conduit à des résultats fort éloignés de la vérité. Aussi, dans les recherches modernes, lui préfère-t-on des méthodes plus savantes et surtout plus exactes. Toutefois, je vous en ai parlé volontiers parce qu'elle est la seule que vous puissiez aujourd'hui comprendre ; et ensuite, parce qu'elle vous montre d'une manière bien nette comment une première distance mesurée dans le ciel peut servir d'échelon pour en mesurer une seconde plus grande, laquelle seconde sert à son tour à la mesure d'une troisième, et ainsi de suite jusqu'à ce que, à l'aide de tous ces gradins échafaudés l'un sur l'autre, l'astronomie ait escaladé les hauteurs les plus lointaines du firmament.

La meilleure méthode pour déterminer la distance du Soleil est celle des *passages de Vénus*. Expliquons cette expression, qui n'a encore aucun sens pour vous. Vous apprendrez bientôt que la Terre n'est pas la seule à voyager en rond autour du Soleil. Elle a de nombreuses compagnes, les unes plus petites, les autres plus grandes qu'elle. Ce sont des terres analogues à la nôtre, des globes matériels qui roulent sans fin à l'entour du Soleil, pour en recevoir leur part de lumière et de chaleur. L'une d'elles s'appelle Vénus. Ses dimensions sont à peu près celles de notre Terre, mais elle est plus rapprochée du Soleil. Malgré son énorme volume, vu d'ici, quand il passe entre nous et le Soleil, ce globe n'est qu'un petit point noir cheminant en apparence sur le disque radieux. S'il était plus près de la Terre, il nous envelopperait dans son ombre et produirait une éclipse solaire; mais, à la distance où il se trouve, il nous masque seulement un point du Soleil et produit sur la face de cet astre une tache ronde et noire, trop petite pour être aperçue à la vue simple. Les passages de Vénus sont donc des apparences de perspective qui nous montrent cet astre traversant le disque du Soleil sous la forme d'un point noir. Or, suivant la station de l'observateur à la surface de la Terre, ce point noir semble se mouvoir plus haut ou plus bas sur le disque du Soleil, parce que, avec le changement de point de vue, la perspective de Vénus change aussi. Eh bien, si deux observateurs très-éloignés l'un de l'autre sur la Terre, déterminent chacun le trajet apparent de Vénus sur le disque solaire, on peut, de ces données combinées avec la distance des deux lieux d'observation, déduire la distance du Soleil.

4. Le résultat de ces recherches est que nous sommes éloignés du Soleil de 24 000 rayons terrestres, ou bien de 38 000 000 de lieues. — Pour combler cette distance, pour établir un pont dont la première pile serait la Terre et la dernière le Soleil, il faudrait assembler à la file douze mille globes comme le nôtre; il faudrait un chapelet de douze mille grains pareils chacun en grosseur à la Terre. — Aucun de nous, si longue que soit la vie qui lui est accordée, ne pourrait se flatter, en supposant le parcours possible, d'atteindre un jour le Soleil, même avec nos meilleurs moyens de locomotion. Il vieillirait en route hors des limites d'un âge d'homme, il deviendrait plusieurs fois centenaire. En effet, le train le plus rapide de nos chemins de fer, poursuivant sans repos sa course à raison de 50 kilomètres à l'heure, mettrait trois siècles et demi pour franchir cette distance. — Un boulet qui parcourt 400 mètres par seconde

au sortir de la bouche à feu, ou bien 360 lieues par heure, mettrait douze ans et plus pour aller de la Terre au Soleil, s'il conservait toujours sa première impulsion.

Cette distance combinée avec le diamètre angulaire du Soleil, qui est d'un peu plus d'un demi-degré[1], permet, par la méthode que je vous ai expliquée ailleurs, d'évaluer le diamètre réel, le rayon, et, par suite, le volume du Soleil. On trouve ainsi que le rayon du globe solaire vaut 112 rayons terrestres, et que l'astre équivaut en grosseur à 1 400 000 globes comme la Terre[2]. — D'après ces nombres, si nous supposions le Soleil creux, comme une boîte sphérique, pour le remplir, il faudrait y verser un million et quatre cent mille boules de la grosseur de la Terre. Ou bien encore : si le centre du Soleil venait occuper le point de l'espace où se trouve la Terre, le colosse engloberait celle-ci, perdue imperceptible dans l'immensité de ses flancs ; et sa surface, débordant la région où la Lune se trouve, s'étendrait presque autant par dela. En effet, la distance de la Lune à la Terre est de 60 rayons terrestres, dont le double est 120. Or, le rayon du Soleil en vaut 112, nombre peu éloigné de 120. — Essayons une dernière comparaison. Pour remplir la mesure de capacité nommée le litre, il faut 10 000 grains de blé environ. Il en faudrait donc 100 000 pour remplir un décalitre et 1 400 000 pour remplir quatorze décalitres. Eh bien, supposez en un seul tas quatorze décalitres de blé, et

[1] En moyenne 32 minutes et 6 secondes. Nous disons en moyenne parce que la Terre n'est pas toujours à la même distance du Soleil, ce qui fait varier le diamètre angulaire de celui-ci.

[2] La géométrie démontre qu'une sphère dont le rayon est 2, 3, 4 fois plus grand, a un volume 8, 27, 64 fois plus grand. Les nombres 8, 27, 64, etc., sont ce qu'on appelle en arithmétique les *cubes* des nombres 2, 3, 4, etc. ; c'est-à-dire ces mêmes nombres multipliés trois fois par eux-mêmes. Ainsi 64 égale $4 \times 4 \times 4$. Pour avoir le volume du Soleil comparativement à celui de la Terre, il faut donc faire le cube de 112. Le résultat est de 1 404 928. En ne prenant que les deux premiers chiffres significatifs, on a 1 400 000. Cette simplication est permise. Que sont quelques milliers de Terres lorsqu'il s'agit du Soleil !

à côté un seul grain de blé. Ce grain isolé représente la Terre ; le tas de quatorze décalitres représente le Soleil !

5. L'astronomie ne se contente pas de ces résultats admirables ; après la distance et le volume du Soleil, elle se fait fort de déterminer la quantité de matière de l'astre, sa masse, c'est-à-dire à combien de Terres il équivaut en poids. Nous savons bien que le Soleil est 1 400 000 fois plus gros que la Terre, mais cela ne nous apprend rien sur son poids ; car une boule de liége, par exemple, peut être plus volumineuse qu'une boule de plomb et pourtant peser moins. Puisque le volume ne nous apprend rien sur la quantité de matière, nous n'avons qu'un moyen d'évaluer matériellement le Soleil : c'est de le peser. A l'énoncé d'un pareil problème, vous souriez sans doute d'incrédulité. Peser un astre dont 38 000 000 de lieues nous séparent, vous paraît la plus folle des présomptions. Rappelez-vous pourtant que nous avons pesé la Terre, comme s'il était possible de la mettre dans le bassin d'une balance. Ici, malgré la distance, le problème est encore plus simple. Nous savons qu'un globe renferme deux, trois, quatre fois plus de matière qu'un autre, quand, à la même distance, il fait tomber un corps deux, trois, quatre fois plus vite. La question se réduit donc à déterminer combien de fois un corps tombe plus vite vers le Soleil que vers la Terre, la chute ayant lieu de part et d'autre à la même distance et dans un même temps.

Un corps tombant à la surface de la Terre parcourt, en une seconde, une verticale de 4 mètres 9 décimètres. Si la chute, au lieu de se faire à la surface de la Terre, s'effectuait à la distance de 24.000 rayons terrestres ; en d'autres termes, si le corps était éloigné de la Terre autant que le Soleil, sa descente vers nous serait amoindrie dans la proportion du carré de la distance et deviendrait égale à $\frac{4^m,9}{24000 \times 24000}$. Sans effectuer le calcul, représentons cette valeur par m. Il nous faut maintenant trouver par expérience la chute vers le Soleil. La translation de la Terre nous permet cette recherche, impossible au premier abord.

6. Reportons-nous à la figure 58 de la treizième leçon. En changeant la signification des lettres, T sera le Soleil, L la Terre tournant autour du premier dans l'intervalle d'un an sur une orbite de 38 000 000 de lieues de rayon. Dans une seconde, la Terre se transporte de L en B, par exemple. Elle tombe ainsi vers le Soleil d'une quantité AB, quantité qu'il est possible de calculer exactement d'après la grandeur de l'orbite terrestre et le temps employé à la parcourir. Ainsi, en une seconde et à la même distance de 38 000 000 de lieues, la chute vers la Terre est égale à la quantité *m* dont il a été question plus haut ; et la chute vers le Soleil est égale à la quantité AB. Tous les calculs faits, on trouve que la première quantité est contenue 354 936 fois dans la deuxième. Donc la masse du Soleil équivaut à 354 936 fois la masse de la Terre, puisque, à la même distance, elle fait tomber les corps ce nombre de fois plus vite.

Un point dans cette démonstration vous paraît peut-être peu fondé. Bien que tout soit ramené à la même distance, nous comparons, ce semble, des chutes dissemblables. D'une part, c'est la chute d'un corps terrestre, transporté en imagination à la distance du Soleil ; d'autre part, c'est la chute de la Terre elle-même, de la Terre avec son poids énorme. Or la Terre, par cela seul qu'elle est immensément plus lourde, ne doit-elle pas tomber plus vite qu'un corps terrestre, si grand que nous le supposions, serait-ce un quartier de montagne ? — Non. Prenez une poignée de billes. Ouvrez la main. Les billes tombent côte à côte ; elles descendent de compagnie et arrivent ensemble à terre puisqu'elles vont également vite. Tout se passe comme si elles étaient liées l'une à l'autre, comme si elles faisaient un seul corps. Donc une boule équivalant à l'ensemble de ces billes ne tomberait pas plus vite que chacune d'elles[1]. — Encore une

[1] Voyez, dans la science élémentaire, *la Terre,* une démonstration expérimentale très-facile de l'égale rapidité de la chute des corps.

comparaison. Un cheval traîne un fardeau. Si le fardeau double de valeur et que l'attelage soit de deux chevaux, la vitesse sera-t-elle plus grande? Évidemment non. Si le fardeau devient triple ainsi que l'attelage, la vitesse changera-t-elle? Non. Eh bien, chaque bille est un cheval de l'attelage et la masse de la bille est le fardeau à entraîner. Si l'attelage augmente, c'est-à-dire si la bille devient une boule équivalant à dix, à cent, à mille billes, la chute ne sera pas modifiée parce que le fardeau mis en mouvement sera devenu dix, cent, mille fois plus lourd. En somme, un grain de sable et la Terre tombent avec la même vitesse, pourvu, bien entendu, que la chute ait lieu dans les mêmes conditions.

7. L'antiquité, en ses folles conceptions, faisait voiturer le Soleil dans le ciel par un attelage de quatre chevaux, Eoüs, Pyroüs, Ethon et Phlégon, qui lançaient le feu de leurs prunelles et de leurs naseaux. J'ignore en quels pâturages de l'Olympe les quatre coursiers prenaient des forces; mais, pour sûr, ils avaient une rude besogne. Permettons-nous la bizarre supposition que voici : la Terre déposée dans un char, est traînée sur une surface analogue à celle de nos routes. Pour un tel fardeau, quel doit-être l'attelage? — Le calcul donne la réponse. Mettons de front un million de chevaux; et par-devant cette rangée, une seconde encore d'un million; puis, une troisième, toujours d'un million; une centième, enfin une dix-millième. Nous aurons de la sorte un attelage de dix billions de chevaux, plus que n'en peuvent nourrir tous les pâturages du monde. Et maintenant, allez, donnez du fouet. — Mais rien ne bouge; la force est insuffisante. — Je le crois bien que rien ne bouge : pour ébranler le faix de la Terre, il faudrait les efforts réunis de dix millions d'attelages pareils! Et que serait-ce du Soleil 354 936 fois plus lourd? Ah! pauvres coursiers de la fable, chargés de traîner à quatre le chariot de Phœbus, je veux bien vous croire robustes, mais seriez-vous de force à

rouler le Soleil de la science dans les plaines du ciel? Ceux dont l'imagination puérile vous imposa cette tâche, ne voyaient donc dans l'astre colosse qu'un disque grand comme une roue de rémouleur? Assez sur ces folies; oublions l'Olympe, Phœbus et ses coursiers. Une seule puissance meut dans l'étendue cette inconcevable masse, une seule : le doigt de Dieu.

8. De la masse et du rayon du Soleil, on déduit l'énergie de la pesanteur à la surface de cet astre. Le calcul est très-simple. Si le Soleil condensait toute sa matière dans un globe égal en volume à la Terre, il attirerait les corps placés à sa surface avec une énergie 354 936 fois plus grande que ne le fait la Terre elle-même. Mais, comme son rayon est 112 fois plus grand, il faut diminuer ce premier résultat proportionnellement au carré de la distance au centre, ou diviser 354 936 par 12 544 carré de 112. Le quotient est 28. Alors, à la surface du Soleil, la pesanteur est 28 fois plus forte qu'à la surface de la Terre ; c'est-à-dire qu'un corps tombant sans entraves à la surface du Soleil parcourt, dans la première seconde de sa chute, 28 fois 4^m,9, ou 137^m,2 ; c'est-à-dire encore qu'un objet pesant ici 1 kilogramme, en pèserait 28 là-haut, sans aucune augmentation de substance bien entendu. Il pèserait plus, tout en restant le même objet, parce qu'il serait plus fortement attiré. Cela nous renseigne sur la piteuse figure que nous ferions à la surface du Soleil. Tels que nous sommes organisés, nous portons vaillamment le poids de notre corps; nous allons et nous venons sans embarras de la part de la pesanteur, parce que nos forces sont en harmonie avec notre poids. Mais sur le Soleil, nos forces n'augmenteraient pas et notre corps deviendrait 28 fois plus lourd. Nous serions dans le cas d'une personne qui, sur ses épaules, en porterait 27 autres. Accablés par la pesanteur, nous resterions cloués à la surface du Soleil ; ou même encore, serions-nous écrasés sous notre propre poids comme une motte de beurre trop lourde et trop molle, qui s'affaisse, s'épate sur sa base.

9. Toute prodigieuse qu'elle est, la masse du Soleil n'est pas en rapport avec le volume. Si la matière de l'astre était uniformément répartie, chaque décimètre cube pèserait 1 kilog. 59. C'est à peine supérieur au poids de l'eau. Nous avons déjà trouvé pour un décimètre cube de la Terre supposée homogène 5 kilog. 5. On explique cette légèreté de la matière solaire considérée dans son ensemble, en supposant que l'astre est formé, au dehors, d'une grande enveloppe gazeuse, rendue très-probable par un excessive température, et au centre, de matériaux plus denses, liquides ou solides. Cette enveloppe, en exagérant le volume du Soleil n'augmenterait pas le poids dans le même rapport; et de là résulterait la faiblesse relative de la masse. Cette supposition est confirmée par l'examen téloscopique.

Si l'on observe le Soleil avec une lunette munie d'un verre enfumé pour modérer l'éclat et la chaleur des rayons, on voit presque toujours à la surface de l'astre, un certain nombre de *taches* à contour très-irrégulier qui, par leur teinte d'un noir intense, tranchent vivement sur le fond blanc lumineux. Elles sont en général entourées d'un liséré grisâtre, improprement nommé *pénombre.* Ces taches sont mobiles. Elles se succèdent à l'extrème bord du Soleil, avancent peu à peu sur le disque d'occident en orient, atteignent le bord opposé et disparaissent, pour se montrer de nouveau de l'autre côté dans moins d'une quinzaine. On a conclu de ce retour périodique des mêmes taches que le Soleil tourne sur lui-même en 25 jours et demi. Un spectateur placé suivant l'axe de l'astre, la tête en haut vers le pôle supérieur, verrait le Soleil tourner de sa droite à sa gauche. C'est pareillement dans ce sens qu'il verrait la Terre circuler autour du Soleil.

10. Les taches du Soleil ne sont pas permanentes. A telle époque, on en compte un grand nombre, à telle autre, peu ou point. Il en est qui se forment sous les regards de l'observateur, comme les nuées orageuses de notre atmosphère;

d'autres se déchirent en lambeaux qui se groupent sous des configurations nouvelles ou se dissolvent et disparaissent dans le fond lumineux. D'autres, plus stables, sont ramenées sous nos yeux avec le même aspect par la rotation du Soleil; mais il est rare que leur permanence se maintienne pendant plusieurs rotations successives. Des mesures précises nous renseignent sur leurs gigantesques dimensions. On en voit assez souvent dont la superficie dépasse celle de la Terre entière. Herschel en a observé de 19 000 lieues de largeur. Ces taches, que sont-elles? — Peut-être des amas fortuits de substance ténébreuse qui se résolvent en averses et se dissipent dans un océan de feu; peut-être des trouées qui s'ouvrent dans une enveloppe de flammes et nous permettent d'entrevoir l'intérieur obscur; peut-être..... Mais laissons des soupçons prématurés; le Soleil encore n'a pas dit ses secrets. Un point toutefois est hors de doute. Ces taches énormes, qui, en quelques jours, quelques heures, se forment et se déforment, s'amassent et se dissolvent, ont pour milieu une matière qui se prête, par son peu de résistance, à des bouleversements aussi prodigieux. La surface de l'astre est le siège de profondes convulsions, ouragans, tourbillons, tempêtes, qui déchirent la substance solaire et la brassent dans un orage sans fin. Par une autre voie, nous sommes donc amenés à la même conclusion : le Soleil se compose à l'extérieur d'une immense enveloppe gazeuse à l'état d'incandescence.

11. De l'étude délicate de la lumière, la science sait déduire la nature du foyer lumineux. Elle est en mesure de nous apprendre de quels matériaux le Soleil se compose, comme s'il lui était permis d'en mettre une parcelle dans ses creusets. Examinons, dans ce qu'elles ont de plus élémentaire, ces merveilleuses recherches sur un rayon solaire.

Un filet de lumière pénètre dans une chambre obscure par une ouverture pratiquée dans le volet. Rien de particulier ne se passe dans ces conditions. Le-filet lumineux figure un trait d'une rectitude parfaite, dans lequel tourbillonnent et brillent les grains de poussière en suspension dans l'air. Une lame de verre interposée' sur son trajet ne lui fait rien éprouver de remarquable : le filet de lumière franchit la lame transparente et poursuit par delà son chemin en ligne droite. Mais si le morceau de verre, au lieu d'être aplati en lame, est taillé en forme de coin, ou, comme on dit, en *prisme*, le faisceau lumineux, loin de poursuivre sa marche en ligne droite, se coude, se dévie brusquement de sa direction en le traversant. La réfraction amenée par deux fois à la suite d'un double changement de milieu est cause de cette déviation.

Soit en effet, un prisme ABC (fig. 64). Un rayon de lumière arrive suivant la droite SI. Comme il passe de l'air

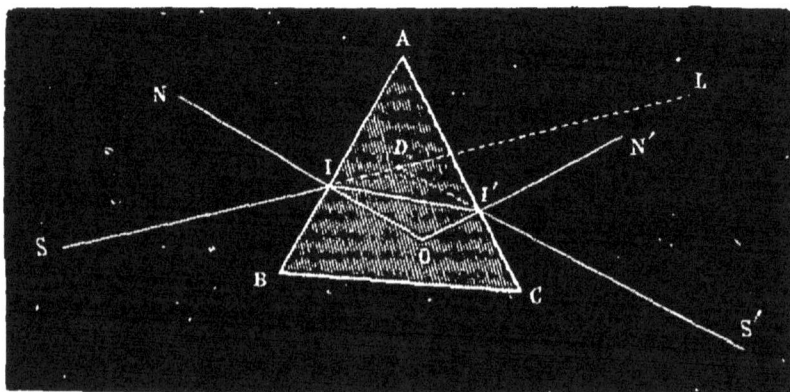

Fig. 64. .

dans le verre, ou d'un·milieu moins dense dans un autre plus dense, il se rapproche de la perpendiculaire NO en pénétrant dans le verre ; et au lieu de suivre sa direction initiale IL, il prend la direction II', plus voisine de la perpendiculaire. Parvenu en I', il passe du verre dans l'air, c'est-à-dire d'un milieu plus dense dans un milieu moins dense. Il s'éloigne donc de la perpendiculaire N'O et suit la direction I'S', qui fait avec cette perpendiculaire un angle

N'I'S' plus grand que l'angle précédent II'O. C'est ainsi que, en traversant un coin de verre, un rayon de lumière se coude par deux fois et se rapproche de la base du prisme.

12. Outre cette déviation, la lumière éprouve par l'effet du prisme une autre modification très-importante. Le filet lumineux, moulé sur l'orifice par où il pénètre dans la chambre obscure, conserve jusqu'à l'instrument sa forme et sa grosseur; mais, en pénétrant dans le coin de verre, il s'élargit. Il s'élargit encore davantage au sortir du prisme et s'épanouit en éventail (fig. 65). La déviation n'est donc pas la même pour tout le filet lumineux, primitif, puisque celui-ci, après avoir traversé le prisme, s'étale en une nappe anguleuse, dans laquelle une foule de directions différentes se trouvent comprises. En d'autres termes, la lumière du Soleil n'est pas homogène, n'est pas la même dans toute l'étendue du faisceau. Si cette homogénéité avait lieu réellement, l'effet du prisme, quel qu'il soit, serait le même pour tout le faisceau; et alors celui-ci, tout en changeant de direction à l'issue du verre, conserverait sa forme primitive au lieu de s'étaler en éventail.

Mais poursuivons. Sur le trajet du faisceau lumineux étalé par le prisme, on interpose une feuille de papier blanc (fig. 65). Aussitôt se dessine sur l'écran une figure oblongue, resplendissante des vives couleurs de l'arc-en-ciel savoir : *Violet, indigo, bleu, vert, jaune, orangé, rouge.* On donne à cette figure oblongue le nom de spectre solaire. Le mot spectre signifie ici simplement *image.* Rien de plus simple que l'explication du spectre solaire. La lumière solaire n'est pas homogène. Ses différents éléments, ses différents rayons éprouvent, en traversant le prisme, des déviations plus fortes pour les uns, plus faibles pour les autres; ils se séparent, s'isolent et viennent chacun peindre de leur couleur propre divers points de l'écran. Delà résulte la succession des teintes du spectre. Il y a donc dans la lumière ordinaire, dans la lumière blanche du Soleil, des rayons différemment colorés; il y en a de violets, de bleus, de verts, de jaunes, etc. Quand ces rayons élémentaires sont assemblés en un faisceau commun, ils constituent de la lumière blanche; s'ils sont séparés l'un de l'autre par le prisme, chacun reprend la nuance qui lui est propre. Le spectre solaire ne renferme pas seulement les sept couleurs citées plus haut; il renferme aussi toutes les nuances intermédiaires, ménagées avec une gradation telle qu'il est impossible de dire,

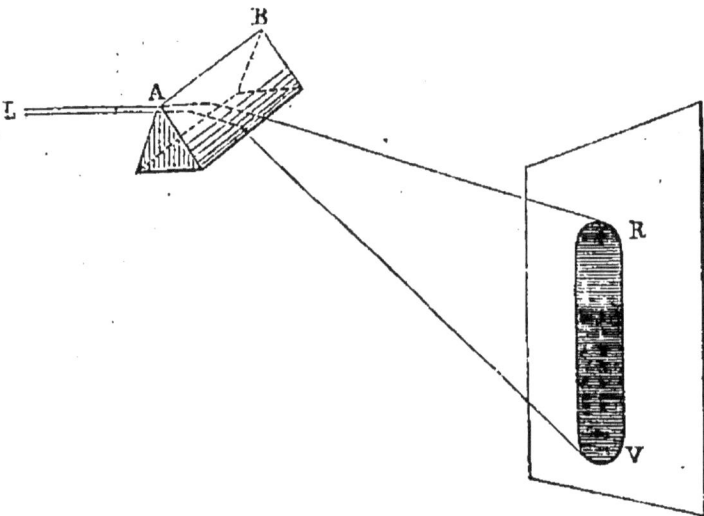

Fig. 65[1].

par exemple, où le vert finit et le jaune commence; de sorte que la lumière blanche comprend en réalité une foule de rayons différemment colorés et inégalement déviables par le prisme. Le spectre solaire est donc une espèce de clavier des couleurs, qui renferme toutes les nuances, en commençant par le violet et finissant par le rouge; de même que le clavier d'un instrument musical renferme

[1] AB, prisme à travers lequel passe un filet de lumière solaire LA. Par l'effet du prisme, ce filet lumineux est dévié de sa direction et élargi, déployé en éventail. Reçu sur un écran, le filet lumineux ainsi déployé produit une bande colorée VR, dans laquelle le violet V occupe la partie inférieure, et le rouge R la partie supérieure.

toutes les notes depuis la plus grave jusqu'à la plus aiguë.

13. Examinons de plus près ce clavier coloré. A l'aide de verres grossissants, on voit la bande lumineuse du spectre interrompue en travers par une infinité de traits où la lumière fait défaut. Ces interruptions se traduisent par des lignes parallèles, d'un noir intense, et, suivant la région du spectre, plus fines ou plus grosses, plus distantes ou plus rapprochées (fig. 66). Leur nombre est invariable ainsi que leur ordre de succession. Caractéristiques indélébiles de

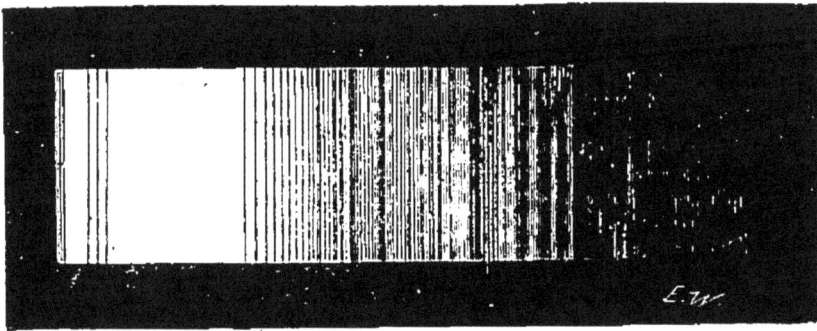

Fig. 66. — Les raies du spectre solaire.

la lumière du Soleil, on les retrouve identiquement les mêmes, en tout temps, en tout lieu. La physique leur donne le nom de *raies du spectre*. Que signifient ces raies obscures, ces lignes où la lumière manque? — Si la lumière du Soleil renfermait rigoureusement tous les rayons possibles, depuis l'extrême violet jusqu'à l'extrême rouge, toutes les places disponibles dans la bande spectrale seraient occupées parce que toutes les déviations seraient réalisées par l'effet du prisme, et il n'y aurait aucune interruption d'un bout à l'autre du spectre. Mais si quelques rayons élémentaires manquent, le prisme doit mettre ce défaut en évidence par des espaces vides, par des raies obscures, places inoccupées des divers rayons absents. Les traits noirs du spectre signifient donc que la lumière du Soleil nous arrive incomplète, apparemment parce que quelques-uns de ses rayons se sont éteints en route. En nous servant d'une expression précédente, nous dirons que le clavier coloré du spectre est imparfait. Il y manque de nombreuses touches, dont les places vides se trahissent par des sillons noirs.

La lumière qui nous vient de la Lune et des divers corps célestes éclairés par le Soleil fournit les mêmes résultats. Le spectre est toujours rayé d'une infinité de sillons noirs, qui se succèdent dans un ordre identique à celui du spectre solaire. Et cela doit être. Les clartés de la Lune sont des clartés réfléchies empruntées au Soleil; elles nous arrivent donc avec l'ineffaçable caractère puisé à leur primitive source. Quant aux étoiles, soleils éloignés analogues au nôtre, elles donnent des spectres constitués dans leur ensemble comme celui du Soleil, et sillonnés comme lui de raies obscures. Seulement, ces raies sont, pour chaque étoile, en nombre différent et différemment groupées. La règle est donc générale : les foyers lumineux du ciel soumis à l'examen prismatique, donnent tous des spectres rayés; leur lumière est incomplète; la gamme de leurs couleurs manque de quelques notes, et les notes absentes, invariables pour chaque soleil, varient d'un soleil à l'autre.

14. Reconnaître une imperfection dans la plus grande des splendeurs de ce monde, dans les rayons du Soleil, n'est pas un résultat de petite importance. Aussi, cette imperfection une fois constatée, chacun se demande quelle peut en être la cause. Et d'abord est-il possible d'obtenir une lumière parfaite? Oui, car il suffit de prendre pour source lumineuse un corps solide incandescent, par exemple une boule de métal chauffée à blanc. Si l'on dirige à travers le prisme un filet lumineux émané de la boule métallique sortant de la forge, on obtient un spectre d'une continuité parfaite sans aucune trace de raies obscures. Dans ce filet lumineux, les rayons élémentaires sont au complet puisque toutes les places sont occupées dans la bande spectrale. Mais il est facile de lui en faire perdre. Soit une flamme bien nourrie, la flamme d'un bec de gaz, ou mieux d'une

lampe alimentée avec de l'alcool. Dans cette flamme, nous
répandons une fine poussière métallique, de fer si vous voulez ; et, dans cet état, nous la faisons traverser par le filet de lumière qui se rend de la boule incandescente au
prisme. Représentez-vous bien la disposition de l'appareil.
D'un côté se trouve la boule chauffée à blanc, qui rayonne
une lumière parfaite ; de l'autre le prisme, qui doit décom-
poser le filet lumineux ; et entre les deux, une flamme où
brûle une poussière de fer. Pour aller de la boule au prisme,
le pinceau de lumière traverse la flamme à vapeurs métalliques. Avec ces dispositions le spectre n'est plus complet. On
y voit quelques raies noires, pareilles à celles du spectre
solaire, mais bien moins nombreuses. On constate avec soin
leur nombre, leur place et leur arrangement. Puis, on recommence en répandant au sein de la flamme la poussière
d'un autre métal, de cuivre par exemple. Le spectre est encore
rayé de noir ; mais les raies diffèrent de celles qu'a données
le fer, par leur nombre et la manière dont elles sont groupées. Avec le plomb, l'argent, l'étain, l'or, le zinc, etc., de
nouvelles raies se montrent, variables d'un métal à l'autre par
leur nombre et leur position, mais constantes pour chaque
métal. Ainsi, lorsqu'un filet de lumière complète traverse
une flamme où brûle un métal quelconque, il éprouve une
extinction partielle qui le prive de quelques-uns de ses
rayons élémentaires ; et cette perte se traduit dans le spectre
par des raies obscures, dont la situation, le nombre, l'arrangement, dépendent de la nature du métal.

15. Pour appliquer ces données de l'expérience à la lumière solaire, admettons avec la science que le Soleil se
compose d'un globe central, liquide ou solide, rendu lumineux par une chaleur excessive, avec laquelle la plus
violente que nous sachions produire ne peut entrer en comparaison. Autour de ce noyau resplendissant s'enroule une
enveloppe gazeuse d'une épaisseur immense, une sorte
d'atmosphère de substances volatilisées par la chaleur. Ce

n'est plus ici, comme pour la Terre, une coupole bleue d'air où flottent les nuages déversant la pluie; c'est une enveloppe de flammes sillonnée d'éblouissantes fulgurations, un prodigieux·entassement de vapeurs métalliques embrasées, qui retombent en averses de métaux fondus, se volatilisent encore et reproduisent indéfiniment leurs terribles cataractes. Du globe central, la lumière rayonne parfaite, comme celle de la boule chauffée à blanc dans notre expérience; mais, en traversant l'enveloppe enflammée, elle perd une partie de ses rayons élémentaires. Elle nous parvient donc incomplète; et les nombreuses raies noires du spectre qu'elle produit, sont le résultat des métaux en combustion dans l'atmosphère du Soleil. Quelques-uns de ces métaux nous sont connus. On trouve, en effet, dans le spectre solaire les raies caractéristiques des flammes où nous brûlons du fer. Leur nombre, leur groupement, ne permettent pas de s'y tromper. Il y a donc du fer dans l'enveloppe enflammée du Soleil. Il y a pareillement du cuivre, du zinc et d'autres métaux terrestres, car les raies obscures correspondant à ces divers métaux se retrouvent identiques dans le spectre solaire. Par contre, on n'a pu y constater encore la présence du plomb, de l'argent et de l'or. Enfin, on est en droit de conclure que l'atmosphère du Soleil renferme des vapeurs métalliques ne correspondant à rien de connu sur la Terre, car beaucoup de raies obscures du spectre solaire ne coïncident pas avec celles que font naître les substances terrestres.

De ce rapide aperçu sur l'étude spectrale de la lumière, une grande idée doit nous rester. La Terre possède peut-être quelques substances métalliques qui lui sont propres, le Soleil est dans le même cas; mais, à 38 millions de lieues de distance, il y a entre les deux astres une incontestable communauté d'éléments chimiques. La Terre et le Ciel sont édifiés avec les mêmes matériaux[1].

---

[1] C'est ce que nous rediront plus tard les pierres tombées du ciel.

SEIZIÈME LEÇON

L'ANNÉE ET LES SAISONS

1. Chassée en avant par son impulsion originelle et maintenue sur une orbite immuable par sa chute incessante vers le Soleil, la Terre circule autour de cet astre dominateur, de même que la Lune circule autour de nous. En un an, ou trois cent soixante-cinq jours environ, elle accomplit son voyage pour le recommencer indéfiniment. Avec une vitesse de vingt-sept mille lieues à l'heure, la boule terrestre s'en va roulant dans l'étendue, sans essieu, sans appui, toujours sur la ligne idéale qu'une géométrie divine lui a donnée pour champ de course. Son mouvement est si rapide, que, en y songeant, le vertige vous saisit; il est si doux, que les méditations de la science peuvent seules le constater. Pour la maîtriser dans sa fougue et la maintenir toujours à la même distance de l'astre central qui lui verse la chaleur, la lumière et la vie, l'attraction solaire et la force d'impulsion se balancent dans une juste mesure. Si la première cessait d'agir, la Terre emportée par son élan, abandonne-

rait le Soleil, et, fuyant en ligne droite, s'en irait naufrager dans l'inconnu du ciel. Si la seconde suspendait son action, la Terre se précipiterait sur l'astre colosse qui l'attire. En 64 jours, les 38 millions de lieues qui nous séparent du Soleil seraient parcourus, la chute serait accomplie et notre globe plongerait, mesquine scorie, dans les abîmes du brasier solaire. Ou bien encore, si l'impulsion première, au lieu d'être brusquement annulée, se ralentissait peu à peu, comme par l'effet d'une résistance, la Terre ne décrirait plus une courbe revenant sur elle-même, mais une spirale, dont les tours sans cesse plus rétrécis l'achemineraient fatalement vers le Soleil par une chute en tourbillon. Ce sont là des suppositions gratuites. Rien ne menace d'arrêter, de ralentir l'impulsion de la Terre; rien ne menace de paralyser l'attraction du Soleil. La stabilité de notre orbite est à jamais assurée.

2. L'orbite de la Terre, considérée jusqu'ici pour simplifier comme circulaire, est en réalité d'une forme plus savante. C'est une ellipse et non un cercle. Pour tracer une ellipse au tableau noir, il faut s'y prendre comme il suit. Plantez deux clous sur le tableau. A ces clous assujétissez les deux bouts d'un cordon que vous laisserez assez lâche. Avec un morceau de craie appliqué contre le cordon, tendez celui-ci ; puis faites glisser la craie dans toutes les positions possibles, en tenant toujours le cordon bien tendu (fig. 67). La ligne ainsi décrite s'appelle une *ellipse*. Les deux points F et F' où les extrémités du cordon sont fixées, prennent le nom de *foyers*. La ligne AB s'appelle le *grand axe* de l'ellipse; la ligne DE, le *petit axe*. Si l'on joint un point quelconque M de l'ellipse aux deux foyers, les droites MF et MF' prennent l'une et l'autre le nom de *rayon vecteur*. Il est visible, d'après le mode de tracé de l'ellipse, que la somme des lignes MF et MF' est toujours égale à la longueur du cordon FCF', quel que soit le point M. On peut donc définir l'ellipse une courbe telle que la somme des

distances de chacun de ses points à deux points fixes nommés foyers, est constante. Plus les foyers sont éloignés l'un
de l'autre pour une même longueur de cordon, plus l'ellipse s'allonge et diffère du cercle ; plus ils sont rapprochés,
plus l'ellipse s'arrondit. S'ils se confondaient en un seul
point, la courbe décrite deviendrait même un cercle.

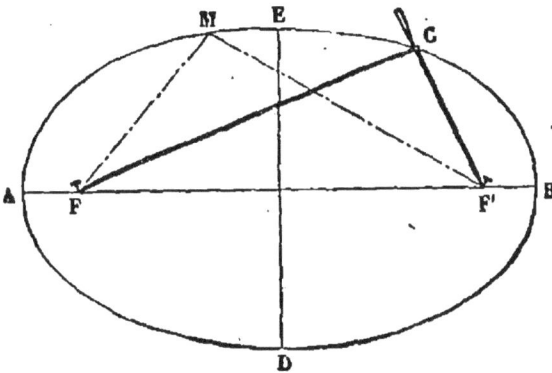

Fig. 67.

3. L'orbite parcourue annuellement par la Terre est une
ellipse dont le Soleil occupe un foyer. Sa forme toutefois est
assez arrondie pour que l'on puisse, en général sans inconvénient, l'assimiler à un cercle. De même, la Lune se meut
autour de nous suivant une ellipse dont notre globe est un
foyer. Mais comme la Terre se déplace, la Lune, pour l'accompagner, modifie sans cesse son orbite, qui devient ainsi
une courbe sinueuse formée de tronçons d'ellipse rajustés.
La règle d'ailleurs est générale : tout astre obéissant à l'attraction d'un autre circule autour de ce dernier suivant une
ellipse, et l'un des foyers de l'orbite est occupé par l'astre
dominateur.

Avec son orbite elliptique, la Terre n'est pas toujours également distante du Soleil. La distance est la plus petite
quand la Terre occupe l'extrémité du grand axe la plus voisine du Soleil, c'est-à-dire le point A (fig. 67), le Soleil
étant supposé au foyer F. On nomme ce point *périhélie.*

Elle est la plus grande, quand la Terre atteint l'extrémité opposée, le point B qu'on nomme l'*aphélie*[1]. Notre passage au périhélie a lieu le 31 décembre; et le passage à l'aphélie, le 2 juillet. D'où cette étrange conséquence que nous sommes plus rapprochés du Soleil en hiver qu'en été. La différence des distances est d'environ onze cent mille lieues[2].

4. Pendant qu'elle est emportée autour du Soleil sur sa voie elliptique, la Terre tourne sur elle-même. La durée de chacune de ces révolutions prend le nom de *jour*. Deux espèces de jour sont à distinguer : le *jour solaire* et le *jour sidéral*. On appelle jour sidéral la durée qui s'écoule entre deux retours consécutifs du même demi-méridien devant la même étoile. Sa valeur est invariable, car la Terre, tournant sur son axe avec une vitesse que rien ne modifie, ramène chaque point de sa surface devant les mêmes points du ciel à des périodes exactement égales. On a vu dans une autre leçon que, en vingt ou vingt-cinq siècles, l'astronomie n'avait pas constaté, soit en plus soit en moins, un changement d'un dixième de seconde dans la durée du jour sidéral. Et cela doit être. Le jour sidéral est en quelque sorte la mesure des énergies mécaniques de la Terre mise en branle autour de son axe. Ces énergies ne pouvant se déperdre en l'absence de toute résistance, la rotation garde une constante vitesse.

Le jour solaire est la durée comprise entre deux passages consécutifs du même demi-méridien en face du Soleil. Si la Terre tournait simplement sur son axe sans se déplacer dans l'étendue, le jour solaire et le jour sidéral auraient même valeur; chaque point de la surface terrestre, pour revenir devant la même étoile ou devant le Soleil, met-

---

[1] Périhélie signifie près du Soleil; aphélie, loin du Soleil.

[2] Le mouvement elliptique de la Lune nous explique aussi pourquoi cet astre est tantôt plus rapproché, tantôt plus éloigné. Nous avons déjà dit que la moindre distance de la Lune est de 56 rayons terrestres à peu près, et la plus grande de 64.

trait un temps égal. Mais la translation de la Terre trouble cette égalité. Il se passe ainsi quelque chose d'analogue à ce que je vous ai déjà dit au sujet de la révolution synodique et de la révolution sidérale de la Lune.

5. Considérons la Terre dans la position 1 de la figure 68. En ce moment, le méridien AB se trouve d'un côté en face du soleil S; du côté opposé, en face d'une certaine étoile, infiniment reculée dans la direction BE. Pour la moitié éclairée

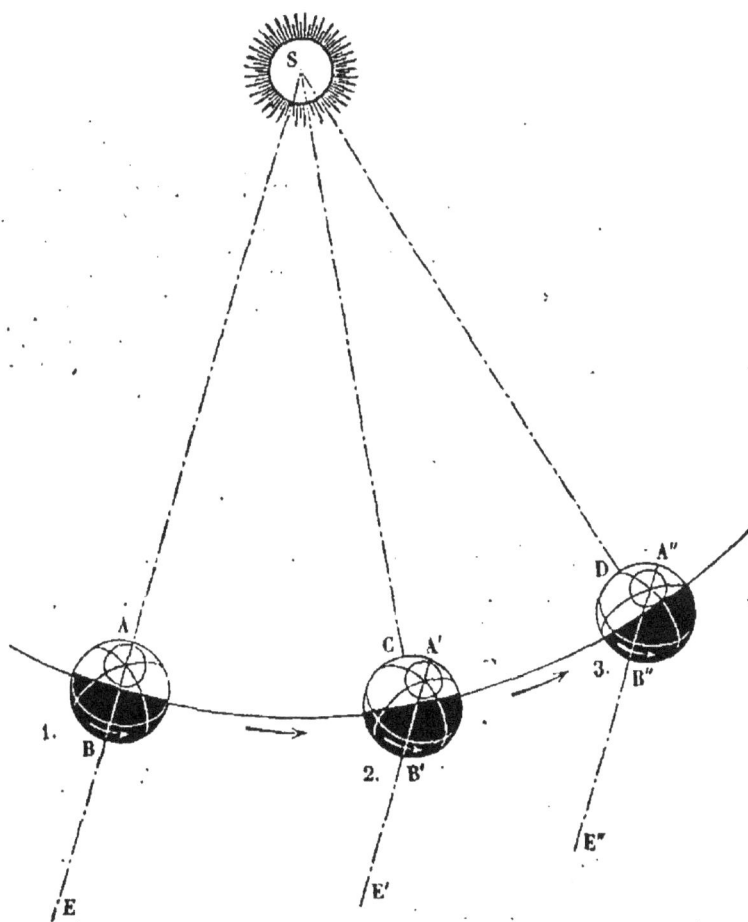

Fig. 68.

de ce méridien, c'est midi; pour la moitié située dans l'hémisphère obscur, c'est minuit. Le lendemain, la Terre s'est transportée plus loin sur son orbite, très-loin même car elle parcourt à l'heure 27 000 lieues. Elle occupe alors la position 2, par exemple ; et le même méridien A'B' est ramené, par la rotation autour de l'axe, en face de l'étoile point de départ, étoile qui se trouve dans la direction B'E' parallèle à la direction BE de la veille. Cette expression de parallèle n'est pas exagérée. Je le répète encore ici : les étoiles sont si prodigieusement éloignées, que le chemin parcouru par la Terre en un jour, en des mois entiers, est comme nul par rapport à leur distance. Qu'elle soit dans la position 1 où dans la position 2, la Terre voit l'étoile suivant la même perspective, comme si elle n'avait pas changé de place. Mais elle voit le Soleil, beaucoup plus rapproché, suivant une perspective changeante. Aussi le méridien A'B', pour lequel le jour sidéral est écoulé puisqu'il se retrouve en face de la même étoile, doit tourner encore un peu, de la quantité A'C pour se retrouver dans l'exacte direction du Soleil. Le jour solaire est donc toujours plus long que le jour sidéral. Son excès de durée est en moyenne de 4 minutes.

De la sorte, une étoile qui passe aujourd'hui au-dessus de nos têtes en même temps que le Soleil et demeure invisible à cause de l'illumination du ciel, y repassera demain 4 minutes plutôt, après demain 8 minutes, et ainsi de suite ; si bien que, au bout de six mois, par le cumul de ces avances quotidiennes de 4 minutes, elle nous reviendra de nuit, 12 heures avant le Soleil et sera parfaitement visible[1]. Ainsi s'expliquent les changements dans l'aspect du ciel étoilé. En été, certaines constellations sont visibles ; en hiver, d'autres les remplacent ; et peu à peu, d'un bout à l'autre de l'année, toutes les étoiles défilent dans notre ciel nocturne. Si le jour solaire et le jour sidéral avaient même durée, rien de pareil n'aurait lieu. Les mêmes étoiles accompagnant toujours le Soleil, une moitié du ciel nous serait inconnue, perpétuellement voilée par les clartés solaires.

---

[1] A raison de 4 minutes par jour, les six mois correspondent à une avance de 12 heures.

Seule, l'autre moitié nous amènerait ses constellations chaque nuit. Les cieux renouvelés d'une saison à l'autre nous fournissent donc une nouvelle preuve de la translation de la Terre.

Au bout de six mois, disons-nous, les étoiles accompagnant aujourd'hui le Soleil se trouvent en avance de 12 heures. L'avance augmente encore pendant six mois, jusqu'à devenir égale à 24 heures, ce qui ramène, par l'achèvement du circuit, les étoiles et le Soleil au-dessus de nos têtes. Alors une période est finie, une autre commence. La Terre est revenue au même point de son orbite, et l'année est achevée. Dans cette période, le Soleil a fait, en apparence, 365 fois et un quart le tour de la Terre; les étoiles, plus rapides, l'ont fait 366 fois et un quart. L'année vaut donc 365 jours solaires et un quart, ou bien 366 jours sidéraux et un quart.

6. Le jour solaire ne diffère pas seulement du jour sidéral par un excès de durée, il en diffère aussi par un autre caractère fort remarquable. Le jour sidéral est invariable de valeur; le jour solaire varie. Il est tantôt plus long, tantôt plus court, suivant l'époque de l'année; mais toujours plus grand, bien entendu, que le jour sidéral. Aussi l'excès de 4 minutes que je viens de vous citer n'est qu'une moyenne, c'est-à-dire une valeur intermédiaire entre toutes les valeurs possibles du surcroît de durée d'un bout à l'autre de l'année. Parmi les causes de la variabilité du jour solaire, la suivante est facile à saisir.

Nous avons supposé (fig. 68) que, dans l'intervalle d'une révolution sur son axe, la Terre se transportait de la position 1 à la position 2; et l'excès du jour solaire sur le jour sidéral a été attribué au déplacement que le méridien A'B', revenu en face de la même étoile dans la direction E', doit subir pour arriver de A' en C et se replacer en face du Soleil. Admettons que la Terre chemine plus rapidement sur son orbite, et se transporte, pendant une de ses révolutions, non plus de 1 en 2, mais de 1 en 3. Dans ce cas, lorsque le jour sidéral sera écoulé, c'est-à-dire lorsque le méridien aura pris la direction A″E″ parallèle à AE, ce qui le ramènera devant la même étoile, il restera encore au point A″ l'arc A″D à parcourir pour se placer en face du Soleil. Mais il est visible que l'arc A″D est plus grand que l'arc A′C. Le jour solaire est donc plus long quand la Terre, dans l'intervalle d'une révolution, se transporte de 1 en 3 que lorsqu'elle se transporte de 1 en 2. D'une manière générale : à mesure que la Terre se meut plus vite sur son orbite, le jour solaire s'allonge, parce que le méridien doit tourner davantage pour revenir sous le Soleil, que le déplacement de la Terre a reculé plus loin. Pour démontrer la variabilité des jours solaires, il suffit donc d'établir que la Terre varie de vitesse en circulant autour du Soleil.

7. On croirait tout d'abord, à cause de l'intégrale conservation de ses énergies mécaniques, que la Terre doit parcourir la voie de son orbite avec une vitesse constante. C'est ce qui aurait lieu en effet si l'orbite était circulaire. La parfaite symétrie des arcs parcourus quotidiennement entraînerait l'égalité des temps mis à les parcourir. Mais il n'en est plus de même avec une orbite elliptique, qui tantôt éloigne et tantôt rapproche la Terre du foyer occupé par le Soleil. Quelques expériences vont nous renseigner sur ce point.

Imaginons une roue verticale très-légère qui puisse tourner sur son axe au moyen d'une manivelle. A l'un de ses rayons est solidement adaptée une lourde masse de plomb, tantôt près de l'axe, tantôt vers la circonférence de la roue ou dans toute autre position intermédiaire, à volonté. Fixons d'abord la masse de plomb aussi près que possible de l'axe, comme le représente la figure 69 ; et déterminons la vitesse que la force de la main appliquée à la manivelle imprime à l'appareil ainsi disposé. En employant toute notre vigueur, nous pouvons, je suppose, donner à la roue une vitesse d'un tour par seconde.

Recommençons l'expérience, mais après avoir fait glisser la masse de plomb sur son rayon pour la fixer vers la circonférence (fig. 70). En ce nouvel état, la roue ne pèse ni plus ni moins; la masse de plomb est la même, seulement elle est plus éloignée du centre de rotation. La roue n'a rien gagné en quantité de matière, et pourtant qu'est ceci? La main qui tout à l'heure la faisait tourner à raison d'un tour par seconde, la met à grand'peine en branle et ne parvient pas

Fig. 69.

à lui donner sa vitesse première! Un tour par seconde n'est plus possible avec la même force employée!

Dans l'impossibilité où vous serez de consulter ce curieux appareil, tournant plus ou moins vite sous l'impulsion du bras, suivant que la masse de plomb est plus voisine ou plus éloignée du centre rotatoire, je vous recommande l'expérience que voici. Attachez une balle à l'extrémité d'un fil; puis, saisissant le bout libre entre deux doigts, faites tourner la balle à la manière d'une fronde et de telle sorte que le fil

s'enroule peu à peu sur un troisième doigt tendu. Vous verrez alors la balle tourner de plus en plus vite à mesure que
le fil se raccourcira en s'enroulant sur le doigt. Donc, en
tournant autour d'un centre par l'effet d'une impulsion de
valeur constante, un corps se meut plus vite s'il est plus

Fig. 70.

près du centre, plus lentement s'il en est plus éloigné.

8. A cause de la forme elliptique de son orbite, la Terre
n'est pas toujours également éloignée du centre autour duquel elle circule. Elle se rapproche du Soleil dans la saison
d'hiver; elle s'en éloigne dans la saison d'été. Sa vitesse de
translation est donc variable; plus rapide au périhélie, en
fin décembre, plus lente à l'aphélie, aux premiers jours de
juillet. De ces déplacements inégaux de la Terre, suivant
l'époque de l'année, dans l'intervalle d'une rotation, provient, du moins en partie, l'inégalité des jours solaires.

Nos instruments d'horlogerie ont des mouvements de

toute nécessité uniformes. Ils ne peuvent donc suivre avec fidélité le Soleil, qui revient à notre méridien dans des périodes variables. Une montre qui marque midi aujourd'hui au moment même où le Soleil passe au méridien, sera demain, après-demain et plus tard, en désaccord avec l'astre. Elle marquera midi un peu avant ou un peu après le midi vrai, un peu avant ou un peu après le passage réel du Soleil au point culminant de sa course dans notre ciel. Comment faire alors pour savoir l'heure au milieu de ces continuelles variations. —On est convenu d'adopter pour unité de temps un jour fictif, appelé *jour solaire moyen*. On l'obtient en divisant en 365 parties égales la durée totale des 365 jours solaires vrais de l'année. L'unité ainsi obtenue a l'avantage d'une parfaite régularité, comme l'exigent nos appareils d'horlogerie ; mais elle a l'inconvénient, fort peu grave du reste, d'être très-rarement en accord avec la marche exacte du Soleil. Une montre réglée, comme elles le sont toutes, sur le temps moyen, est tantôt en avance et tantôt en retard par rapport au Soleil. La plus grande différence, soit en plus, soit en moins, peut aller à un quart d'heure. Le jour sidéral, à cause de son inflexible régularité, est d'un emploi fréquent en astronomie ; mais, en aucune manière, il ne peut être appliqué aux usages vulgaires. Ce serait, en effet, une étrange distribution du temps que celle qui prenant pour point de repère le passage d'une certaine étoile au méridien, nous donnerait tour à tour midi le matin, le soir, en plein jour, en pleine nuit.

9. Une boule roulant sur le sol, lancée par la main du joueur, tourne sur elle-même sans régularité, maintenant autour d'un axe, bientôt autour d'un autre, suivant les heurts qui viennent la troubler. Ce qui était un pôle de rotation peut tôt ou tard appartenir à l'équateur, un point de l'équateur peut devenir un pôle. La boule s'en va donc désordonnée, relevant son axe, l'inclinant, le renversant, sans trouver une position d'équilibre. Lancée par le Moteur divin, la boule

de la Terre roule dans les champs de l'espace sur un axe invariable. Jamais ses pôles ne passeront à l'équateur, jamais son équateur ne suivra la ligne des pôles. Pour toujours, elle est stabilisée sur un inébranlable essieu. Et cet essieu imaginaire, cet axe de rotation, non-seulement se conserve le même, mais encore il garde un alignement fixe, il se maintient parallèle à lui-même dans toute l'étendue du trajet annuel de la Terre. Il ne se redresse jamais, il ne s'incline jamais davantage, du moins dans d'étroites limites dont il sera bientôt parlé. Il correspond aujourd'hui à un certain point du ciel, la Polaire ; il y correspondra demain, l'année prochaine et de longues années encore. En maintenant son axe parallèle à lui-même, dans une invariable direction, la Terre obéit aux lois de l'inertie : elle tourne dans un milieu sans heurt, sans résistance, autour d'un essieu dont il n'est pas en son pouvoir de modifier l'alignement primitif. Ajoutons enfin que la Terre ne pirouette pas toute droite devant le Soleil. Son axe est un peu penché, toujours dans le même sens, toujours également. Sa déviation de la position droite est de 23 degrés et demi.

Or le voyage annuel de la Terre combiné avec le parallélisme et l'inclinaison de l'axe, est cause des saisons. La figure 71 représente les quatre positions principales que la Terre occupe sur son orbite dans le cours d'une année[1]. Elle se trouve en A, voisinage de l'aphélie, au commencement de l'été, le 21 juin ; en B, au commencement de l'automne, le 22 septembre ; en C, voisinage du périhélie, au commencement de l'hiver, le 21 décembre ; enfin en D, au commencement du printemps, le 20 mars. L'été embrasse la durée que la Terre met à parcourir la partie de son orbite comprise entre A et B ; l'automne correspond à la partie de l'orbite

[1] Dans cette figure, l'orbite terrestre est représentée, sans inconvénient aucun, par un cercle vu un peu de profil, et dont le Soleil occupe le centre. A la rigueur, il faudrait une ellipse et placer le Soleil à l'un des foyers.

BC; l'hiver, à la partie CD; le printemps, à la partie DA. Avant d'aller plus loin, remarquez avec soin sur l'image que l'axe de la Terre est incliné partout de la même manière, partout du même côté; enfin que, dans tant le parcours de l'orbite, il se maintient parallèle.

10. Cela dit, nous sommes aux derniers jours de juin, je suppose. A aucune autre époque de l'année, le Soleil n'est aussi matinal. A quatre heures du matin, il se lève; à huit heures du soir, ses dernières lueurs s'éteignent à peine. A

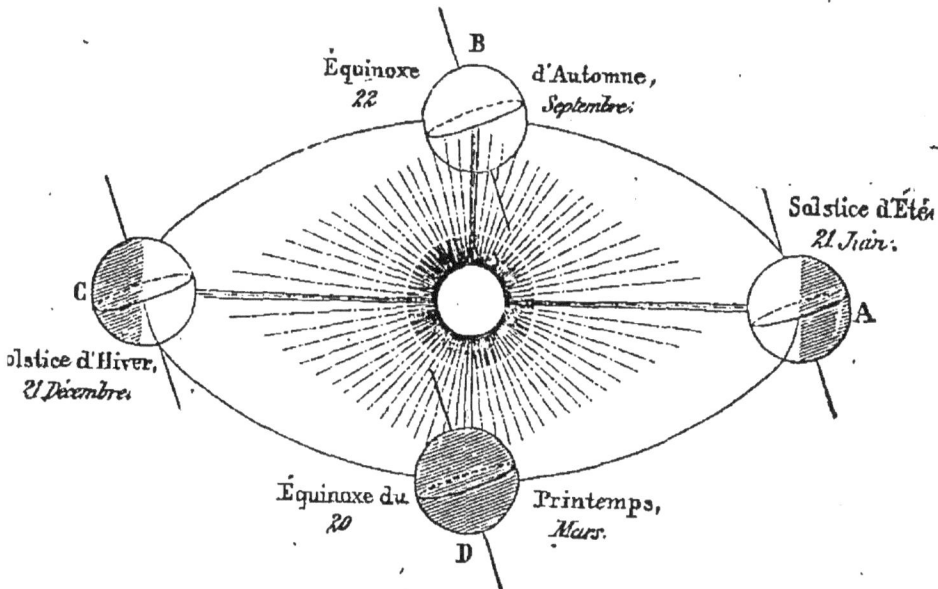

Fig. 71.

midi, il n'est pas juste au-dessus de nos têtes, mais peu s'en manque. Pour le voir, il faut lever les yeux presque tout au haut de la voûte du ciel. Comme il est radieux alors, comme il est chaud! Ses rayons d'aplomb inondent l'atmosphère; ils pénètrent le sol de trésors de chaleur. C'est pour nous l'époque des plus longs jours et des nuits les plus courtes; des jours de seize heures et des nuit de huit. En remontant plus au nord, on verrait la durée de la journée augmenter encore et celle de la nuit diminuer. On trouverait des pays où le Soleil, plus matinal qu'ici, se lève à deux heures du matin pour se coucher à dix heures du soir; d'autres où il se lève à une heure et se couche à onze ; d'autres encore où les heures de son coucher et de son lever se confondent, de telle sorte que l'astre effleure à-peine un instant l'horizon et remonte aussitôt. Enfin, plus près du pôle, on assisterait au curieux spectacle d'un soleil qui ne se couche plus, qui tourne autour du spectateur des semaines, des mois entiers, sans disparaître sous l'horizon, également visible à minuit et à midi. Dans ces contrées, il n'y a plus alors de nuit.

Dans l'hémisphère sud de la Terre, on trouverait tout le contraire : un soleil sans éclat, une basse température, des journées courtes, des nuits de plus en plus longues. Enfin, à une certaine distance du pôle austral, la nuit serait continuelle. Vers la fin de juin, les deux moitiés de la Terre sont donc en des états inverses. La moitié boréale a des jours longs, des nuits courtes, une lumière vive, une température élevée, et son pôle reste sans interruption sous les rayons du Soleil. La moitié australe a des jours de courte durée, des nuits longues, une lumière sans éclat, une température froide, et son pôle est plongé dans une nuit continuelle. Pour la première, c'est l'été ; pour la seconde, l'hiver.

11. Il est facile de se rendre compte de cette inégale répartition des rayons solaires d'un pôle à l'autre du Globe. La figure 72, c'est la Terre telle qu'elle se présente au Soleil quand elle occupe la position A de la figure précédente, c'est-à-dire le 21 juin. Les rayons solaires sont figurés par le faisceau de lignes ponctuées. Je vous l'ai déjà dit, et la figure actuelle vous le montre bien clairement, l'axe est incliné par rapport à la direction qui joint le globe terrestre au Soleil, de sorte que la Terre, au lieu de tourner droite devant l'astre radieux, tourne penchée sur le côté. De cette inclinaison de l'axe résulte que la ligne de séparation de la lumière et de l'obscurité, du jour et de la nuit, ne passe pas par les deux pôles, mais se trouve réjetée au delà du pôle supérieur ou boréal, et reste en deçà du pôle inférieur ou austral. Mainte-

nant faites tourner, en pensée, la boule terrestre autour de
son axe. Il est visible
que les contrées com-
prises entre le pôle bo-
réal et le cercle P, pas-
sant par la ligne de dé-
marcation de la lumière
et de l'obscurité, ne
sortent pas un moment
de la région éclairée
pendant que le globe

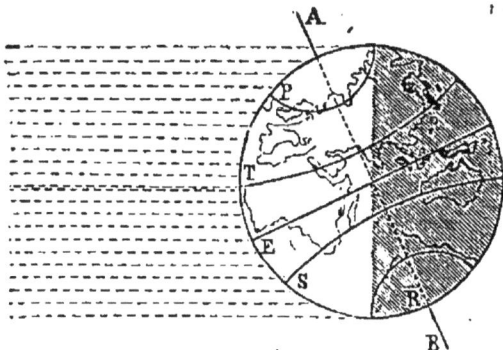

Fig. 72. — La Terre le 21 juin.

accomplit sa rotation. Donc, pour ces contrées voisines du
pôle nord, il n'y a pas de nuit, et les vingt-quatre heures se
passent sans que le Soleil devienne un seul instant invisible.
On nomme *cercle polaire arctique* le cercle P, qui délimite la
région où, le 21 juin, il n'y a plus de nuit. Vingt-trois degrés
et demi le séparent du pôle. C'est exactement la valeur dont
l'axe de la Terre est dévié de la position droite par rapport à
la direction du Soleil.

12. Maintenant descendons un peu plus bas ; transportons-
nous aux points qui, dans leur rotation, suivent le cercle T,
par exemple. Chacun de ces points, d'abord dans la région
de la lumière, passe en tournant dans la région de l'obscurité. Il y a donc ici un jour et une nuit alternativement ; mais
d'après l'image, qu'il ne faut pas perdre de vue, vous reconnaissez sans hésitation que le passage d'un point dans la région obscure est de moindre durée que son passage dans la
région éclairée. Alors, pour ce point, la nuit est plus courte
que le jour. Pour d'autres points décrivant des cercles quel-
conques, non tracés sur la figure, mais faciles à imaginer, le
jour augmente en durée et la nuit diminue à mesure que ces
points sont plus avancés vers le nord ; au contraire, il y a
augmentation dans la durée de la nuit et diminution dans
celle du jour, à mesure que ces points sont plus voisins de
l'équateur E. Tout cela se comprend sans peine, à la simple

inspection de la figure. On voit pareillement que les points situés sur l'équateur ont des jours et des nuits d'égale durée, des jours et des nuits de douze heures; car la partie de l'équateur comprise dans la lumière est exactement égale à la partie comprise dans l'obscurité.

Pendant que l'hémisphère nord a des jours plus longs que les nuits, que se passe-t-il dans l'hémisphère sud? La figure nous l'apprend tout de suite : elle nous dit que les jours vont en diminuant et les nuits en augmentant de durée; car, d'un côté, la région éclairée se rétrécit, et de l'autre, la région obscure devient plus large. Elle nous dit encore que, autour du pôle sud, se trouve une étendue que la rotation n'amène pas dans la région de la lumière et pour laquelle le Soleil reste toujours caché. On donne le nom de *cercle polaire antarctique* au cercle R qui délimite la partie de la Terre où les rayons solaires ne pénètrent pas le 21 juin. Ce cercle est encore éloigné du pôle voisin de 23 degrés et demi.

13. Les rayons du Soleil n'ont pas la même efficacité suivant qu'ils nous arrivent d'aplomb, ou qu'ils nous arrivent d'une manière oblique. Ils échauffent fortement les régions qui les reçoivent d'aplomb, et peu celles qui les reçoivent obliquement. Pour le comprendre, il suffit d'avoir observé que, pour jouir en plein de la chaleur d'un foyer, il faut se placer en face de ce foyer; et que, en se mettant de côté, on reçoit bien moins de chaleur. Dans le premier cas, la chaleur tombe droit sur nous et produit le plus d'effet; dans le second cas, elle nous arrive de travers et se trouve affaiblie. De même, placée devant le foyer du Soleil, la Terre ne reçoit pas sur toute sa surface la même quantité de chaleur, parce que, pour certaines régions, les rayons de l'astre arrivent d'aplomb, et, pour les autres, d'une manière plus ou moins oblique. En outre, au gain en chaleur pendant le jour sous l'irradiation solaire, succède la déperdition de la nuit, le refroidissement nocturne. Plus la journée sera longue et la nuit courte, plus la température sera élevée, parce que le gain

excèdera davantage la perte. Pour ces deux causes réunies, à une même époque de l'année, la température est loin d'être la même partout. Il fait chaud en certains points, à insolation plus ou moins verticale, à journées longues et nuits courtes ; il fait froid en d'autres, à insolation oblique, à journées courtes et nuits longues. Ici c'est l'hiver, là c'est l'été.

14. Informons-nous des points qui, le 21 juin, reçoivent les rayons solaires d'aplomb, et nous saurons quels sont les pays où la chaleur est alors la plus forte. Une direction d'aplomb, ou bien une direction verticale, est celle qui, prolongée, irait passer par le centre de la Terre. Or, on reconnaît aisément sur la figure 72 que les rayons solaires, arrivant en T, passeraient par le centre du globe s'ils étaient prolongés. Ils sont donc verticaux, ils sont d'aplomb, si bien que, en étant au point T, on les recevrait juste sur la tête. C'est alors en ce point que la chaleur est la plus forte. Et ce que nous disons du point T, il faut le dire de tout le cercle passant par là, car les divers points de ce cercle viennent, à tour de rôle, dans les vingt-quatre heures, se placer à midi dans cette position T, bien en face du Soleil. On donne à ce cercle le nom de *Tropique du Cancer*. On peut le définir : le cercle dont les points ont le Soleil vertical le 21 juin à l'heure de midi. Il est éloigné de l'équateur de 23 degrés et demi, autant que les cercles polaires sont éloignés des pôles voisins, autant que l'axe de la Terre est incliné.

Nulle autre part la verticalité des rayons solaires ne se retrouve en ce moment à la surface du Globe ; nulle autre part ces rayons, prolongés, ne vont passer par le centre de la Terre. Tous s'écartent de la verticale, et d'autant plus qu'ils sont plus distants du tropique, soit au nord, soit au sud. Vérifiez soigneusement tout cela sur l'image. La température va donc en diminuant graduellement des deux côtés du tropique. La France, comprise entre le tropique du Cancer et le cercle polaire arctique, à peu près à égale distance de l'un et de l'autre, n'a jamais le Soleil vertical ; mais à l'époque du 21 juin, l'astre est pour elle plus près de la verticale qu'à aucune autre époque de l'année. Aussi, à l'heure de midi, nous faut-il alors, pour le voir, lever les yeux presque au haut du ciel.

15. Six mois s'écoulent; nous voici en hiver, à la fin de décembre. Comme tout est changé! Pour voir le Soleil à midi, il ne faut plus regarder le haut du ciel; il faut regarder là-bas, devant nous. Et puis il est si pâle, si dénué de chaleur. Que lui est-il donc advenu? Serait-il plus distant de la Terre? Son foyer languirait-il? Ni l'un ni l'autre. Le foyer du Soleil ne connaît pas les défaillances : toujours également actif, il rayonne la même somme de lumière et de chaleur. L'astre n'est pas plus éloigné; au contraire, il est plus rapproché de nous, car la Terre passe à cette époque au point de son orbite que nous avons nommé le périhélie. S'il est pâle et sans chaleur, cela provient de la grande obliquité de ses rayons et du peu de durée des jours. Avez-vous remarqué effectivement combien les journées sont courtes? A huit heures du matin, le soleil se montre; à quatre heures du soir, il est déjà couché. C'est huit heures de jour pour seize heures de nuit; l'inverse de ce qui avait lieu au mois de juin. Plus au nord, il y a maintenant des nuits de dix-huit, de vingt, de vingt-deux heures, et des jours correspondants de six heures, de quatre, de deux. Dans le voisinage du pôle, le Soleil ne se montre même plus; il n'y a plus de jour; à midi comme à minuit, c'est la même obscurité.

Tout cela s'explique si l'on jette les yeux sur la figure 73, représentant la Terre dans la position qu'elle occupe e 21 décembre, c'est-à-dire lorsqu'elle est au point C de son orbite (fig. 71). L'axe est toujours incliné, exactement du même côté, exactement d'une quantité égale; l'immense parcours de la moitié de l'orbite n'a rien changé à sa disposition. Mais la lumière solaire arrive maintenant en sens inverse de la première fois, parce que la Terre se trouve à l'autre extrémité de son orbite, de l'autre côté du Soleil. De longues explications sont ici inutiles. On voit immédiatement que, du pôle supérieur au cercle polaire arctique, règne une nuit continuelle; que, dans l'hémisphère nord, les jours sont de moindre durée que les nuits, et d'autant plus que les contrées considérées sont plus avancées vers le nord. On reconnaît aussi qu'à l'équateur le jour et la nuit ont conservé leur valeur égale; que, dans l'hémisphère austral, les jours sont plus

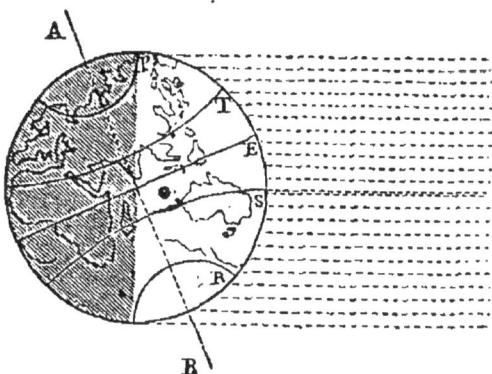

Fig. 75. — La Terre le 21 décembre.

longs que les nuits; et qu'enfin, depuis le cercle polaire antarctique jusqu'au pôle correspondant, il n'y a plus de nuit. Quant aux rayons solaires, on voit qu'ils arrivent d'aplomb au point S, et par suite, à tour de rôle, dans les vingt-quatre heures, aux divers points placés sur le cercle passant en S, mais qu'ils s'écartent de plus en plus de la verticale, tant au-dessus qu'au-dessous de ce cercle. On nomme *Tropique du Capricorne* le cercle S, qui reçoit d'aplomb les rayons du Soleil le 21 décembre. Comme le tropique précédent, ce dernier est éloigné de l'équateur de 23 degrés et demi. En résumé, le 21 juin est l'époque des longs jours et de la chaleur pour l'hémisphère nord, et celle des jours de courte durée et du froid pour l'hémisphère sud. Le 21 décembre, les rôles changent : c'est l'époque des longs jours et de la chaleur pour l'hémisphère sud, et celle du froid et des journées courtes pour l'hémisphère nord.

16. Pour aller du point A de son orbite au point opposé C (fig. 71) et pour revenir de C en A, la Terre passe par toutes les positions intermédiaires entre celles que nous venons d'examiner. Alors la ligne de démarcation entre la lumière et l'obscurité s'éloigne ou se rapproche graduellement des pôles, ce qui amène, pour chaque lieu, un accroissement

ou une diminution régulière dans la durée du jour et dans l'obliquité des rayons du Soleil. Le 22 septembre, la Terre atteint le point B (fig. 71). Dans cette position, elle reçoit les rayons solaires verticalement sur l'équateur. La ligne de démarcation entre l'obscurité et la lumière passe alors exactement par les deux pôles ; et de là résultent, pour toute la Terre, des jours et des nuits d'une égale durée, des jours et des nuits de douze heures. Pareille chose arrive le 20 mars, quand la Terre est au point D de son orbite (fig. 71). On donne aux deux époques du 20 mars et du 22 septembre les noms d'*équinoxe du printemps* et d'*équinoxe d'automne*. Le mot équinoxe fait allusion à l'égalité qui a lieu en ce moment entre le jour et la nuit d'un pôle à l'autre de la Terre. Les deux époques du 21 juin et du 21 décembre sont appelées *solstice d'été* et *solstice d'hiver*. Le mot solstice signifie que le Soleil s'arrête, c'est-à-dire que, après avoir graduellement monté dans le ciel jusqu'à devenir presque vertical pour nous, le Soleil met fin à cette ascension le 21 juin et commence à se retirer vers le sud, où il s'arrête le 21 décembre pour remonter vers nous. Inutile de dire que cette ascension et cette retraite du Soleil, tour à tour dans l'un et l'autre hémisphère, ne sont que des apparences occasionnées par la translation de la Terre et l'inclinaison de son axe.

17. La Terre ne se meut pas avec la même vitesse sur tout le parcours de son orbite ; elle chemine plus rapidement en hiver, au périhélie ; plus lentement en été, à l'aphélie. Les saisons ne peuvent donc avoir une égale durée ; l'hiver doit être la saison la plus courte, et l'été la plus longue. Voici, en effet, l'exacte valeur des quatre saisons :

Le printemps dure. . . . . 92,9 jours.
L'été. . . . . 93,6 —
L'automne. . . . . 89,7 —
L'hiver. . . . . 89, —

A ce tableau joignons-en un autre qui donne la durée des plus longs jours de l'équateur au pôle, suivant la latitude.

Latitude.	Heures.	Latitude.	Heures.
0° (l'équateur). .	12	61° 19'..	19
16° 44'.	13	63° 23'.	20
30° 48'.	14	64° 50'.	21
41° 24'.	15	65° 48'..	22
49° 2'.	16	66° 21'..	23
54° 31'.	17	66° 32' (cercle polaire)..	24
58° 27'.	18		

On aurait la valeur de la nuit correspondante en retranchant de vingt-quatre heures la durée de la journée. — A partir du cercle polaire, le Soleil reste au moins vingt-quatre heures consécutives au-dessus de l'horizon, et l'on a pour la valeur de la plus longue journée :

Latitude 66° 32' (cercle polaire).	1	jour.
— 67° 23'.	1	mois.
— 69° 51'.	2	—
— 73° 40'.	3	—
—. 78° 11'.	4	—
— 84° 5'.	5	—
— 90° (le pôle).	6	—

Ces nombres s'appliquent aux deux hémisphères : à l'hémisphère boréal au solstice d'été, à l'hémisphère austral au solstice d'hiver. Les saisons étant renversées, le même tableau donne la durée de la plus longue nuit.

18. Relativement à la distribution de la chaleur solaire, la surface de la Terre se partage en cinq régions appelées *zones*. La · première région, nommée *zone torride*, est traversée en son milieu par l'équateur. Elle est terminée au nord et au sud par les tropiques. Dans la zone torride, le Soleil, à l'heure de midi, est toujours à peu près au point le plus haut du ciel ; ses rayons arrivent d'aplomb sur le sol et produisent la haute température qui caractérise le pays compris entre les tropiques. Comme d'autre part, les nuits et les jours conservent toute l'année, sous l'équateur, une valeur égale de douze heures, et s'écartent peu de cette égalité pour le reste de la zone, le refroidissement nocturne est

exactement compensé par le réchauffement diurne, et la température ne varie pas beaucoup d'une saison à l'autre.— De chaque côté de la zone torride s'étendent, l'une dans l'hémisphère nord, l'autre dans l'hémisphère sud, deux bandes appelées *zones tempérées*. Elles ont pour limites, d'un côté les tropiques, qui les séparent de la zone torride, et, de l'autre, les cercles polaires, qui les séparent des *zones glaciales*. Les habitants des zones tempérées n'ont jamais exactement le Soleil au-dessus de la tête. Les rayons de l'astre n'arrivent au sol que sous une direction oblique en toute saison, mais beaucoup plus en hiver qu'en été dans notre hémisphère. De là résulte une température moindre que dans la zone torride. — Au delà de chaque cercle polaire s'étendent, jusqu'au pôle correspondant, les deux dernières zones, les *zones glaciales*. Ici l'obliquité des rayons solaires et l'inégalité des jours et des nuits sont plus grandes que partout ailleurs. Dans la saison d'été, la température s'y élève très-peu ; et dans la saison d'hiver, les froids y sont excessifs.

19. Nous avons admis que l'axe de la Terre se maintenait invariablement parallèle à lui-même. Ce n'est pas tout à fait exact. Il éprouve un balancement conique d'une extrême lenteur, qui provient de l'imparfaite rondeur de la Terre. La toupie nous fournit une image familière de cette oscillation de l'axe. Lancée d'une manière convenable, elle court sur le sol et décrit une espèce d'orbite. Ce mouvement rappelle la translation de la Terre autour du Soleil. En même temps elle pirouette sur sa pointe, ce qui correspond à la rotation de la Terre autour de son axe. Enfin, surtout lorsqu'elle est près de s'arrêter, au lieu de se tenir d'aplomb elle tourne penchée ; elle se balance de manière que son extrémité supérieure décrit un cercle plus ou moins étendu (fig. 74). De même la Terre est animée autour de son centre d'un balancement conique ; les deux extrémités de son axe, idéalement prolongé, se déplacent suivant un cercle sur la voûte du ciel.

Mais quelle majestueuse lenteur dans ces oscillations! Pour
en accomplir une, la Terre emploie vingt-six mille ans! On
comprend dès lors que, malgré
son mouvement oscillatoire, l'axe
terrestre peut être considéré, sans
erreur appréciable, comme parallèle à lui-même d'un bout à
l'autre de l'année. Les siècles,
cependant, accumulent les déviations annuelles insensibles et
finissent par nous avertir du balancement de la Terre par la va-
riation des pôles célestes. Nous
avons qualifié de polaire l'étoile

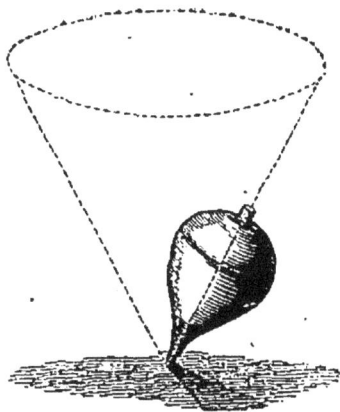

Fig. 74.

qui avoisine l'axe terrestre prolongé. C'est aujourd'hui l'é-
toile terminale de la queue de la Petite-Ourse. A mesure
que l'axe, en décrivant son cercle de vingt-six mille ans,
correspond à d'autres points du ciel, la polaire se renou-
velle donc. A l'époque reculée où l'Égypte édifiait ses py-
ramides, la polaire était Alpha du Dragon. Depuis, l'axe
terrestre a peu à peu abandonné cette constellation pour
se mettre en face de la Petite-Ourse. Pendant deux siècles
et demi encore, il continuera à se rapprocher de la polaire
actuelle jusqu'à la distance d'un demi-degré; puis il s'en
éloignera pour parcourir graduellement de nouvelles régions
du ciel. Dans douze mille ans, la plus belle étoile de notre
ciel d'été, Wéga de la Lyre, sera devenue la polaire.

DIX-SEPTIÈME LEÇON

LE CALENDRIER

L'almanach, 1. -- Année vague des Égyptiens; ses inconvénients, 1. — Période sothiaque, 1. — Réformation julienne, 2. — Règle pour trouver les bissextiles, 2. — Année de confusion, 3. — Le mois dépareillé, février, 3. — Calendes, 3. — Origine du mot bissextile, 3. — Une faute d'arithmétique et les poulets sacrés, 3. — Réformation grégorienne, 4. — Règle pour les années séculaires bissextiles, 4. — Le calendrier des Russes et des Grecs, 4. — Les mois, 5. — Quelques grossiers contre-sens, 5. — Le calendrier de la main, 6. — Les noms des jours de la semaine et les errements de la superstition, 7. — Fêtes mobiles et fêtes fixes, 8. — Détermination de la fête de Pâques, 8. — Le premier jour de l'an, 9. — Ère de la fondation de Rome. Ère chrétienne. Ère des Musulmans, 9.

1. Le mot *almanach* nous vient des peuples orientaux et signifie la Lune. On supputa d'abord le temps, en effet, d'après les lunaisons. Avec ses phases si frappantes, ses retours périodiques rapprochés, la Lune ne pouvait manquer de servir la première de base à la division du temps. Quelque chose nous reste encore des primitifs calendriers lunaires : c'est le mois, dont la valeur embrasse à peu près la durée d'une lunaison. Mais ce n'est pas la Lune qui nous donne le jour et les saisons; ce n'est pas sur elle que se règlent les semailles, les moissons, la vendange. Aussi, de bonne heure, s'aperçut-on de l'immense avantage d'un calendrier basé sur la marche du Soleil. Les Égyptiens furent, dit-on, les premiers à adopter cette heureuse idée; mais, faute de connaissances suffisantes peut-être, ils donnèrent maladroitement à leur année une invariable valeur de 365 jours. Or, pour parcourir en entier son orbite, la Terre met 365 jours, 5 heures, 48 minutes, 50 secondes. Cette durée est évaluée en jours moyens. L'année des Égyptiens était donc trop courte d'un quart de jour environ. A la longue, cette discordance devait amener de graves inconvénients. Prenons

pour point de départ une époque remarquable de l'année :
l'équinoxe du printemps, par exemple, et supposons qu'elle
arrive d'abord le 21 mars. Comme l'année adoptée est plus
courte que l'année réelle d'un quart de jour, au bout de
quatre ans, lorsque le 21 mars du calendrier sera revenu,
la Terre ne sera pas encore arrivée au point équinoxial de
son orbite ; elle n'y parviendra que le lendemain, le 22.
Dans huit ans, elle y arrivera le 23 mars ; dans douze, le 24 ;
dans seize, le 25. De la sorte, de quatre ans en quatre ans,
le commencement réel du printemps sera transporté un jour
plus loin dans le calendrier. Ce retard croissant avec les années, on voit que le printemps commencera à tour de rôle
en mars, en avril, en mai, en juin, etc., et que les saisons
parcourront peu à peu les douze mois de l'année. Il arrivera
un moment où les froids de l'hiver correspondront aux
mois de juillet et d'août ; les chaleurs de l'été aux mois de
décembre et janvier. On ne verra plus la moisson se faire
en tel mois précis, la vendange en tel autre ; à telle époque
la terre se couvrir de frimas, à telle autre acquérir son tapis
de verdure. Une discordance complète s'établira entre la
date du calendrier et la date réelle du ciel. Quand la première dira froid et suspension des travaux agricoles, la seconde dira végétation et chaleur. On donne à cette année
égyptienne de 365 jours le nom d'*année vague*, parce
qu'elle fait divaguer les saisons d'un mois à l'autre. Au
bout de quatre fois 365 ou 1460 années vagues, chaque
jour du calendrier a passé pour toutes les saisons, et l'accord se rétablit entre la supputation du temps et la marche
de la Terre. Mais les mêmes errements aussitôt recommen-
cent. L'antiquité donnait à cette période de 1460 années
vagues le nom de *période sothiaque*.

2. L'ignorance et la superstition avaient mis un tel désordre dans le calendrier, qu'à Rome on célébrait au printemps les fêtes de l'automne, et celles de la moisson au milieu de l'hiver, lorsque, un demi-siècle avant notre ère,

Jules César entreprit de mettre fin à cette fâcheuse discordance. Il restitua à l'année sa véritable valeur, 365 jours et 1/4 à peu près. Ce quart de jour était embarrassant. Fallait-il l'adjoindre à l'année du calendrier, à l'année civile? Mais alors, si une certaine année de ce calendrier avait commencé le 1ᵉʳ janvier à minuit, l'année suivante commencerait à six heures du matin, la troisième à midi, la quatrième à six heures du soir. La cinquième, en reprenant la période, aurait ramené l'origine à minuit. Avec son esprit judicieux, César ne pouvait admettre cette variabilité dans le point de départ. Il laissa donc à l'année un nombre entier de jours, 365; seulement, il régla que, de quatre ans en quatre ans, un jour complémentaire serait adjoint pour rattraper les fractions de jour perdues et remettre la date en harmonie avec le Soleil. C'est ce qu'on appelle la *réformation julienne*, du nom de son auteur, *Julius*, Jules.

D'après la réformation julienne, trois années *communes*, de 365 jours, se succèdent; puis vient une année de 366 jours, nommée année *bissextile*. Une autre période commence alors, pareillement composée de trois années de 365 jours et d'une quatrième de 366, et ainsi de suite. Or, sur quatre nombres consécutifs, trois ne sont pas divisibles par quatre, et le quatrième l'est. De là, cette règle très-simple pour trouver les années qui doivent être bissextiles, c'est-à-dire compter 366 jours. Si le millésime de l'année est divisible par quatre, ou, ce qui revient au même, si les deux derniers chiffres du millésime forment un nombre divisible par quatre, l'année est bissextile; dans le cas contraire, non. Ainsi les années 1868, 1872, 1876, 1880, etc., seront bissextiles, tandis que les années 1866, 1867, 1869, 1870, etc., seront des années communes. Les années séculaires, 1800, 1900, 2000, etc., devraient être toutes de 366 jours d'après cette règle, car leur millésime est divisible par quatre. Nous verrons bientôt que, depuis Jules César, on a fait pour certaines d'entre elles une exception.

3. En instituant son calendrier, Jules César avait à tenir compte des erreurs du passé comme de celles de l'avenir. Pour réparer le désordre déjà amené, il ordonna que l'année où ses réformes furent mises en vigueur aurait 14 mois et compterait 445 jours. Cette année qui, par sa longueur exceptionnelle, devait combler la lacune du temps écoulé et remettre les dates à leur place véritable, porta le nom d'*année de confusion*. Elle correspond à l'an 708 de la fondation de Rome, ou bien à l'an 46 avant Jésus-Christ. Enfin, pour l'avenir, il institua l'*intercalation* d'un jour complémentaire de quatre ans en quatre ans, ainsi qu'il vient d'être dit. Pour des motifs dont l'inanité nous ferait sourire aujourd'hui, les Romains avaient dans leur calendrier un malheureux mois tout dépareillé, le plus court des douze, février. Sa valeur était fixée à 28 jours. Jules César, qui n'avait pas hésité à rétablir l'ordre chronologique en allongeant de deux mois l'année de confusion, n'osa heurter de front les préjugés populaires et toucher aux 28 jours de l'antique février. On eût apparemment crié au sacrilége. Et pourtant c'est aux mois de février qu'il adjoignit le jour complémentaire des années bissextiles. De quatre ans en quatre ans, le mois néfaste eut un jour de plus, 29, tout en conservant en apparence ses 28 jours traditionnels. Voici par quelle singulière combinaison.

Les Romains donnaient au commencement de chaque mois le nom de jour des *Calendes*. De cette expression nous vient le mot calendrier. Or, pour la fin d'un mois, ils dénombraient les jours par rapport aux calendes du mois suivant. Ils nommaient, par exemple, les derniers jours de février, le sixième jour, le cinquième, le quatrième, etc., avant les calendes de mars. Eh bien, dans les années bissextiles, pour allonger février d'un jour sans mécontenter la tradition, qui exigeait impérieusement l'antique valeur du mois, on doublait le sixième jour avant les calendes; de sorte qu'il y avait un premier sixième jour avant les calendes de mars, et un second sixième jour (*bis sextus*). Après ce redoublement, février reprenait son cours habituel et se terminait à son vingt-huitième jour, suivant l'usage établi. Les apparences étaient sauves. De l'expression *bis sextus*, nous avons fait le mot bissextile pour désigner l'année de 366 jours. Aujourd'hui, toujours dépareillé comme au bon vieux temps, février peut du moins avouer son jour complémentaire. Pendant trois ans de file, il compte 28 jours; au quatrième, il en compte 29. Mais le mot bissextile est encore là pour nous rappeler à quel mépris du sens commun la superstition peut descendre.

Les pontifes successeurs de César furent chargés de veiller à la réforme chronologique; mais ils se trompèrent gauchement en faisant revenir les bissextiles tous les trois ans. Ces graves personnages, qui prédisaient les destinées de l'empire d'après le vol des corneilles et l'appétit des poulets sacrés, après avoir vu de graves difficultés dans un mois de 29 jours, ne comprirent pas qu'il faut répéter quatre fois un quart pour obtenir un. L'erreur dura 36 ans. Auguste y remédia en retranchant les bissextiles introduites mal à propos.

4. La valeur adoptée par Jules César pour la durée de l'année était un peu trop longue. La Terre n'emploie pas 365 jours et 6 heures pour revenir au même point de son orbite; elle met 365 jours, 5 heures, 48 minutes et 50 secondes. La différence, 11 minutes environ, faisait compter au calendrier Julien, en 128 ans, un jour de moins que la date réelle. Le premier jour de la cent-vingt-neuvième année était en réalité écoulé quand finissait, dans le calendrier, le dernier de la cent vingt-huitième. C'est au pape Grégoire XIII que revient le mérite d'avoir rétabli l'ordre dans la supputation du temps. A l'époque où fut publiée la bulle pontificale corrigeant le côté défectueux du calendrier de César, le désaccord était de dix jours. Comme les dates n'avaient pas progressé dans une mesure convenable à cause de la valeur trop longue attribuée à l'année, Grégoire XIII

décida que le 5 octobre 1582 s'appellerait le 15 octobre, et que l'on continuerait à compter jusqu'à la fin de l'année avec cette augmentation de dix unités. Puis, pour prévenir désormais ces discordances, amenées par un retour trop fréquent des années de 366 jours, il décréta que les années séculaires, toutes bissextiles dans le calendrier de César, ne le seraient qu'une seule fois sur quatre. Cela revient à supprimer trois jours tous les quatre cents ans à l'ancien calendrier Julien. Pour opérer cette suppression, on suit la règle que voici : on néglige les deux zéros de l'année séculaire, et si les chiffres restants forment un nombre divisible par quatre, l'année compte 366 jours ; dans le cas contraire, elle en compte 365. Ainsi l'an 1600 a été bissextile ; 1700, 1800 ne l'ont pas été ; 1900 ne le sera pas non plus ; mais 2000 le sera. Quant aux années non séculaires, la règle reste la même que dans la réformation julienne. Elles sont bissextiles lorsque leur millésime est divisible par quatre ; dans le cas contraire, elles ne comptent que 365 jours. La *réformation grégorienne* ne met pas rigoureusement d'accord l'année civile avec l'année réelle, trop complexe ; mais elle se rapproche assez du vrai pour n'exiger qu'une correction de deux à trois jours en dix mille ans. De longtemps la chronologie n'aura donc pas à retoucher l'œuvre savante de Grégoire XIII.

Le calendrier grégorien est en usage dans toute la chrétienté, excepté en Grèce et en Russie, où le calendrier de César s'est conservé avec ses erreurs. La différence entre les deux modes de supputation est aujourd'hui de douze jours. Quand nous comptons le 20 mai, par exemple, les Russes et les Grecs ne comptent que le 8. Dans leurs relations avec le reste de l'Europe, ils écrivent, du reste, la date suivant les deux calendriers, comme il suit : $\frac{8}{20}$ mai, ce qui signifie : 8 mai, date julienne, 20 mai, date grégorienne.

5. L'année se partage en douze périodes ou mois, qui pa-

raissent avoir pour origine la durée approximative des lunaisons. Leurs valeurs inégales, leurs noms bizarres dégénérant
parfois en non-sens, sont des vieilleries romaines consacrées
par l'usage.

Janvier commence la série. Son nom vient de Janus, divi-
nité à deux faces qui préside à ce mois, et d'un côté regarde
l'année écoulée, et de l'autre l'année nouvelle.

Février, dit-on, dérive de Februo, le dieu des morts, ou
de Februalia, fêtes expiatoires célébrées en ce mois. Ce qu'il
y a de certain, c'est que février est chargé tous les quatre
ans de mettre notre calendrier d'accord avec le Soleil en
prenant un jour de plus.

Mars nous rappelle le fondateur de Rome, qui donna à sa
bourgade de bandits un grossier calendrier de 304 jours par-
tagés en 10 mois ; il était consacré à Mars, dieu de la guerre,
dont Romulus prétendait descendre. Vers le 20 ou le 21 mars,
la Terre atteint le point de son orbite où les rayons du Soleil lui arrivent d'aplomb à l'équateur. C'est l'époque de
l'équinoxe du printemps. Alors l'hiver astronomique finit et
le printemps commence.

Avril, à ce qu'il paraît, emprunterait son nom au verbe
latin *aperire*, ouvrir, parce que la Terre s'ouvre dans ce
mois pour laisser poindre à l'air la végétation naissante.

Mai nous vient encore de la mythologie. Il était consacré
à Maïa, mère de Mercure.

Juin, apparemment, est le nom défiguré d'une autre di-
vinité de la Fable, de Junon. Le 21 de ce mois est l'époque
du solstice d'été. Alors le Soleil darde ses rayons d'aplomb
sur le tropique de notre hémisphère ; le printemps est fini
et fait place à l'été.

Juillet a une étymologie plus certaine. En mémoire de
l'heureuse réforme apportée par Jules César dans le vieux
calendrier romain, Marc Antoine, alors consul, fit décréter
que l'un des mois de l'année s'appellerait *Julius*, du nom du
réformateur.

Août, en latin *Augustus*, porte le nom de l'empereur Auguste, le même qui répara la grossière bévue commise par les pontifes au sujet des bissextiles.

Les successeurs d'Auguste, Tibère, Claude, Néron, Domitien, firent de vaines tentatives pour inscrire à leur tour dans le calendrier leurs noms ignominieux. Les quatre mois restants gardèrent, comme au temps de Romulus, leurs dénominations de septembre, octobre, novembre et décembre, signifiant septième, huitième, neuvième, dixième. Dans le calendrier de Romulus, ces dénominations étaient rationnelles, car l'année n'avait que dix mois ; mais, dans le calendrier de César, devenu depuis le nôtre, ce sont des contre-sens. Pour conserver à un mois le nom de décembre ou dixième, quand la place occupée est vraiment la douzième, il faut toute l'autorité des siècles, consacrant par l'usage une absurdité. Rappelons, pour terminer, que, le 22 septembre, la Terre présente de nouveau son équateur aux rayons verticaux du Soleil. Cette époque est appelée l'équinoxe d'automne. En ce moment l'été finit et l'automne lui succède. Enfin, le 21 décembre, les rayons solaires arrivent d'aplomb sur le tropique de l'hémisphère austral. A cette époque, appelée solstice d'hiver, l'automne est achevée et commence l'hiver.

6. L'inégale valeur des mois est parfois embarrassante. Les uns comptent 31 jours, les autres 30 ; février en compte 28 ou 29, suivant l'année. Comment retenir les mois dont la durée est de 31 jours et ceux dont la durée est de 30 ? — Un calendrier naturel, gravé sur notre main, nous l'apprend d'une manière très-simple. Fermez le poing de la main gauche. A leur origine, les quatre doigts autres que le pouce dessinent chacun une saillie ou bosse, séparée par un creux de la bosse suivante. Placez l'index de la main droite à tour de rôle sur ces bosses et ces creux, à partir du doigt voisin du pouce, et dénommez en même temps dans leur ordre les mois de l'année : janvier, février, mars, etc.

Quand la série des quatre doigts sera épuisée, revenez au point de départ et poursuivez l'appel des douze mois sur les bosses et les creux. Eh bien, tous les mois qui, dans cette énumération, correspondent à des bosses, sont de 31 jours; tous ceux qui correspondent à des creux sont de 30. Il faut en excepter février, dont la place est au premier creux. Il a 29 jours dans les années bissextiles, 28 dans les années communes.

7. Les mois se subdivisent en semaines. L'année commune est composée de 52 semaines et 1 jour. A cause de son ancienneté, le calendrier nous garde encore aujourd'hui, jusque dans ses moindres détails, le souvenir des travers de l'esprit humain. Les errements de la superstition sont inscrits dans la plupart des noms des jours de la semaine. Le paganisme, en effet, avait consacré chaque jour de la semaine à l'une des divinités adorées sous le nom des divers astres. Nous avons hérité des dénominations usitées dans l'astrolâtrie. Ainsi, lundi (Lun-di) signifie *Lunæ-dies*, jour de la Lune; mardi (Mar-di), *Martis-dies*, jour de Mars; mercredi (Mercre-di), *Mercuri-dies*, jour de Mercure; jeudi (Jeu-di), *Jovis-dies*, jour de Jupiter; vendredi (Vendre-di), *Veneris-dies*, jour de Vénus; samedi (Same-di), *Saturni-dies*, jour de Saturne. Dimanche seul est bien nommé pour nous; il signifie *dies dominica*, jour du Seigneur. Mais il est d'origine chrétienne; le paganisme le nommait jour du Soleil.

8. Nos fêtes religieuses ont leurs époques déterminées par le calendrier. Les unes sont *fixes*, les autres sont *mobiles*. Les premières sont célébrées à une date invariable. Telle est la Noël, qui arrive toutes les années le 25 décembre. Les secondes sont célébrées d'une année à l'autre, à des époques différentes, suivant les mouvements combinés de la Lune et du Soleil. La plus remarquable est celle de Pâques, qui règle, d'ailleurs, la date des autres fêtes mobiles. La résurrection de Notre-Seigneur ayant suivi de près

l'équinoxe du printemps et une pleine Lune, il parut convenable à l'Église de se guider sur ce double fait astronomique, et le jour de Pâques fut fixé au *premier dimanche qui suit la pleine Lune arrivant après l'équinoxe du printemps*. De ces conditions multiples : dimanche, pleine Lune, équinoxe vernal, qui entrainent une certaine ampleur de limites pour être toutes réalisées, il résulte que la fête pascale est célébrée à des époques pouvant varier depuis le 22 mars jusqu'au 25 avril. Du 22 mars au 25 avril, ces deux dates comprises, il y a 35 jours. La fête de Pâques a donc, dans la suite des ans, 35 dates différentes.

Une fois le jour de Pâques déterminé, les autres fêtes mobiles, telles que l'Ascension, la Pentecôte, etc., le sont aussi, car l'Ascension est fixée au quarantième jour après Pâques, et la Pentecôte au cinquantième. Il est visible que ces fêtes, distantes de Pâques d'un nombre déterminé de jours, doivent pareillement varier de date dans les limites de 35 jours.

9. L'année aurait pour point de départ naturel une époque astronomique remarquable, comme un solstice ou un équinoxe. L'usage, qui toujours ne consulte pas la raison, en a décidé autrement. Pour nous, l'année commence le 1er janvier. Le premier de l'an fixé au 1er janvier est, du reste, d'origine assez récente. Cette pratique fut prescrite en France en 1563 par un édit de Charles IX. Du temps de Charlemagne, l'usage était de commencer l'année à la Noël; dans le douzième et le treizième siècle, le premier de l'an était fixé à Pâques.

On nomme *ère* le point de départ de la supputation des années. — Dans leur chronologie, les Romains comptaient à partir de la fondation de Rome, remontant à 753 avant Jésus-Christ. Il suffit donc d'ajouter 753 au millésime de notre année pour rapporter la date à la fondation de Rome. — Dans toute la chrétienté, la chronologie a pour origine la naissance de Jésus-Christ. C'est ce qu'on nomme l'*ère chrétienne.* — L'ère des Musulmans s'appelle l'*Hégire.* Elle correspond à l'an 622 de l'ère chrétienne. Le mot Hégire signifie fuite. Il fait allusion à Mahomet s'enfuyant de la Mecque pour se réfugier à Médine. Le calendrier lunaire des Musulmans, alternativement composé de lunaisons de 29 et de 30 jours, ne permet pas, à moins de calculs très-compliqués, de traduire le millésime de notre année en un autre rapporté à l'Hégire.

DIX-HUITIÈME LEÇON

LE SYSTÈME SOLAIRE

1. Autour du géant du ciel, le Soleil, qui par son attraction les maintient sur des orbites toujours recommencées, circulent, en compagnie de la Terre, divers globes analogues au nôtre; les uns plus grands, les autres plus petits, ceux-ci plus près, ceux-là plus loin. Tous sont obscurs par eux-mêmes; et, comme la Terre, ils reçoivent du Soleil leur part de lumière et de chaleur. On leur donne le nom de *planètes.* Et pendant que ces astres secondaires défilent à l'entour de l'astre roi, d'autres globes d'importance moindre tournent autour de quelques-uns d'entre eux en les accom-

pagnant, comme le fait la Lune à l'égard de la Terre. On les appelle des *satellites*. Le Soleil, avec son cortége de planètes et de satellites, constitue ce que l'on nomme le *système solaire.*

Le mot planète signifie errer. En effet, tandis que les étoiles conservent des positions invariables relativement l'une à l'autre, comme si elles étaient enchâssées sur une voûte solide se mouvant tout d'une pièce, les planètes, en vertu de leur voyage circonsolaire, se déplacent, vagabondent pour ainsi dire dans le firmament, et, par rapport à notre point de vue, correspondent d'un jour à l'autre à des régions différentes du ciel étoilé. Aujourd'hui, telle planète se trouve dans une constellation; demain, emportée par son mouvement propre, elle se trouvera dans une autre. C'est à leur course errante que les planètes se font reconnaître au milieu des étoiles, nommées par opposition *étoiles fixes,* ou plus laconiquement *les fixes.*

Le mot satellite fait allusion au rôle subalterne d'un astre circulant autour d'un autre. Il signifie garde, serviteur. Le globe satellite est effectivement le serviteur de celui qu'il accompagne. Il lui réfléchit la lumière du Soleil, service que du reste l'astre principal rend de son côté à son satellite. Nous résumerons ces définitions en disant que la Terre est une planète, et que la Lune est son satellite.

2. Les planètes aujourd'hui connues des astronomes dépassent le nombre de 90. Voici leurs noms rangés par ordre de distance à partir du Soleil :

Mercure.	Jupiter.
Vénus.	Saturne
La Terre.	Uranus.
Mars.	Neptune.
Les Astéroïdes [1].	

---

[1] On comprend sous le nom d'astéroïdes de petites planètes comprises entre Mars et Jupiter. Nous citerons plus loin les principales.

A la manière de la Terre, chaque planète décrit autour de l'astre dominateur une ellipse spéciale peu différente d'un cercle; et toutes ces orbites elliptiques ont un foyer commun, occupé par le Soleil. Mais l'autre foyer change d'une planète à l'autre, comme change aussi l'ampleur des ellipses respectives; de sorte que les diverses orbites planétaires ne peuvent jamais se confondre, se croiser, s'enchevêtrer[1]. De plus, ces orbites ne sont pas dirigées dans tous les sens indifféremment. On n'en trouve pas qui montent et d'autres qui descendent, qui penchent à gauche ou inclinent à droite. Elles sont toutes à peu près couchées dans un même plan, comme des cercles concentriques tracés sur une feuille de papier; et ce plan commun se confond presque avec l'équateur du Soleil idéalement prolongé à travers l'étendue. Enfin le sens dans lequel les planètes circulent autour du Soleil est le même pour toutes. Je vous ai déjà dit qu'un spectateur placé suivant l'axe du Soleil, la tête au pôle supérieur, verrait cet astre tourner de sa droite à sa gauche. Eh bien, c'est dans ce même sens que les planètes circulent autour du Soleil; dans ce même sens qu'elles tournent sur elles-mêmes ; dans ce même sens encore que voyagent les satellites autour de leurs planètes respectives.

3. La première question à résoudre au sujet des planètes est celle de leur distance. Ici, une difficulté se présente pareille à celle que soulève l'excessif éloignement du Soleil. La Terre est trop petite pour fournir la base nécessaire à de telles mesures. Les astronomes tournent la difficulté d'une manière très-heureuse. Pour trouver la distance d'un objet inaccessible, que faut-il en résumé?—Une base de longueur convenable et deux angles. Eh bien, ne pouvant obtenir sur la Terre une base assez longue, serait-ce d'un pôle à l'autre, ils mettent à profit le char qui, d'heure en heure, nous transporte tous à vingt-sept mille lieues plus loin; ils met-

---

[1] Il faut en excepter les orbites des astéroïdes, enchevêtrées l'une dans l'autre.

tent à profit la translation de la Terre. Nous occupons en ce moment-ci un certain point de l'étendue ; dans une heure, dans deux, dans trois, nous serons éloignés de ce point d'une fois, deux fois, trois fois, vingt-sept mille lieues. Voilà certes une base merveilleuse. Elle croît dans des proportions énormes; nous la parcourons sans quitter notre cabinet de travail. L'astronome fait aujourd'hui, de la terrasse de son observatoire, une observation sur la planète qu'il étudie. Cela lui fournit un premier angle. Le lendemain, à la même heure, une nouvelle observation lui donne le second angle. Quant à la base du triangle, elle est de 24 fois 27 000 lieues; la Terre s'est chargée de la parcourir et de la mesurer. Et si malgré sa longueur, équivalant à 200 fois la plus grande dimension de la Terre, la base n'est pas encore suffisante, qui empêche d'attendre quelques jours de plus? En attendant six mois, l'astronome ferait sa première observation à une extrémité du diamètre de l'orbite terrestre, et sa seconde à l'autre extrémité. La base alors serait le double de la distance qui nous sépare du Soleil, c'est-à-dire de 76 millions de lieues. C'est sur cette ligne colossale que la géométrie établit ses triangles quand elle veut sonder les cieux. Mais pour les planètes, de telles dimensions ne sont pas nécessaires; il suffit de quelques jours d'intervalle pour que la Terre ait parcouru une longueur en rapport avec leur distance.

4. C'est en suivant la méthode dont je viens de vous donner, sinon les détails, du moins l'esprit général, que l'astronomie est parvenue à mesurer les distances des diverses planètes à la Terre et par suite au Soleil. Sans nous surcharger la mémoire des nombres ainsi obtenus, un moyen mnémonique fort simple nous permet de retrouver la série des distances planétaires. Écrivez 0, puis 3. Ensuite doublez ce nombre, et continuez en doublant toujours le résultat; vous aurez la série :

0. — 3. — 6. — 12. — 24. — 48. — 96. — 192. — 384.

Maintenant ajoutez 4 aux divers termes de cette série, vous obtiendrez les nombres suivants :

4. —7. —10. —16. —28. —52. —100. —196. —388 —

Écrivez enfin ces nombres par ordre en face des noms des planètes rangées d'après leur distance au Soleil.

Mercure.	4	Jupiter.	52
Vénus.	7	Saturne.	100
La Terre.	10	Uranus.	196
Mars.	16	Neptune.	388
Les Astéroïdes.	28		

Ce tableau nous dit que, la distance de la Terre au Soleil étant représentée par 10, celle de Vénus au Soleil est représentée par 7, celle de Mars par 16, celle de Saturne par 100, etc. Si nous voulons convertir ces valeurs relatives en valeurs exprimées en lieues, il faut se rappeler que la distance de la Terre au Soleil est de 38 000 000 de lieues. D'après cela, la distance de Jupiter, par exemple, est de 52 fois la 10e partie de 38 000 000, ou bien 52 × 3 800 000, c'est-à-dire 197 600 000 lieues.

Cette méthode mnémonique est connue sous le nom de *loi de Bode*. Le mot loi est ici impropre; il semble désigner un rapport numérique qui présiderait réellement aux distances planétaires, lorsqu'il n'est question que d'une combinaison ingénieuse propre à soulager la mémoire. En faisant usage de cette prétendue loi, il ne faut pas perdre de vue qu'elle ne donne que des approximations, d'ailleurs suffisantes pour nous. Ainsi, d'après la loi de Bode, la distance de Jupiter au Soleil serait de 197 600 000 lieues, tandis qu'en réalité elle est de 198 716 400. Il faut se rappeler aussi que le nombre 28 correspondant au groupe des astéroïdes est une moyenne entre toutes les distances des petites planètes qui composent ce groupe au nombre de plus de 80. Enfin le dernier terme en est fautif. La Terre étant éloignée de 10, Neptune n'a pas pour distance 388, mais seulement 300.

5. Occupons-nous un instant de cette dernière distance. Neptune est placé aux confins de notre système solaire. C'est la plus reculée des terres que réchauffe le Soleil. Dans l'immensité de son parcours, il enclôt les orbites de toutes les autres planètes. Pour mesurer son éloignement, il faudrait porter 30 fois bout à bout les 38 millions de lieues qui nous séparent nous-mêmes du Soleil. Serait-ce là l'extrême limite de l'univers? Non, car par delà, à des distances devant lesquelles celle-ci n'est plus rien, d'innombrables légions d'autres soleils resplendissent, centres apparemment de systèmes planétaires analogues au nôtre. Ce sont les étoiles. L'orbite de Neptune n'embrasse donc qu'un petit recoin du ciel, un point; et cependant l'imagination est impuissante à s'en figurer la formidable ampleur. Un poëte célèbre de l'antiquité, Hésiode, voulant donner une haute idée de l'univers tel qu'il le concevait, ne trouva rien de mieux que l'image suivante : Si, disait-il, une grosse enclume était abandonnée à elle-même du haut de la voûte du ciel, pour tomber sur la Terre elle mettrait dix jours. Que le ciel de la poésie est petit en comparaison de celui que nous révèle la science ! Demandons-nous quel temps mettrait l'enclume d'Hésiode pour descendre de Neptune au Soleil. Elle mettrait, c'est le calcul qui le dit, elle mettrait trente ans! Comparez les deux chutes, et n'oubliez pas que la nôtre se passe dans un étroit recoin du ciel.

6. De la distance des planètes et de leur diamètre apparent, on déduit sans difficulté leur volume par la méthode dont je vous ai déjà parlé. Le tableau que voici contient les volumes des diverses planètes, celui de la Terre étant pris pour unité.

Mercure..........	$\frac{1}{17}$	La Terre..........	1
Vénus...........	1	Mars...........	$\frac{2}{3}$

Astéroïdes (les plus gros).	$\frac{1}{2000}$	Uranus	82
Jupiter.	1414	Neptune	110
Saturne.	734		

Une grande variété règne, vous le voyez, dans les grosseurs respectives des terres compagnons du Soleil. Il y a des miniatures de mondes, des planètes pygmées dont il faudrait une paire de mille pour équivaloir en grosseur à la Terre. Ce sont les astéroïdes. Mercure est bien petit encore. Le globe terrestre, s'il était creux, le contiendrait 17 fois pour se remplir. Puis vient Mars, de deux à trois fois plus grand que Mercure; puis Vénus, à peu près égale à la Terre. Jusqu'ici la suprématie du volume est en notre faveur; mais plus loin surviennent les colosses de la famille planétaire, Jupiter surtout, qui représente 1414 globes comme le nôtre réunis en un seul. Une maigre cerise comparée à une très-grosse orange nous donne le rapport de la Terre à Jupiter.

En songeant à ces globes colosses, Uranus, Neptune, Saturne, Jupiter, devant lesquels l'humble Terre s'efface, on se demande comment ils peuvent être maîtrisés par le Soleil, qui, du foyer de leurs orbes, les retient par son attraction sur une invariable voie. Dans leur ensemble, les astres dominés ne dépassent-ils pas en puissance l'astre dominateur; le cortège des planètes ne peut-il lutter d'énergie avec le Soleil? Un calcul très-simple démontre que non. Additionnons les nombres du tableau précédent. Nous n'arriverons pas en tout à 2 400, même en tenant compte des satellites, dont il n'est pas question dans ce tableau. Ainsi, le globe terrestre étant pris pour unité, les volumes réunis de toutes les planètes et de leurs satellites n'atteignent pas 2 400, tandis que le Soleil, vous vous le rappelez sans doute, mesure 1 400 000. Il est donc à lui seul environ 600 fois plus volumineux que l'ensemble de sa famille de planètes. Il pourrait contenir dans ses flancs tout son cortège de terres et de lunes, non pas une fois, mais six cents. Il est le maître, rien de plus certain; jamais Saturne, jamais Jupiter n'échapperont à son joug.

7. Pour concevoir dans son ensemble le système solaire et mieux saisir les rapports des distances et des volumes respectifs, imaginons la disposition que voici. Au milieu d'une grande plaine parfaitement unie, nous plaçons une boule de 1 mètre et 12 centimètres de hauteur. Cette sphère, presque de l'ampleur d'une roue de moulin, représentera le Soleil. Pour figurer Mercure, il faudra déposer sur le sol de la plaine, à 48 mètres de distance de la majestueuse boule, un petit grain de chènevis. Vénus et la Terre seront représentées par deux médiocres cerises placées, la première à 84 mètres de distance, la seconde à 120. Un petit pois suffira pour la planète du dieu de la guerre, pour Mars, situé à 192 mètres de la boule centrale. Le groupe des astéroïdes sera figuré par une pincée de sable fin, disséminée çà et là sur un cercle de 336 mètres de rayon en moyenne. Le volumineux Jupiter aura sa place occupée, à 624 mètres d'éloignement, par une très-grosse orange; et Saturne, distant de 1200 mètres, par une orange ordinaire. Uranus sera éloigné de 2352 mètres, plus d'une demi-lieue. Son représentant sera un abricot. Enfin Neptune, distant de près d'une lieue, en nombre exact de 3600 mètres, aura la grosseur d'une pêche. A côté de la Terre, de Jupiter, de Saturne, d'Uranus et de Neptune, supposez un ou plusieurs menus grains de plomb pour figurer les satellites de ces planètes; puis imaginez que le tout circule en rond en des temps inégaux à l'entour de la grosse boule du centre, et vous aurez une représentation assez fidèle du système solaire. Est-il maintenant nécessaire d'insister pour vous faire comprendre combien sont petites en face du Soleil les terres régies par cet astre, pêche, orange, cerise et grain de chènevis?

8. On détermine le poids d'une planète accompagnée de satellites par la méthode qui nous a déjà servi à peser le

Soleil. D'après son mouvement, on calcule de combien un satellite tombe en une seconde vers sa planète, comme il a été dit au sujet de la chute de notre Lune; et le résultat obtenu est comparé à la chute ordinaire des corps terrestres. Si, pour la même distance, le satellite descend vers sa planète deux fois, trois fois plus vite, etc., que ne descendent ici les corps attirés par la Terre, cela signifie que la planète a deux fois, trois fois plus de matière que le globe terrestre. En l'absence de satellites, la pesée d'une planète peut encore se faire; mais c'est alors une opération ardue dont il est impossible de s'occuper ici.

Les poids respectifs des planètes sont contenus dans le tableau suivant, la Terre étant prise pour unité.

Mercure.	$\frac{1}{13}$	Jupiter.	338
Vénus.	$\frac{9}{10}$	Saturne.	101
La Terre.	1	Uranus.	15
Mars.	$\frac{1}{8}$	Neptune.	21

Quant aux petites planètes situées entre Mars et Jupiter, si l'on ne peut donner encore des nombres précis, on sait du moins que leur masse est très-petite.

La prédominance du Soleil sur l'ensemble des planètes et de leurs satellites, relativement au volume, se maintient aussi par rapport au poids. Si l'on ajoute en effet les nombres qui précèdent, on n'arrive pas au nombre 500 pour le poids total, même en tenant compte des satellites. D'autre part, nous l'avons vu plus haut, le Soleil pèse autant que 354 936 globes pareils à la Terre. Alors, s'il était possible de le mettre dans le bassin d'une balance, il faudrait, pour faire équilibre au Soleil, placer dans le second bassin au moins 700 fois son essaim de planètes.

9. La comparaison des volumes et des poids planétaires conduit à de curieux résultats. Jupiter, par exemple, 1414 fois plus gros que la Terre, ne pèse cependant que 338 fois plus. Mercure, au contraire, Mercure 17 fois moins gros ne

pèse que 13 fois moins. Il faut donc que la matière dont Jupiter se compose soit, à volume égal, moins lourde que celle de la Terre, et celle de Mercure plus lourde. Ces différences seront plus faciles à saisir de la manière suivante. Supposons, comme nous l'avons déjà fait pour la Terre dans un autre chapitre, supposons que la matière dont chaque planète se compose soit intimement mélangée, et prenons le poids d'un décimètre cube de ce mélange. Nous obtiendrons le tableau que voici :

	Poids par décimètre cube de la matière supposée homogène.			Poids par décimètre cube de la matière supposée homogène.
Mercure. . . .	6 76	Jupiter. . . .	1	29
Vénus.	5 02	Saturne. . . .	0	75
La Terre. . . .	5 44	Uranus. . . .	0	98
Mars.	5 15	Neptune. . . .	1	21

Ainsi Mars, la Terre et Vénus, ont à peu près la même densité; Mercure est proportionnellement plus lourd; les autres planètes sont plus légères. Uranus et Saturne n'arrivent même pas au poids de l'eau, si bien qu'ils flotteraient sur ce liquide comme des sphères de sapin.

10. Pour décrire son orbite autour du Soleil, chaque planète emploie une période différente, d'autant plus longue que la distance à l'astre central est plus grande. Cette période constitue l'année de la planète. En prenant notre jour et notre année pour termes de comparaison, on trouve pour les années des diverses planètes les valeurs que voici :

Mercure.	88 jours.	Jupiter.	12 ans
Vénus.	225 —	Saturne.	29 —
La Terre.	1 an.	Uranus.	84 —
Mars.	2 —	Neptune	165 —
Les astéroïdes (en moy^ne).	5 —		

Ces valeurs, que nous exprimons pour simplifier en nombres ronds sans viser à une précision rigoureuse, nous montrent combien est variée pour les planètes la durée de la

révolution autour du Soleil, c'est-à-dire la durée de leur année. Tandis que Mercure accomplit son voyage en 88 jours,
ce qui lui donne des saisons moindres qu'un seul de nos
mois, des saisons de 22 jours, Neptune, aux limites du système solaire, emploie 165 ans à parcourir son orbe, de manière que son année équivaut à 165 des nôtres, et un seul
de ses printemps, un seul de ses hivers, à 41 ans.

La rotation autour de l'axe, rotation qui produit, comme
pour la Terre, l'alternative du jour et de la nuit, est pour
Mercure, Vénus et Mars à peu près de 24 heures. Sur ces
planètes, les jours et les nuits ont donc une très-grande
analogie avec les nôtres. Jupiter, malgré son énorme volume, est beaucoup plus rapide. En 10 heures, il expose à
tour de rôle ses flancs aux rayons du Soleil, de sorte que
chacun de ses hémisphères est éclairé cinq heures, et cinq
heures plongé dans l'obscurité; Saturne rivalise avec lui de
rapidité : il tourne sur son axe en dix heures et demie.
Enfin, pour Uranus et Neptune, la durée de la rotation est
encore inconnue. L'excessive distance de ces planètes en est
cause.

DIX-NEUVIÈME LEÇON

LES PLANÈTES

1. D'après leur position dans le système solaire, les planètes sont divisées en deux groupes, savoir : les *planètes intérieures* ou *inférieures*, et les *planètes extérieures* ou *supérieures*. Les premières comprennent Mercure et Vénus. Elles sont dites intérieures parce que leurs orbites sont enveloppées par celle de la Terre, et inférieures parce qu'elles sont plus voisines que nous du Soleil, foyer vers lequel toutes les planètes gravitent comme les corps terrestres gravitent vers le centre de la Terre. A ce point de vue, le Soleil est le point le plus bas du système solaire, de même que le centre de la Terre est le point le plus bas de notre globe; tandis que l'orbe de Neptune, ou de quelque autre planète plus éloignée, s'il en existe encore par delà, en constitue le haut. Les secondes, Mars, les astéroïdes, Jupiter, Saturne, Uranus, Neptune, sont appelées extérieures parce que leurs orbites entourent celle de la Terre, et supérieures à cause de leur position, plus éloignée du Soleil que la nôtre, et par conséquent plus élevée.

A cette classification, une autre peut s'adjoindre, qui envisage les planètes sous un aspect plus général. Trois grou-

pes alors sont à distinguer. Le premier, Mercure, Vénus, la
Terre et Mars, est formé de globes de grandeur moyenne,
peu aplatis à leurs pôles, de substance assez lourde et dépourvus de satellites, à l'exception de la Terre. Le second
groupe comprend les astéroïdes, remarquables par leur
nombre, leur petit volume, leur faible masse et feurs orbites qui s'entrelacent et s'écartent beaucoup du plan commun où les orbites des autres planètes sont à peu près couchées. Jupiter, Saturne, Uranus et Neptune composent le
troisième groupe, le groupe des colosses. Ici le volume est
énorme, la densité faible, l'aplatissement polaire considérable et les satellites nombreux. Jupiter a quatre lunes ; Saturne huit, plus un satellite en forme d'anneau ; Uranus,
encore huit ; Neptune, une seule.

2. La distinction des planètes en extérieures et intérieures
est essentielle pour nous. Les planètes intérieures présentent, en effet, des *phases* pareilles à celles de la Lune, c'est-
à-dire que, suivant l'époque de l'observation, elles se
montrent en plein, ou partiellement, ou pas du tout, parce
qu'elles tournent vers nous er totalité ou en partie leur
hémisphère éclairé, ou bien leur hémisphère obscur. Les
planètes extérieures, au contraire, apparaissent toujours
pleines, à l'exception de Mars, qui se montre parfois légèrement échancré. Ces différences d'aspect entre les deux
groupes de planètes proviennent de la position occupée par
la Terre, position qui nous met par moments en face
de l'hémisphère nocturne des planètes intérieures, et nous
laisse toujours en présence de l'hémisphère éclairé des
planètes extérieures. Appelons une figure à l'aide de la
démonstration.

Soient S le Soleil (fig. 75) ; V une planète intérieure, Vénus, par exemple ; T la Terre, et M une planète extérieure,
Mars. Au moment où la Terre est en T sur son orbite, la
planète intérieure V peut occuper sur la sienne tantôt un
point, tantôt un autre. Quand elle est en V, entre nous et le

Soleil, elle nous tourne son hémisphère obscur et se trouve invisible. Cette phase correspond à ce que nous avons appelé nouvelle Lune en parlant de notre satellite. Si elle était exactement placée sur la droite qui joint la Terre au Soleil,

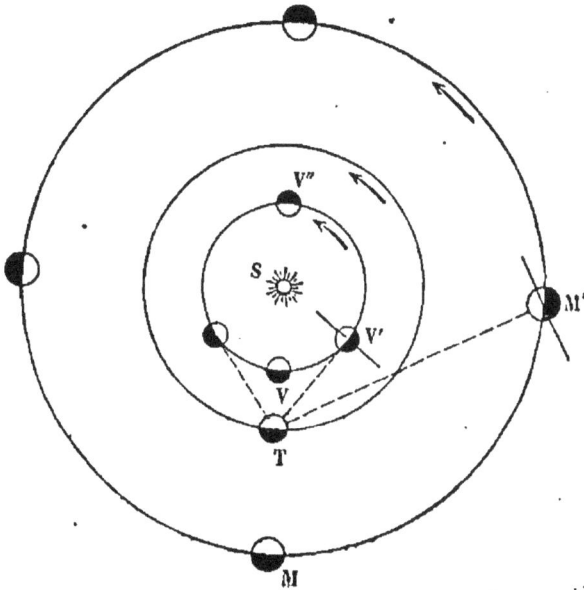

Fig. 75.

nous verrions la planète intérieure passer comme un petit point noir sur le disque radieux de l'astre. Ce serait un passage de Vénus. A mesure qu'elle progresse sur son orbite, elle nous montre peu à peu une partie de son hémisphère éclairé sous forme d'un croissant, et, parvenue en V', elle nous en montre juste la moitié. La phase est alors l'analogue d'un quartier de la Lune. Enfin, arrivée en V'', à l'opposite du Soleil, la planète a l'aspect d'un disque complet, parce qu'elle tourne en entier vers nous son hémisphère éclairé. Inutile de dire que si elle passait exactement en ligne droite derrière le Soleil, elle serait masquée par l'énorme disque de l'astre. Mais c'est là un cas assez rare. La planète, le plus souvent, passe un peu au-dessus ou un peu au dessous de la droite qui joint le Soleil à la Terre. La faible

inclinaison de son orbite sur celle de la Terre en est cause.
Par delà V'', le disque de la planète s'échancre, redevient
un croissant et finit par disparaître.

3. La perspective est bien différente relativement aux
planètes extérieures. Et d'abord, un observateur placé sur
le Soleil, foyer de l'illumination planétaire, verrait évidemment en plein l'hémisphère éclairé de toutes les planètes,
abstraction faite du véhément éclat qui l'envelopperait et
l'empêcherait de distinguer des corps aussi peu lumineux;
en d'autres termes, pour lui les planètes seraient toujours
pleines. Quelque chose d'approchant se passe pour nous au
sujet des planètes extérieures, surtout les plus éloignées.
Nous ne les voyons pas du centre du système solaire, mais
d'un point voisin, la Terre, relativement très-rapprochée du
Soleil, eu égard à la grande distance de ces planètes; et,
par suite de notre position presque centrale, Jupiter, Saturne, Uranus, etc., tournent toujours vers nous leur hémisphère faisant face au Soleil. Il suffit d'un coup d'œil jeté
sur la figure précédente pour se convaincre que, sur tout le
trajet de son orbite, la planète extérieure M tourne vers la
Terre sa moitié diurne. C'est d'autant plus exact, d'ailleurs,
que la planète considérée est plus distante du centre du
système. Aussi, Mars, qui nous avoisine d'assez près, tourne
vers nous, à certaines époques, malgré son rang de planète
extérieure, une petite partie de son hémisphère nocturne,
ce qui déforme légèrement son disque ; mais jamais il ne
devient croissant, encore moins ne s'obscurcit-il en plein.
On voit en M' la position que Mars occupe quand il présente
à la Terre une mince tranche de son hémisphère ténébreux.

4. Mercure, la première des planètes intérieures, est rarement visible à la vue simple, à cause du voisinage trop
rapproché du Soleil, autour duquel il décrit l'orbite la plus
étroite. Il apparaît comme une petite étoile à lumière vive
et scintillante, tantôt un peu après le coucher du Soleil,
tantôt un peu avant son lever, de sorte qu'on ne peut l'ob-

server sans instruments que près de l'horizon et au sein des lueurs crépusculaires du matin ou du soir. Ses phases sont aussi nettes que celles de la Lune. Un jour, il se montre avec la forme d'un mince croissant, dont les cornes sont toujours dirigées en sens inverse du Soleil, comme l'exige son illumination par cet astre; un autre jour, sous la forme d'un demi-disque ; plus tard, sous la forme d'un disque complet. Une lunette est absolument nécessaire pour apercevoir ces divers aspects de la planète. Mercure est environ deux fois et demi plus rapproché du Soleil que ne l'est la Terre. Le Soleil doit donc s'y montrer deux fois et demie plus large que vu de la Terre, et son disque doit avoir une superficie apparente de six à sept fois plus grande. Figurez-vous sept Soleils comme le nôtre déversant à la fois leurs rayons sur nos têtes, et vous aurez l'exacte mesure de l'effet produit sur Mercure par le Soleil plus rapproché. L'illumination y est sept fois plus vive, la chaleur sept fois plus forte qu'ici. Mais peut-être l'atmosphère, que les observations astronomiques. s'accordent à reconnaître autour de Mercure, modifie-t-elle cette température torride, ces clartés aveuglantes. Nous savons tous combien l'interposition d'un épais rideau de nuages affaiblit pour nous les rayons du Soleil. Or l'atmosphère de Mercure est, ce semble, fortement nuageuse, car on observe parfois sur le disque lumineux de la planète la formation subite de bandes obscures qui occupent des espaces considérables et occasionnent des variations très-sensibles d'éclat.

5. Quoi qu'il en soit, Mercure ne doit pas moins se trouver dans des conditions excessives de chaleur et de lumière, auxquelles viennent s'adjoindre des saisons dont rien sur la Terre ne peut nous donner une idée. En 88 jours Mercure fait le tour du Soleil. C'est la valeur de son année. Chaque saison n'embrasse donc que 22 jours. De plus, l'axe de la planète est tellement penché sur le plan de l'orbite, que le Soleil gagne à tour de rôle vers l'un et l'autre pôle, de ma-

nière à ne pas laisser de place aux zones tempérées. Pendant 44 jours une immense zone, dont le centre est le pôle boréal de la planète, voit le Soleil tourner autour de l'horizon sans jamais se coucher, tandis qu'une zone opposée, ayant pour centre le pôle austral, est plongée dans une continuelle obscurité. Les rôles changent dans la seconde moitié de l'année, ou les 44 jours restants : la zone australe a la lumière et la chaleur, la zone boréale a la nuit et le froid. Seule, la bande équatoriale possède toute l'année, dans les 24 heures et 5 minutes que dure la rotation de la planète, le retour périodique du jour et de la nuit, de la chaleur et de la fraîcheur.

De l'aspect dentelé du croissant de Mercure, on conclut à la présence de montagnes sur cette planète. L'une d'elles a pu être mesurée. Sa hauteur est de cinq lieues environ, hauteur énorme relativement aux dimensions de la planète. La Terre, dix-sept fois plus grosse, n'a rien à mettre en parallèle. Sa plus haute montagne atteint deux lieues et un quart à peu près. Enfin, un petit point lumineux, aperçu par divers observateurs sur le disque noir de Mercure pendant l'un de ses passages devant le Soleil, porte à croire que la petite planète possède des volcans en ignition.

6. Vénus est cette magnifique étoile[1] à lumière si vive et si blanche, qu'on voit précéder l'aurore ou suivre le coucher du Soleil. Il n'est pas rare même de l'apercevoir en plein jour, tant elle resplendit. Lorsqu'elle se montre à l'est, on lui donne vulgairement le nom d'étoile du matin, et celui d'étoile du soir quand elle se montre à l'ouest. Les anciens la nommaient Lucifer le matin et Vesper le soir. Enfin, on l'appelle encore l'étoile du berger. Ces dénominations multiples prouvent combien, de tout temps, la brillante planète a frappé les regards même les plus inatten-

---

[1] Le mot étoile est pris ici dans une acception impropre, car il désigne les corps célestes lumineux par eux-mêmes, et non les planètes, qui ne brillent que d'un éclat emprunté au Soleil,

tifs. Les phases de Vénus sont admirables de netteté ;
cependant, pour les observer, la vue simple ne suffit pas.
Elle est à l'état de croissant lorsqu'elle se trouve à peu près
entre nous et le Soleil, dans une portion voisine de V'
(fig. 75). C'est alors qu'elle brille de l'éclat le plus vif et
qu'elle nous apparaît avec le plus d'ampleur, bien qu'une
partie seule de son disque soit visible. Parvenue en V", à
l'opposé du Soleil (fig. 75), elle tourne vers nous en entier
son hémisphère éclairé ; cependant elle paraît moins grosse
et moins brillante, parce que la distance qui nous en sépare
a beaucoup augmenté. En V, Vénus est éloignée de la Terre
de 9 750 000 lieues ; en V", de 65 000 000.

On s'accorde à reconnaître à la surface de Vénus des
montagnes d'une telle hauteur qu'on ose à peine y croire.
Quelques-unes auraient, dit-on, une élévation de 44 kilomètres. Nos Cordilières, nos Alpes, dont les cimes blanchies
plongent dans les nuages, ne sont que des collines en comparaison de ces pics vénusiens de 11 lieues de haut. Enfin,
des clartés crépusculaires, qui s'étendent au delà de la partie du disque directement éclairée par le Soleil, démontrent,
autour de Vénus, l'existence d'une atmosphère analogue à
la nôtre.

7. Dans une des leçons relatives à la Terre, vous avez vu
comment l'inclinaison de l'axe de notre globe sur le plan
de l'orbite parcourue engendre les saisons et l'inégalité des
jours. Si cette inclinaison était plus grande, les saisons
changeraient entièrement de caractère, ainsi que l'alternance du jour et de la nuit. Mercure, qui tourne devant les
rayons du Soleil beaucoup plus penché que la Terre, vient
de nous en donner un exemple ; Vénus nous en fournit un
autre, que je vais vous développer avec plus de détails.

L'axe de cette planète fait avec le plan de l'orbite un
angle de 18 degrés, tandis que l'axe de la Terre en fait un
de 67. Comparez la figure 76, représentant Vénus à l'é-
poque de son solstice d'été, avec la figure 75 concernant la

Terre, et vous verrez combien les deux planètes diffèrent
dans la manière de se présenter aux rayons du Soleil. Pour
se rendre compte des principales conséquences de cette
grande inclinaison de l'axe de Vénus, faisons tourner en
imagination le globe de la figure 76 autour de son axe $\widehat{AB}$,

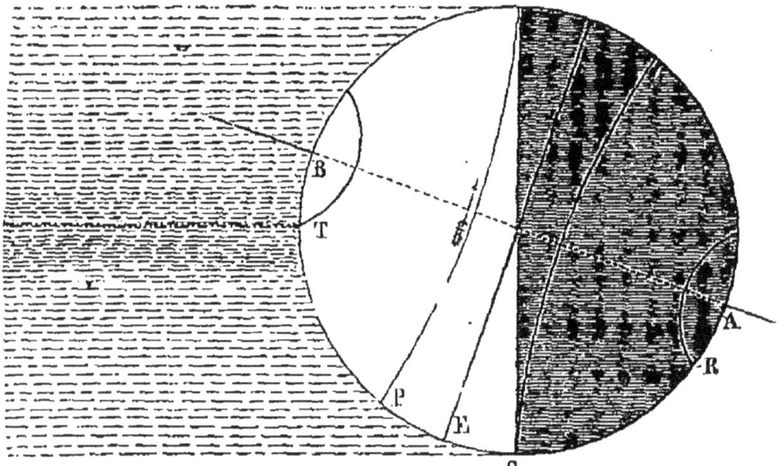

Fig. 76.

dans le sens de la flèche. Il est visible que les points décrivant le parallèle P ne sortent pas de la région éclairée pendant les 23 heures et 21 minutes que dure la rotation de la
planète. Alors, depuis le pôle boréal B jusqu'au parallèle P,
le Soleil ne se couche plus et il n'y a pas de nuit. En nous
servant des termes déjà appliqués à la Terre, nous nomme-
rons ce parallèle le *cercle polaire boréal* de Vénus, puisqu'il
délimite les régions où il n'y a plus de nuit à l'époque du
solstice vénusien. On voit aussi que les rayons solaires arrivent
d'aplomb sur le parallèle T, avoisinant le pôle. Ce parallèle
est alors le *tropique boréal* de la planète. Il y a donc, comparativement à ce qui se passe sur notre globe, interversion
des cercles polaires et des tropiques de Vénus. Nos tropiques
sont voisins de l'équateur; et nos cercles polaires, des pôles.
Sur Vénus, les cercles polaires avoisinent l'équateur; et les
tropiques, les pôles. De cette interversion résultent, pour les

saisons de Vénus, les plus étranges disparates avec ce qui nous est connu. Les régions boréales de la Terre ont bien, au solstice d'été, de longues journées, des journées sans nuit, mais le Soleil y manque d'ardeur à cause de l'obliquité de ses rayons. Les régions boréales de Vénus ont à la fois des jours sans nuit et un Soleil vertical, deux fois plus chaud, deux fois plus lumineux qu'ici[1]. De ces conditions réunies doit résulter pour cette zone un climat bien supérieur à celui de nos contrées équatoriales.

8. Pendant que la zone boréale de la planète est sous l'influence d'un soleil torride et permanent, la zone australe, depuis le pôle A jusqu'au cercle polaire S, est plongée dans des ténèbres continues. La température doit donc y baisser jusqu'à devenir comparable, sans doute, à celle de nos régions polaires dans la saison d'hiver. Seule, la zone étroite comprise entre les deux cercles polaires P et S, et partagée en son milieu par l'équateur E, jouit en ce moment de l'alternance du jour et de la nuit. Partout ailleurs, c'est un jour continuel ou bien une nuit continuelle, une chaleur excessive ou bien un froid excessif.

Mais la planète s'en va roulant sur son orbite. Peu à peu, les rayons solaires cessent d'arriver d'aplomb sur le tropique T pour atteindre un parallèle plus bas. L'équateur est atteint au moment de l'équinoxe. Enfin, dans moins de quatre mois, la moitié de l'orbite est parcourue, la moitié de l'année est écoulée[2], et le Soleil darde ses rayons d'aplomb sur le second tropique R. Supposez, dans la figure 76, que les rayons solaires, au lieu de venir de gauche, viennent de droite, à cause de la situation de la planète à l'autre bout de son orbite, et vous comprendrez sans difficulté l'arrivée des longs jours et de la chaleur dans les régions aus-

---

[1] L'intensité des rayons solaires est environ deux fois plus grande sur Vénus que sur la Terre, à cause de la moindre distance de la planète au Soleil.

[2] L'année de Vénus équivaut à 224 de nos jours

trales de Vénus, l'arrivée des longues nuits et du froid dans les régions boréales.

En résumé, par suite de la forte inclinaison de son axe, la planète Vénus n'a pas de zone tempérée. Un climat excessif, à tour de rôle torride ou glacial, de quatre mois en quatre mois, s'y promène d'un pôle à l'autre. Si pareille chose arrivait un jour sur la Terre, c'en serait fait des espèces animales et végétales, organisées chacune pour un climat spécial. A l'approche des ténèbres et des frimas accourus des pôles, les espèces frileuses de l'équateur périraient; sous les rayons d'aplomb d'un Soleil implacable, les espèces polaires périraient aussi. Les populations de la Terre sont donc sous l'étroite dépendance de l'inclinaison de l'axe. Un faux pas fait en route par le globe fougueux, qui franchit 27 000 lieues à l'heure, troublerait les conditions de la vie en dérangeant l'axe et changeant les saisons. Mais ce faux pas n'est nullement à craindre. Le doigt souverain qui toucha le pôle et fit pencher la Terre devant le Soleil pour lui donner ses climats, a pour toujours équilibré son axe dans une mesure en harmonie avec ses êtres organisés.

9. Suivant l'ordre de la distance au Soleil, la Terre vient après Vénus. Ce qui la concerne a été dit ailleurs. Passons outre et arrivons à Mars, la première des planètes extérieures. Mars nous apparaît comme une étoile brillante qui se fait remarquer entre toutes les autres par une vive coloration rouge. Il parcourt son orbite en 687 de nos jours terrestres, ou à peu près en un an et dix mois. Lorsqu'il se trouve, par rapport au Soleil, du même côté que la Terre, il n'est éloigné de nous que de 14 millions de lieues; mais quand il atteint le point opposé de son orbite, sa distance est de 106 millions de lieues. Aussi sa grandeur apparente et son éclat sont-ils très-différents d'une époque à l'autre. Examiné au télescope, surtout lors de sa plus grande proximité de la Terre, Mars nous présente un des plus curieux spectacles du firmament. Son disque est moucheté de

grandes taches à forme permanente, à contours d'une exquise netteté, les unes rougeâtres, les autres d'un vert indé-
cis. On croirait avoir sous les yeux un hémisphère d'une
petite mappemonde dont les terres seraient teintées en
rouge et les océans en vert. Tel serait à peu près l'aspect
de la Terre s'il nous était possible de la voir de quelque planète voisine. On présume que les taches rouges correspondent à des continents et les espaces verdâtres à des mers.
Ces taches apparaissent au bord occidental de la planète;
elles défilent peu à peu sous les yeux de l'observateur, puis
disparaissent au bord oriental pour se montrer plus tard du
côté opposé. Il s'écoule 24 heures et 37 minutes entre deux
retours consécutifs de la même tache à l'un ou l'autre bord
du disque. Mars tourne donc sur son axe en 24 heures et
37 minutes. Nouveau trait de ressemblance avec la Terre,
qui met 24 heures pour accomplir sa rotation diurne.

10. En outre, une tache circulaire d'un blanc vif occupe
chacun des pôles de la planète et se détache nettement, par
son éclat, du fond rougeâtre ou vert des terres et des mers
voisines. L'étendue de ces taches polaires est périodiquement variable. Pendant une moitié de l'année de Mars correspondant à la saison chaude de l'hémisphère nord, la tache
boréale s'amoindrit graduellement et recule vers le pôle à
mesure que le Soleil visite ses bords. En même temps, la
tache australe, pour laquelle sévit alors l'hiver, élargit ses
limites et gagne sur les espaces verts et rouges. Dans la seconde moitié de l'année de la planète, les saisons sont inter-
verties : l'hémisphère sud a l'été, l'hémisphère nord l'hiver.
Alors la tache boréale s'élargit, tandis que la tache australe
s'amoindrit. Quelle peut être la signification de ce manteau
blanc des deux pôles, qui, tour à tour, augmente d'étendue
ou se rétrécit suivant que le Soleil l'abandonne ou lui revient ? Pour un observateur qui verrait notre globe de quelque point du ciel, la Terre, à ses deux pôles, présenterait
absolument le même aspect. Une immense coupole de neige

et de glace, qui ne fond jamais en entier, occupe l'extrémité
arctique de la Terre ; une coupole pareille, mais un peu plus
étendue à cause d'un hiver plus rigoureux, recouvre l'extrémité antarctique. Vues de l'espace, ces deux coupoles de
neige doivent apparaître comme des taches rondes d'un
blanc éblouissant, de six mois en six mois plus grandes ou
plus petites, suivant la saison. En ce moment, je suppose,
là-haut, au pôle nord, la couche des neiges hivernales
brille dans toute son extension. Les frimas dépassent les
contrées arctiques et s'étendent jusque dans la zone tempérée. Là-bas, au pôle sud, les banquises se fondent, les mers
congelées redeviennent libres, les neiges s'évanouissent, et
le sol attiédi sourit au Soleil, qui lui ramène la végétation.
Six mois plus tard ce sont les régions australes qui se couvrent de neige, et les régions boréales qui sont visitées par
la chaleur, la lumière et la vie.

11. Si l'analogie n'est pas un vain guide, que conclure de
cette étroite similitude d'aspect entre la Terre et Mars ? Évidemment que Mars a, comme la Terre, ses neiges et ses
glaces polaires, qui, tour à tour, s'amoncellent et s'étendent
pendant l'hiver, ou se fondent en partie au Soleil d'été et re-
culent vers le pôle. Pour la Terre, la fusion partielle et l'extension des calottes neigeuses des pôles arrivent de six mois
en six mois ; pour Mars, dont l'année est plus longue, de
onze mois en onze mois. La coupole glaciale australe de la
Terre est plus étendue que celle du nord. Pareille chose a
lieu pour Mars. Les deux planètes, à l'époque de la saison
d'hiver de leur hémisphère austral, atteignent le point de
leur orbite elliptique le plus éloigné du Soleil. Pour l'une
comme pour l'autre, l'hiver du pôle sud arrive à l'époque de
l'aphélie, et l'hiver du pôle nord à l'époque du périhélie. Le
froid, à cause d'un accroissement de distance au Soleil, est
donc plus rigoureux sur les deux astres dans l'hémisphère
austral que dans l'hémisphère boréal. De là résulte, sur
Mars et sur la Terre, la prépondérance des neiges australes.

12. L'inclinaison de l'axe de Mars est presque celle de l'axe de la Terre, 61 degrés au lieu de 67. Il y a donc sur cette planète une zone torride, des zones tempérées et des zones glaciales, absolument comme ici; il y a des saisons, un printemps, un été, un automne, un hiver, analogues aux nôtres, mais d'une durée environ double à cause de la valeur de l'année. Le Soleil vu de Mars est réduit de moitié par une plus grande distance. Son disque n'a guère en superficie apparente que les $\frac{43}{100}$ du disque tel que nous l'apercevons nous-mêmes. La chaleur et la lumière y sont donc deux fois plus faibles que sur la Terre, si toutefois une nature spéciale de l'atmosphère ne modifie pas les résultats bruts de la distance. Toujours est-il que la présence d'une enveloppe atmosphérique autour de Mars est hors de doute. La présence des neiges polaires implique la présence de l'eau, et celle-ci ne peut manquer de former au moins une enveloppe de vapeur. Mais il y a plus : Mars possède une atmosphère aériforme, limpide comme la nôtre, et comme la nôtre susceptible de s'illuminer aux rayons du Soleil. L'observation suivante le prouve. Les taches de Mars, rougeâtres ou vertes, continentales ou océaniques, ne sont bien visibles que lorsqu'elles occupent la partie centrale du disque. Près des bords de la planète, elles semblent noyées sous un rideau lumineux qui en affaiblit la netteté. Elles finissent même par disparaître totalement avant d'avoir atteint l'extrême bord de l'astre. Enfin, le contour de la planète a parfois une telle prédominance d'éclat sur le reste du disque, que Mars paraît entouré, à l'orient surtout et à l'occident, d'un mince liséré resplendissant de lumière. De ces faits on conclut à la présence d'une atmosphère qui s'illumine comme la nôtre sous les rayons du Soleil et verse le jour sur la planète. Le liséré resplendissant qui borde l'astre et le voile lumineux qui nous dérobe les taches près des bords, ne sont autre chose que cette atmosphère, traversée par le regard sous une grande obliquité, et, par conséquent, sui-

vant, une grande épaisseur. Le rayon de Mars est environ la moitié du rayon terrestre ; son circuit est de 5 000 lieues, et son volume équivaut à la septième partie de celui de la Terre. Sept globes comme la Lune, réunis en un seul, représenteraient à peu près la grosseur de Mars. Son moindre volume à part, Mars est, en résumé, la planète qui ressemble le plus à la Terre.

VINGTIÈME LEÇON

LES PLANÈTES

SUITE

Les astéroïdes ; leur nombre. Les mondes pygmées, 1. — Une planète brisée, 1. — Nomenclature des vingt premiers astéroïdes, 2. — Jupiter. Son aspect, 3. — La Terre et le Soleil vus de Jupiter, 3. — L'année de Jupiter, 3. — Vitesse de rotation de Jupiter et dépression polaire, 4. — L'aplatissement polaire en rapport avec la vitesse rotatoire, 4. — L'aplatissement polaire insensible sur le Soleil, la Lune et diverses planètes. 4. — Les saisons et les jours de Jupiter. Un printemps perpétuel, 5. — Les bandes nuageuses et les vents alizés, 5. — Les satellites de Jupiter. Leurs éclipses, 6. — Roëmer et la vitesse de propagation de la lumière, 7. — Saturne. Son aspect, 8. — La Terre et le Soleil vus de Saturne, 8. — L'année de Saturne, 8. — Un sol de la légèreté du liège, 8. — Les planètes colosses, non comparables à la Terre, 8. — Les bandes de Saturne. Les saisons, 8. — Les satellites de Saturne et l'anneau, 9. — Aspects de l'anneau vu de Saturne, 9. — Les nuits saturniennes, 9.

1. Entre l'orbite de Mars et celle de Jupiter est comprise une zone où circule un essaim de petites planètes, connues sous le nom d'*Astéroïdes* ou de *planètes télescopiques* parce qu'on ne peut les apercevoir qu'avec le secours d'un télescope. Le nombre aujourd'hui connu en est de 84, mais tout porte à croire que les observations futures en découvriront de nouvelles. L'étude approfondie de la mécanique des cieux affirme même que c'est par milliers que doivent se

compter les astéroïdes. Le trait le plus frappant de ces planètes est leur extrême petitesse. Les plus grosses d'entre elles, Junon, Cérès, Pallas, Vesta, ont un rayon de 50 à 100 lieues. Parmi ces astres nains, véritable poussière du ciel, il en est dont le rayon atteint quelques lieues à peine et dont on ferait le tour en une journée de marche. Le moindre de nos départements a plus de superficie que tel et tel autre de ces étranges mondes. Un autre caractère spécial aux astéroïdes, c'est l'espèce de confusion qui règne dans leurs orbites. Les grosses planètes circulent autour du Soleil à peu près dans un même plan, comme des boules qui rouleraient sur un sol uni autour d'un point central. Les planètes télescopiques font exception à cette loi. Leurs orbites sont en général très-inclinées sur le plan commun où se meuvent les astres principaux du cortége planétaire ; et de plus, au lieu d'être exactement renfermées l'une dans l'autre, elles s'entrelacent, se croisent, s'enchevêtrent comme un amas de cerceaux assemblés au hasard. Le minime volume des astéroïdes, leur nombre, leur agglomération dans une même zone du ciel, leur aspect parfois anguleux et fragmenté, l'inclinaison et l'entrelacement bizarre de leurs orbites, ont fait supposer que ces petits corps sont les débris d'une planète primitive lancés dans tous les sens par le développement soudain de forces explosives. Une planète unique, semblable aux grands corps du système solaire, aurait d'abord circulé entre Mars et Jupiter. A une époque que la chronologie astronomique ne peut assigner, une explosion, dont la Terre nous présente de faibles exemples dans le jeu des forces souterraines, qui font trembler les continents et les disloquent parfois, aurait éclaté au sein de la planète et projeté dans l'espace les fragments de l'astre brisé. Cette hypothèse hardie a été proposée par Olbers, le célèbre astronome à qui l'on doit la découverte des astéroïdes Pallas et Vesta.

2. On ne sait rien encore sur la constitution physique des

planètes télescopiques, rien sur leurs saisons, rien sur leur révolution diurne. La distance et l'exiguïté de volume s'opposent aux observations qui nous donneraient ces divers renseignements. Flore, la plus rapprochée du Soleil parmi celles qui nous sont connues, est à une distance de cet astre de 84 millions de lieues en moyenne. Elle parcourt son orbite en 1193 jours. Maximiliana, la plus éloignée, est distante du Soleil de 130 millions de lieues. La durée de son année est de 2.310 jours. Voici, classés par ordre de date, les noms des 20 premières petites planètes.

Noms des Astéroïdes.	Auteurs de la découverte.	Année de la découverte.	Noms des Astéroïdes.	Auteurs de la découverte.	Année de la découverte.
Cérès. . .	Piazzi . . .	1801	Parthénope	De Gasparis	1850
Pallas. . .	Olbers. . .	1802	Victoria. .	Hind. . . .	1850
Junon. . .	Harding . .	1804	Égérie . .	De Gasparis	1850
Vesta. . .	Olbers. . .	1807	Irène. . .	Hind. . . .	1851
Astrée. . .	Hencke. . .	1845	Eunomia..	De Gasparis	1851
Hébé. . .	Hencke. . .	1847	Psyché. . .	De Gasparis	1852
Iris. . . .	Hind. . . .	1847	Thétis. . .	Luther. . .	1852
Flore. . .	Hind. . . .	1847	Melpomène	Hind. . . .	1852
Métis. . .	Graham . .	1848	Fortuna. .	Hind. . . .	1852
Hygie. . .	De Gasparis	1849	Massalia. .	De Gasparis	1852

3. De la fourmilière des planètes pygmées, l'ordre des distances nous conduit à Jupiter, 1 414 fois plus gros que la Terre. La planète colosse nous apparaît ici comme une simple étoile, d'un blanc jaunâtre, très-brillante, mais inférieure en éclat à Vénus. Les 200 millions de lieues qui nous en séparent, pour nos yeux réduisent Jupiter presque à un point brillant; mais si le géant était plus près, il pourrait de son disque énorme nous masquer une grande partie du ciel. A la distance de la Lune, par exemple, il couvrirait douze cents fois l'espace occupé par celle-ci; et dix fois la largeur de son disque feraient le tour de la voûte céleste de l'extrême orient à l'extrême occident. La réduction par l'éloignement est réciproque; la Terre est amoindrie pour un astre dans le même rapport que cet astre pour la Terre. Si Jupiter

se montre à nous sous les apparences d'une étoile, comment donc apparaîtrait la Terre aux yeux d'un observateur placé sur Jupiter? Comme une pauvre étincelle apparemment, à grand'peine entrevue dans les ténèbres du ciel.

Suivant le point qu'il occupe sur son orbite, Jupiter est éloigné du Soleil de 188 à 207 millions de lieues. La distance moyenne est cinq fois environ celle qui nous sépare nous-mêmes de l'astre central. A cet éloignement, le Soleil paraît cinq fois moins large qu'ici, et, par conséquent, vingt-cinq fois moins étendu en surface, ce qui entraîne un pouvoir calorifique et lumineux vingt-cinq fois moindre. Ce doit être un bien triste Soleil, si rien ne lui vient en aide sur la planète, que ce petit disque pâli, moins ample que la paume de la main.

L'année de Jupiter en vaut douze des nôtres, c'est-à-dire que la planète fait une fois le tour du Soleil pendant que la Terre le fait douze. L'immense développement de l'orbite est cause de cette lenteur, qui n'est qu'apparente car Jupiter franchit une douzaine de mille lieues par heure.

4. La Terre tourne sur elle-même en 24 heures, de sorte que un point de son équateur se déplace par seconde de 462 mètres. C'est la vitesse à peu près d'un boulet de canon. Jupiter, pour accomplir sa rotation autour de son axe, ne met que 10 heures moins 5 minutes. Alors, un point équatorial de la gigantesque boule parcourt, en une seconde, 12 586 mètres, ou vingt-cinq fois plus qu'un point de l'équateur terrestre. Cette vitesse excessive doit avoir pour conséquence une déformation considérable aux pôles de la planète. Lorsqu'une sphère tourne autour de son axe, avons-nous vu dans une autre leçon, il se développe, par le fait même de la rotation, une force, dite centrifuge, qui soulève en bourrelet la zone équatoriale et déprime les deux pôles, si toutefois la substance de la sphère possède une convenable flexibilité. C'est ainsi que, en partant d'une fluidité générale originelle, nous avons expliqué le renflement de la Terre à

l'équateur et son aplatissement aux pôles. La force centrifuge est d'autant plus grande que la rotation est plus rapide. Alors, si Jupiter s'est jamais trouvé dans les conditions voulues de flexibilité, il a dû se déformer encore plus que la Terre. Et en effet, si l'on examine la planète au télescope, son disque n'apparaît pas rond, mais très-sensiblement écrasé. Des mesures délicates apprennent que la dépression est d'un millier de lieues pour chaque pôle de l'astre. Pour les pôles de la Terre, elle n'est que de cinq lieues.

L'aplatissement polaire est sans doute un fait commun à tous les corps du système solaire puisqu'ils tournent tous sur eux-mêmes. Mais, à cause d'une rotation trop lente, il est parfois trop faible pour être appréciable d'ici. Le Soleil et la Lune, qui tournent sur eux-mêmes le premier en vingt-cinq jours, la seconde en vingt-sept, ne nous présentent aucune déformation sensible. Mercure, Vénus et Mars, qui mettent à leur rotation à peu près le temps employé par la Terre, ont de trop petits volumes relativement à la distance pour nous rendre observable la légère irrégularité de leurs pôles. Quoi qu'il en soit, Jupiter nous fournit une preuve évidente de l'intime rapport qu'il y a entre la vitesse de rotation d'une planète et l'aplatissement de ses pôles. L'examen de Saturne confirmera encore cette loi.

5. L'axe de Jupiter, au lieu d'être plus ou moins penché, comme nous l'avons vu pour les planètes précédentes, est d'aplomb, ou peu s'en faut, sur le plan de l'orbite. La planète présente donc constamment son équateur aux rayons du Soleil, et par conséquent ne connaît pas la périodicité des saisons. D'un bout à l'autre de son année de douze ans, c'est un printemps continuel, c'est une température sans variations. Notre mois de mars, époque où la Terre présente, elle aussi, son équateur au Soleil, notre mois de mars perpétuellement prolongé mais vingt-cinq fois moins chaud, si toutefois des conditions atmosphériques inconnues n'inter-

viennent ici, nous donne une idée des climats monotones de Jupiter. Ce printemps sans fin se compose de jours et de nuits de longueur toujours égale :-jours de 5 heures, nuits de 5 heures, d'un pôle à l'autre de la planète.

Le télescope nous montre sur le disque de Jupiter des bandes irrégulières, alternativement brillantes et sombres, parallèles à l'équateur de la planète. Il est probable que les bandes brillantes sont des traînées nuageuses alignées dans le sens de la rotation de l'astre par des courants aériens analogues à nos vents alizés et occasionnés par la révolution si rapide de Jupiter. Quant aux bandes obscures, elles correspondent au sol obombré par son enveloppe de nuages et vu à travers une portion limpide de l'atmosphère.

6. Nous avons nommé satellites des astres secondaires qui circulent autour de certaines planètes et remplissent à leur égard le même rôle que la Lune à l'égard de la Terre. Mercure, Vénus et Mars n'ont pas de satellites; mais les nuits de Jupiter sont éclairées par quatre lunes, dont trois notablement plus grandes que la nôtre. Tantôt isolés, ou deux à deux, ou trois à trois, ou tous les quatre ensemble, les compagnons de la grosse planète montent au-dessus de l'horizon, vus en plein, à l'état de croissant ou de quartier, et amènent dans le ciel nocturne de Jupiter des magnificences d'illumination inconnues sur la Terre. Le plus rapproché fait le tour de la planète en 42 heures et 28 minutes; le plus éloigné, en 16 jours, 16 heures et 32 minutes. En circulant autour de Jupiter, les satellites tournent sur eux-mêmes, et leurs deux révolutions ont une durée pareille ; si bien que ces lunes présentent à la planète toujours la même face, absolument comme le fait la Lune à l'égard de la Terre. C'est là, paraît-il, une loi générale : tout satellite met pour faire le tour de sa planète un temps égal à celui qu'il emploie pour tourner sur lui-même.

Pour nous, les quatre lunes de Jupiter se réduisent à de petits points lumineux placés dans des situations incessamment changeantes dans l'étroit voisinage de Jupiter. On les voit passer en avant de l'astre, traverser son disque, le quitter, s'avancer à gauche, puis revenir, disparaître derrière la planète et reparaître à droite quelque temps après. Au moment où il passe entre le Soleil et Jupiter, chaque satellite projette son ombre sur le disque brillant de la planète, en produisant une petite tache ronde et noire. Pour les régions de Jupiter que couvre cette tache, il y a éclipse de soleil. Quand un satellite passe au delà, il pénètre dans le cône d'ombre de la planète et devient invisible, s'éclipse, absolument comme notre Lune quand elle plonge dans l'ombre de la Terre. Les lunettes astronomiques permettent de suivre aisément d'ici toutes les circonstances de ces lointaines éclipses. Lorsque la Terre est dans une position favorable, le cône d'ombre de Jupiter est en grande partie sous nos yeux, et un observateur voit tantôt l'un tantôt l'autre des satellites y pénétrer à chaque révolution, disparaître pendant tout le temps employé à le traverser, et reparaître enfin avec tout son éclat de l'autre côté de l'ombre. Toutes les fois qu'elle passe en arrière de la Terre, notre lune ne pénètre pas dans le cône d'ombre terrestre et par suite ne s'éclipse pas, parce que son orbite est assez fortement inclinée sur le plan où la Terre se meut. Les lunes du Jupiter, du moins les trois premières, s'éclipsent au contraire à chaque révolution parce qu'elles tournent à peu près dans le même plan que la planète.

7. C'est au moyen des éclipses des satellites de Jupiter que Roëmer, en 1675, parvint à résoudre l'un des plus beaux problèmes de la physique du firmament, le problème de la vitesse de la lumière. Voici comment. L'un de ces quatre satellites tourne autour de la planète en 42 heures et 28 minutes. Il s'écoule donc ce même laps de temps entre deux de ses réapparitions consécutives en dehors du cône d'ombre de Jupiter. Supposons qu'à l'époque où la Terre est dans le voisinage du point A de son orbite (fig. 77),

un observateur constate l'instant précis où le satellite sort de l'ombre. Après 42 heures et 28 minutes à partir de cet instant, aura lieu la seconde émersion du satellite hors du cône d'ombre ; après deux fois, trois fois, neuf fois cette

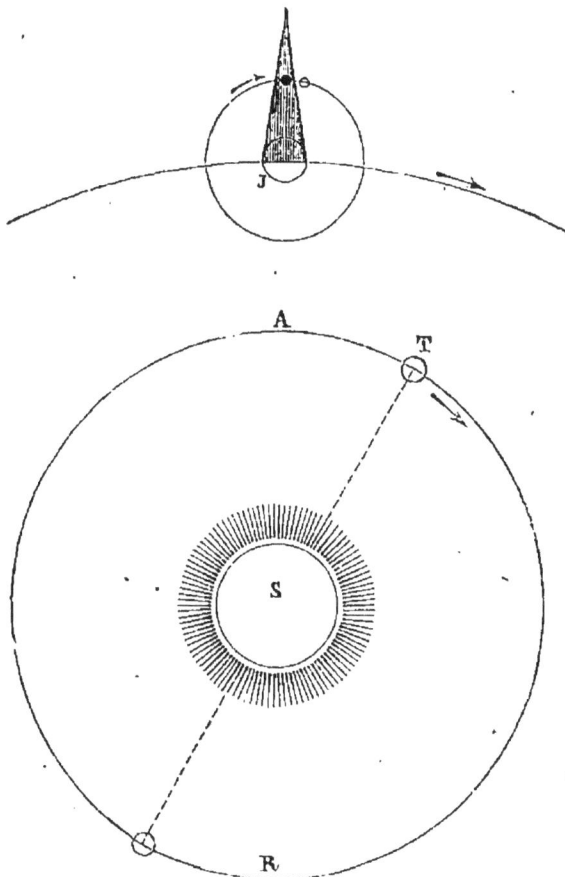

Fig. 77 [1].

même durée, aura lieu la troisième, la quatrième, la dixième émersion. Il est donc possible de calculer à l'avance l'instant exact où doit avoir lieu telle ou telle autre émersion. Supposons calculée de la sorte l'époque rigoureuse de la centième émersion. Quand cette époque est arrivée, on observe le satellite, et, chose bien étonnante, car

---

[1] S, le Soleil; T, la Terre; J, Jupiter avec son cône d'ombre dans lequel est plongé le satellite éclipsé. A côté est figuré le même satellite au moment de son émersion du cône d'ombre.

les mouvements célestes sont d'une admirable régularité,
le calcul n'est pas d'accord avec l'observation, l'émersion
n'arrive pas à l'instant prédit. Pour la voir se faire, il faut
attendre encore plus d'un quart d'heure, seize minutes environ. D'où provient cet étrange retard ?—Remarquez que,
pour atteindre l'époque de la centième émersion du satellite, il s'écoule près de six mois. Pendant ce temps, la Terre
parcourt la moitié de son orbite et se transporte, du point A
où elle était d'abord, au point R, éloigné du premier du diamètre de l'orbite terrestre. Jupiter, beaucoup plus lent dans
sa révolution autour du Soleil, ne s'est pas, durant ces six
mois, déplacé suffisamment pour qu'il soit nécessaire d'en
tenir compte ; et nous pouvons le considérer comme étant
resté au même point. La lumière partie du satellite à l'instant même de l'émersion doit donc, pour arriver jusqu'ici
et nous porter la nouvelle de la fin de l'éclipse, parcourir,
en plus qu'au début des observations, tout le diamètre de
l'orbite terrestre, toute la distance de A en R, c'est-à-dire
76 millions de lieues. Telle est la cause de son retard. La
route à parcourir s'étant allongée, le temps employé s'est
également accru. Ainsi, pour franchir une distance de
76 millions de lieues, la lumière met 16 minutes environ.
Pour en franchir la moitié, ou la distance du Soleil à la
Terre, elle met 8 minutes,

8. Saturne équivaut en grosseur à 754 fois le globe terrestre. C'est la moitié du volume de Jupiter. Il ne produit
pourtant à nos yeux qu'un assez pauvre effet. Nous le
voyons comme une étoile pâle, d'apparence plombée. En
revanche, la Terre doit lui paraître bien petite, si toutefois
il la voit. Il est certain du moins, eu égard à la distance, que
le Soleil est réduit pour lui à un disque cent fois moindre
en superficie que celui qui nous éclaire. Si le Soleil, le foyer
des splendeurs, le géant roi des mondes, est amoindri pour
Saturne aux mesquines proportions d'une pièce de deux
sous, comment donc doit se montrer la Terre? — Saturne

emploie 29 ans au parcours de son orbite, avec une vitesse de 9 000 lieues par heure. Sa distance moyenne au Soleil est de 362 millions de lieues. Il tourne sur lui-même en 10 heures 1/2. Cette rapidité autour de l'axe entraîne, comme pour Jupiter, un aplatissement considérable aux pôles. Pour Saturne, la valeur de la dépression polaire égale $\frac{1}{10}$ du rayon de la planète, ou bien 1 400 lieues environ. La faible densité de la matière de l'astre est sans doute pour quelque chose dans cet énorme affaissement des pôles. Dans une des leçons précédentes, nous avons vu que le poids moyen de Saturne n'est que les $\frac{7}{10}$ du poids de l'eau, de manière que la planète pourrait flotter sur ce liquide. Il est indubitable d'autre part que la densité doit croître de la surface au centre, vers lequel tendent à s'amasser les matières plus lourdes. Les couches superficielles de l'astre sont donc formées de substances très-légères, d'une densité inférieure à la moyenne. Quelle idée se faire alors de ce monde où le sol a pour charpente, au lieu de roches, des matériaux moins compactes que le bois de saule et le liège? Des océans sont-ils possibles sur cet appui sans consistance? Les lois de l'équilibre disent que non. Aucune comparaison n'est permise entre la Terre, Vénus, Mars, et les planètes colosses reléguées aux confins du système solaire. Par l'énormité de leur volume, leur faiblesse de masse, leur rapidité de rotation, leurs immenses écrasements polaires, elles constituent des mondes à part.

Le télescope nous donne d'ailleurs très-peu de renseignements sur Saturne. On voit sur le disque de la planète des bandes lumineuses, entremêlées de bandes sombres et parallèles à l'équateur. C'est la reproduction des bandes de Jupiter. Seraient-ce là encore des traînées nuageuses occasionnées par le souffle des alizés, qu'une rotation rapide engendre dans l'atmosphère de la planète? Peut-être. Ajoutons que l'axe de Saturne est incliné de 64 degrés, à peu près comme celui de la Terre. Les saisons de la grosse planète sont donc semblables aux nôtres, à cela près qu'elles ont chacune une durée de sept ans. Sept ans d'hiver sans discontinuer, ce serait un peu long pour nous, d'autant plus que le Soleil est cent fois moins chaud qu'ici.

9. De tous les globes planétaires, Saturne est le plus riche en satellites. Il en a huit pour desservir ses nuits. Le plus rapproché tourne autour de la planète en 22 heures et demie ; le plus éloigné, en 79 jours. Titan, le plus gros des huit, équivaut en volume à neuf fois notre lune. Ce n'est pas tout encore. Saturne possède un neuvième satellite, unique en son genre dans le système solaire. C'est un anneau circulaire, aplati, très-large et relativement fort mince, qui ceint la planète par le milieu sans la toucher nulle part. Il n'est pas continu mais composé de trois zones concentriques, l'intérieure obscure et transparente, l'extérieure de teinte grisâtre, l'intermédiaire plus lumineuse que le disque même de la planète. Les deux dernières zones sont nettement séparées l'une de l'autre par un intervalle vide à travers lequel se voit le ciel étoilé. On présume que leur matière est de nature fluide, car on voit parfois des traces de subdivisions plus nombreuses annonçant des déchirures faciles. La largeur totale des trois zones est de 12 000 lieues. L'espace vide qui sépare l'anneau de la planète est de 7 500 lieues. Quant à l'épaisseur de l'anneau, elle est évaluée à une centaine de lieues au plus. Cette couronne satellite accompagne Saturne dans sa rotation ; elle tourne autour de la planète dans le même temps que celle-ci tourne autour de son axe, comme si les deux faisaient un seul corps. La science du mouvement démontre même que cette parité de vitesse rotatoire est indispensable à la conservation du fragile édifice annulaire, qui s'écroulerait sans cela sous les efforts de la pesanteur et accablerait la planète de ses gigantesques ruines. Par lui-même l'anneau n'est pas lumineux, car on le voit projeter son ombre sur la planète, de même qu'on voit la planète projeter son ombre sur lui.

Il réfléchit simplement la lumière qui lui vient du Soleil.
C'est donc pour Saturne une lune de forme exceptionnelle
embrassant le tour entier du ciel comme une chaîne continue de satellites. Des régions polaires de la planète, l'anneau n'est pas visible : la courbure du sol s'y oppose. A partir du 66me degré de latitude, il commence à poindre au-dessus de l'horizon. Plus près de l'équateur, il apparaît en plein, semblable à une arche immense et lumineuse, jetée d'un bord à l'autre du ciel. Sous l'équateur même, il est vu suivant sa tranche et il prend l'aspect d'un fil d'argent coupant la voûte céleste par le zénith. L'imagination est en défaut pour se figurer le féerique éclairage des

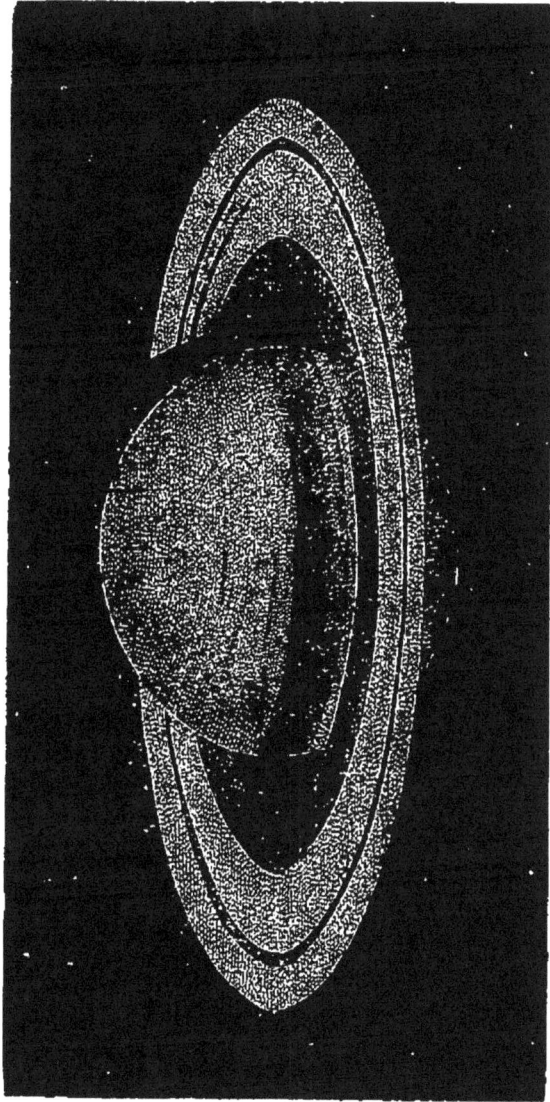

Fig. 78. — Saturne et son satellite annulaire.

nuits saturniennes, quand l'anneau, sous une perspective favorable, courbe du couchant à l'aurore son majestueux cintre de lumière, et que les huit satellites, avec leurs phases variées, mêlent à ses reflets leurs blanches irradiations.

VINGT ET UNIÈME LEÇON

LES PLANÈTES

SUITE

Uranus. Sa découverte, son année, ses saisons, ses satellites, 1. — Attraction mutuelle des planètes, 2. — Perturbations d'Uranus, 3. — Une planète devinée par la théorie, 3. — L'œil du calcul et la découverte de Neptune, 3. — Neptune. Sa distance, son année, son poids, 4. — Le Soleil, vu comme une étoile, 4. — Les régions finales des domaines du Soleil, 4. — Vulcain, 4. — La minéralogie du ciel, 5. — Étoiles filantes. Une étoile ne peut tomber du firmament. 6. — Le 10 août et le 12 novembre, 7. — Les larmes de saint Laurent, 7. — Quelques averses d'étoiles filantes, 7. — Bolides. Leur volume et leur vitesse, 8. — Les tourbillons annulaires d'astéroïdes, 9. — Les astéroïdes égarés dans notre atmosphère, 9. — Explosion et chute des bolides, 10. — Aérolithes, 10. — Un caillou céleste de 20 000 quintaux métriques, 10. — La matière extra-terrestre, 10.

1. Les planètes Mercure, Vénus, Mars, Jupiter et Saturne, ont été connues dès la plus haute antiquité, moins le cortége de satellites de ces deux dernières. Les astéroïdes, les satellites de Jupiter et de Saturne, les mondes d'Uranus et de Neptune, sont des acquisitions de l'astronomie moderne. Uranus a été découvert en 1781 par Herschel, l'un des astronomes qui ont le plus avancé la science du firmament. La planète lui apparut dans son puissant télescope comme un petit disque d'un éclat uniforme et terne, qui peu à peu se déplaçait parmi les étoiles voisines. C'était donc un nouvel astre errant, une nouvelle planète, qui jusque-là, par sa faible clarté, avait échappé aux regards. L'astre fut mesuré en grandeur et en poids, son orbite déterminée, sa distance au Soleil calculée et ses satellites découverts, bien avant qu'il eût accompli une de ses révolutions.

Rarement Uranus est visible sans instrument. Dans les circonstances favorables, tout au plus apparaît-il à l'œil nu comme une étoile de sixième grandeur. L'invisibilité n'a pourtant pas pour cause la faiblesse de volume, car la planète est 82 fois plus grosse que la Terre, mais bien l'excessive distance. Uranus est éloigné du Soleil de 730 millions de lieues. Il met 84 ans à parcourir son orbite. Une année d'Uranus équivaut donc à toute une longue vie humaine. Il tourne apparemment sur lui-même, avec une grande rapidité, car le télescope reconnaît une énorme dépression aux pôles, un aplatissement égal à un dixième du rayon de la planète; mais l'astre, trop éloigné pour laisser distinguer le moindre détail, ne montre aucune tache sur son disque, aucun point de repère qui permette de constater la rotation et d'en mesurer la durée. On soupçonne que l'axe de rotation est à peu près couché dans le plan de l'orbite, de sorte que la planète, à 42 ans d'intervalle, présente chacun de ses pôles aux rayons verticaux du Soleil, ce qui doit occasionner des saisons encore plus bizarres que celles de Vénus. On sait enfin que, pour Uranus, le disque du Soleil est de 300 à 400 fois moindre que pour nous; on sait que sa densité moyenne est légèrement inférieure à celle de l'eau; on sait enfin que huit lunes circulent autour de la planète dans un plan perpendiculaire à celui de l'orbite. Nos connaissances s'arrêtent là; l'éloignement nous dérobe le reste.

2. La découverte de Neptune est la preuve la plus éclatante de la précision des théories astronomiques modernes. Essayons de le comprendre.

L'attraction est une propriété commune à tous les corps, grands et petits; mais son énergie est proportionnelle à la masse. Le Soleil, à cause de la prépondérance de sa masse, attire à lui toutes les planètes et courbe leurs orbites par une chute sans fin; les planètes, pareillement, attirent leurs satellites et les font tourner autour d'elles. La Terre attire la Lune, comme le Soleil attire la Terre. Or, il est d'évidence que l'attraction terrestre s'exerce encore au delà de l'orbe de notre satellite, en diminuant d'énergie bien en-

tendu suivant la loi des carrés des distances, car, pour quels
motifs ses effets seraient-ils brusquement annulés? La Terre
agit donc sur les planètes voisines, sur Mars, sur Vénus et
les autres. Seulement, son action, très-amoindrie par la
distance, ne peut entrer en parallèle avec celle du Soleil.
N'importe : notre globe exerce une certaine influence sur
Mars, par exemple, quelque petite que soit au fond cette
influence. Si Mars obéissait aux sollicitations de la Terre,
qu'adviendrait-il ? — Il adviendrait qu'abandonnant sa route
circulaire à l'entour du Soleil, Mars se porterait vers notre
globe pour tourner autour de lui ; et nous aurions une lune
de plus, aux dépens de l'astre dévoyé, descendu du rang de
planète au rang de satellite. De son côté, car les lois du ciel
sont d'une rigoureuse impartialité, de son côté, la Terre tend
vers Mars, qui l'attire et s'efforce de s'en faire une lune. Le
gros Jupiter nous attire, pour augmenter le nombre de
ses satellites ; Saturne nous attire, pour nous adjoindre à
son anneau ; Vénus, Mercure, toutes les planètes enfin, jusqu'aux moindres astéroïdes, nous tiraillent hors de notre
voie pour nous entraîner de leur côté. Que notre amour-
propre n'en souffre pas : la Terre, dans sa mesure, exerce
la même action sur Jupiter, Saturne et les autres, tant qu'ils
sont. Il y a donc de planète à planète une lutte incessante.
Chacune, en raison de sa masse et en proportion inverse du
carré de la distance, agit sur les voisines et tend à se les ap-
proprier. Mais le maître est là, le puissant, le dominateur,
le Soleil ; et les planètes soumises gardent leurs rangs respectifs. Jamais aucune d'elles ne deviendra satellite d'une
autre. De ces tiraillements réciproques, quelque chose reste
pourtant. Telle planète sollicitée par le voisinage et la masse
considérable d'une autre, s'écarte un peu de son droit
chemin, mais pour y revenir tôt ou tard, rappelée à l'ordre
par le Soleil. On nomme *perturbations* ces écarts des planètes hors de leurs voies fondamentales à la suite des attractions des planètes voisines. Elles sont d'autant plus

grandes que l'astre occasionnant la déviation, que l'astre *perturbateur* est plus près et de masse plus forte. .

3. On conçoit alors, que, pour déterminer le chemin précis que doit parcourir une planète et calculer d'avance le point du ciel où elle se trouvera à telle ou telle autre époque, les astronomes ont à tenir compte, non-seulement de l'attraction du Soleil, mais aussi de l'effet perturbateur des planètes voisines. Si les calculs sont exacts, si l'action d'aucune planète n'échappe, en tout temps l'observation doit être d'accord avec la théorie mécanique ; le mobile céleste doit occuper, à une date quelconque, le point de l'étendue que la science lui assigne. Or, depuis sa découverte, Uranus mettait en flagrant désaccord les théories astronomiques et les positions observées ; la planète rebelle n'arrivait jamais au point calculé. En vain faisait-on intervenir l'action perturbatrice des deux géants voisins, Saturne et Jupiter ; des déviations imprévues venaient constamment mettre le calcul en défaut. Alors un soupçon s'éleva dans l'esprit des astronomes, soupçon grandiose qui, par le fait seul de la marche troublée d'Uranus, entrevoyait un nouveau monde dans les extrêmes profondeurs du système solaire. Au delà d'Uranus, une planète inconnue devait se trouver qui, par son attraction, dévoyait la première. Un illustre géomètre de la France, Le Verrier, se proposa de vérifier le soupçon et de découvrir l'astre perturbateur par la seule puissance de la théorie. Jusqu'ici les découvertes astronomiques s'étaient faites par l'exploration patiente du firmament. L'habile théoricien change la méthode. Pour rechercher, il prend la plume ; pour observer, l'œil du calcul. Et le voilà qui groupe des formules savantes, expressions des lois du ciel ; qui amalgame en chiffres le poids, le volume, la vitesse, la distance, de la planète troublée et des planètes troublantes, connues ou inconnues. Le résultat de ces hautes conceptions fut admirable. Le 31 août 1846, Le Verrier annonçait à l'Europe savante que la planète per-

turbatrice devait se trouver en tel point du ciel et avoir telle
grandeur. Sur cette annonce, le directeur de l'observatoire
de Berlin, M. Galle, dirige quelques jours après son télescope vers le point du ciel assigné ; la planète était là, à la
place précise indiquée par le doigt de la théorie. Sans jeter
un seul regard dans le ciel, la science avait vu juste au fond
du firmament! Jamais pareil triomphe n'était échu aux éternelles lois de la géométrie.

4. On nomma Neptune la planète de Le Verrier. Cette
planète n'est jamais visible à l'œil nu, bien qu'elle soit
110 fois plus grosse que la Terre. Au télescope, elle apparaît comme un petit point brillant, comparable à une étoile
de huitième grandeur. A peine les meilleures lunettes lui
donnent-elles des dimensions sensibles. Onze cent millions
de lieues la séparent du Soleil, autour duquel elle accomplit
une révolution en 164 ans. Neptune est accompagné d'un
satellite, qui tourne autour de la planète en 5 jours et
21 heures. De la vitesse de rotation de ce satellite, on a pu
déduire, par la méthode dont je vous ai donné plus haut
un aperçu, le poids et la densité de Neptune. On sait ainsi
que Neptune équivaut en poids à 21 fois la Terre, et que sa
densité moyenne, comparable à celle de Jupiter, dépasse à
peine celle de l'eau. Peser un astre situé aux confins les plus
reculés du système solaire, déterminer le caractère fon-
damental de sa matière, quand l'astre lui-même, 110 fois
plus volumineux que notre globe, est tellement amoindri
par la distance que les meilleurs télescopes nous le montrent comme un grain de mil, n'est-ce pas là une noble
expression des forces de l'entendement humain? A ces résultats du domaine mécanique, la science n'a rien à joindre
encore sur les conditions physiques de la planète; l'éloignement paralyse nos moyens de vision. Pour terminer
l'histoire de Neptune, il nous reste seulement à dire que, de
cette planète, le disque du Soleil apparaît un millier de fois
moins grand que vu de la Terre. Le prodigieux foyer de lu-

mière n'est ainsi pour Neptune qu'une espèce d'étoile un peu
plus brillante que les autres. Quelle illumination, quel jour,
quelle chaleur, y a-t-il donc sur la lointaine planète? Ne
nous hâtons pas de conclure; l'inconnu se dresse de partout.

Avec Neptune, avons-nous atteint les régions finales des domaines du Soleil? Par delà n'y a-t-il plus de planètes? Rien
encore ne permet de le nier ou de l'affirmer. Assez bien connu
dans ses régions moyennes, le système solaire laisse le champ
ouvert aux suppositions dans sa partie centrale et sa zone
extérieure. Peut-être au delà de Neptune, à des profondeurs inexplorables, roulent encore des mondes sur des
orbes plusieurs fois séculaires; peut-être, entre Mercure et
le Soleil, d'autres planètes circulent, rendues invisibles par
le voisinage trop immédiat des splendeurs solaires[1]. Mais
quittons le domaine incertain des probabilités. Que la famille des planètes se termine ou non, d'une part à Mercure
et de l'autre à Neptune, peu importe au fond. Tel qu'il nous
est connu, le système solaire accable l'entendement de sa
formidable ampleur.

5. Sur ces mondes lointains, compagnons de la Terre,
sur ces planètes que nous venons de passer en revue, l'astronomie fournit des documents précis : volume, distance,
masse, année, saisons, satellites, etc. Mais ces documents,
presque toujours mécaniques ou géométriques, ne sont pas
de ceux qui frappent davantage. Nous nous intéressons plus
à la constitution physique, si peu connue encore; nous ap-
prenons, par exemple, avec une extrême surprise, que la
neige couvre les deux pôles de Mars, que des cratères volcaniques hérissent le sol de la Lune. Un caillou ramassé à nos

---

[1] Une observation, qui malheureusement n'a pu être encore répétée,
confirme un peu cette hypothèse. Un médecin de campagne, astronome
à ses moments perdus, le docteur Lescarbault, aurait aperçu en 1859 une
planète plus voisine du Soleil que Mercure. On a nommé Vulcain la planète entrevue.

pieds n'a pour nous aucun intérêt : il appartient à la Terre. Mais s'il était avéré que ce caillou est descendu du ciel, qu'il a appartenu à Jupiter, Mars ou Saturne, oh ! alors, devant ce précieux échantillon de la minéralogie céleste, qui resterait indifférent? Voir de près, manier la matière du ciel ; soumettre à l'analyse un fragment de planète, quelle satisfaction pour notre légitime curiosité! Nous connaîtrions la substance des astres, de ces astres superbes, qui, vêtus de de lumière, font la gloire du firmament! Eh bien, ce caillou céleste n'est pas une vaine supposition : il nous pleut du ciel des quartiers de roche ; il tombe à terre, des hauteurs des espaces planétaires, des blocs de pierre parfois de force à écraser une maison. — Viennent-ils des planètes? — Non ; mais, à coup sûr, leur origine n'est pas terrestre. Ce sont bel et bien des échantillons de la minéralogie du ciel, comme nous allons le voir.

6. Nous nous rappelons tous ces étincelles soudaines, qui, de nuit, semblent se détacher du firmament, et, pareilles à des fusées, sillonnent l'espace de trainées lumineuses, aussitôt évanouies qu'apparues. On dit vulgairement que ce sont des étoiles qui tombent, ou du moins changent de place sur la voûte du ciel. De là leur nom d'*étoiles filantes*. — Les étoiles, en effet, peuvent-elles errer à l'aventure, s'ébranler ét courir au fond du firmament? peuvent-elles surtout se laisser choir à terre? — A ne consulter que la grossièreté des apparences, à ne voir dans les étoiles que de maigres étincelles fixées à la voûte du ciel, il est naturel d'admettre qu'elles peuvent se détacher et tomber sur la Terre, comme les figues trop mûres tombent du figuier. Mais nous savons que cette voûte est une illusion, nous savons aussi qu'un astre peut être d'une grosseur énorme, incomparablement supérieure à celle de la Terre, bien qu'il nous apparaisse comme un simple point brillant, ou même soit à grand peine visible. Eh bien, les étoiles sont bien plus éloignées que Neptune, 110 fois plus volumineux que la

Terre et pourtant invisible sans de puissantes lunettes. Quelle est alors la grosseur des étoiles, lorsque, à la distance où elles se trouvent, elles nous envoient encore des rayons aussi vifs? Celle du Soleil sans doute, ou même davantage. Une étoile, une seule, tombée sur la Terre ! que deviendrait notre globe sous le choc du géant-précipité du ciel ! Écrasée comme un grain de sable sous le choc d'un lourd marteau, la Terre sèmerait l'espace de ses ruines. Imaginons la Terre et un bloc de rocher s'attirant mutuellement à distance. Lequel des deux se précipitera sur l'autre? Le plus faible, le bloc de rocher. De même, si par impossible l'un des deux devait tomber vers l'autre, ce serait la Terre, plus faible, qui tomberait vers l'étoile, plus forte. Admettre le contraire, c'est faire tomber la Terre vers le caillou, et non le caillou vers la Terre. Les étoiles ne tombent donc pas, rien de plus certain ; elles ne courent pas follement, prises d'une vitesse subite. Que sont alors les étoiles filantes?

7. Il n'y a pas de nuit où ne se voient quelques étoiles filantes. En moyenne, par heure, on en compte de 4 à 8. Mais, à certaines époques de l'année, spécialement vers le 10 août et le 12 novembre, leur nombre s'accroît dans des proportions étonnantes. Ce sont alors parfois de véritables averses d'étoiles filantes. La période du 10 août a été remarquée depuis longtemps par les personnes même les plus étrangères à ce genre d'observations. Dans quelques localités, les étoiles filantes de cette période prennent le nom de *Larmes de saint Laurent*, les naïves croyances populaires ayant comparé ses traînées de feu aux larmes brûlantes du martyr sur le gril. La fête de saint Laurent est, en effet, à la date du 10 août. Citons quelques exemples de ces apparitions extraordinaires.

Dans la seule soirée du 10 août 1839, on compta 1 000 étoiles filantes en quatre heures à Naples ; 87 en trois quarts d'heure à Metz ; 819 en six heures et demie à Parme ; 500 en trois heures à New-Haven, dans les États-Unis.

Le 12 novembre 1799, on vit à Cumána, dans l'Amérique du Sud, comme un feu d'artifice qui, tiré à une hauteur immense, aurait lancé vers l'Orient ses gerbes de fusées. Des myriades d'étoiles filantes sillonnaient sans repos le ciel de traînées phosphorescentes. Des globes enflammés, semblables à d'énormes boulets rouges lancés par quelque artillerie céleste, traversaient par moments la mêlée des étoiles avec un effrayante vitesse et jetaient sur le sol leurs chaudes réverbérations. Pendant plus de quatre heures, en différents points de la Terre, depuis l'équateur jusqu'au pôle nord, pareil spectacle se reproduisit. Le ciel entier était en feu.

Le 12 novembre 1833, de neuf heures du soir au lever du Soleil, on aperçut, le long des côtes orientales de l'Amérique du Nord, une des plus mémorables averses d'étoiles filantes. Pareilles à des fusées, elles rayonnaient par milliers d'un même point du ciel pour se porter dans toutes les directions, tantôt en ligne sinueuse, tantôt en ligne droite. Beaucoup faisaient explosion avant de disparaître. Quelques-unes avaient l'éclat de Jupiter ou de Vénus. Les compter n'était guère possible : elles tombaient de moitié aussi dru que les flocons pendant une averse de neige. Cependant, lorsque le flux assez affaibli permit de se reconnaître un peu, un observateur de Boston essaya un dénombrement approché. En 15 minutes, dans le dixième du ciel, il compta 866 étoiles filantes; ce qui revient à 8 660 pour tout l'hémisphère visible, et à 34 640 pour la durée d'une heure. Or, l'averse dura plus de sept heures; en outre, elle ne fut observée que dans son déclin, pour obtenir les bases de ce calcul. On voit donc que le nombre des étoiles filantes qui se montrèrent à Boston seulement, dépasse 240 000. Faut-il s'étonner après si l'on évalue à des millions le total des étoiles filantes qui apparaissent annuellement pour la Terre entière?

8. Des globes de feu pareils à ceux qui accompagnaient

les étoiles filantes de Cumana, se montrent aussi isolés. On leur donne le nom de *bolides*. Ce sont des corps de forme généralement ronde, parfois d'une grosseur apparente égale à celle de la Lune ou même supérieure, qui subitement traversent notre ciel, en projetant une vive lumière, et, après quelques secondes, disparaissent avec la même soudaineté. Fréquemment, ils laissent sur leur trajet une queue d'étincelles ; quelquefois, enfin, ils éclatent avec un épouvantable fracas et lancent leurs débris fumants sur le sol. Ces débris prennent le nom d'*aérolithes* ou de pierres tombées du ciel. Les astronomes se sont efforcés, autant que le permet la rapidité de l'apparition, de calculer la grosseur réelle et la vitesse des bolides. Les résultats obtenus diffèrent beaucoup d'un météore à l'autre. On signale des bolides d'une trentaine, d'une centaine de mètres de diamètre ; on en signale d'autres de deux à quatre kilomètres. Mais le trait le plus frappant, c'est leur prodigieuse vitesse. Un bolide observé le 6 juillet 1850, franchissait 76 kilomètres par seconde, plus du double du chemin parcouru par la Terre sur son orbite[1]. Le moins rapide de ceux dont on a pu déterminer la vitesse, se déplaçait à raison de 2 700 mètres par seconde. Pour le suivre, un boulet se serait trouvé de 6 à 7 fois trop lent. En somme, plusieurs des bolides observés se mouvaient avec une vitesse supérieure à celle qui chasse les planètes dans l'espace. Même résultat au sujet des étoiles filantes. Leur vitesse est comparable à celle de la Terre. Elle varie de 3 à 8 lieues par seconde.

9. Pour l'explication des étoiles filantes et des bolides, les astronomes admettent que, autour du Soleil, circulent divers tourbillons, divers anneaux d'astéroïdes de très-petit volume. L'examen du système solaire nous a montré dans les planètes les grandeurs les plus disparates, depuis Jupiter

---

[1] Dans son mouvement de translation, la Terre parcourt 30 kilomètres et 400 mètres par seconde.

et Saturne, jusqu'aux planètes télescopiques situées au delà
de Mars. La probabilité est alors très-grande que l'espace
est semé de corps plus petits encore que les planètes télescopiques, dont quelques-unes n'égalent pas en étendue telle
île de notre globe; il est à croire que, dans le ciel, tour-
billonne une véritable poussière planétaire, à grains comparables en volume à un quartier de montagne, un bloc de
rocher, une orange, une noix. Admettons donc que ces
corps, ces astéroïdes, volent par incalculables myriades autour du Soleil en divers essaims de forme annulaire, dont
l'un, au moins, se trouve à notre proximité. Courbez en
rond par la pensée la bande lumineuse où flotte, dans une
chambre obscure, un tourbillon de poussière; puis, donnez
à cette couronne un mouvement de rotation autour de son
centre, et vous aurez l'image de l'un de ces essaims.

La Terre, disons-nous, est à proximité d'un anneau d'astéroïdes. Il est visible que la masse relativement immense de
notre globe doit produire de fortes perturbations dans la
marche de ceux de ces corps qui viennent à nous approcher.
L'astéroïde saisi par l'attraction terrestre abandonne peu à
peu son orbite, accourt obliquement vers nous et plonge
dans notre atmosphère avec la foudroyante vitesse qui l'em-
portait autour du Soleil. Le frottement de l'air, exalté à
l'excès par la rapidité de la course, amène une élévation de
température, et soudain, le corps céleste, jusque-là invisible, entre en incandescence, flamboie et laisse derrière
lui une traînée d'étincelles. D'ordinaire, la résistance toujours croissante de l'air combinée avec l'obliquité de la
chute, l'arrête à son premier plongeon. Alors, il rebondit en
ricochet, comme une pierre obliquement lancée dans l'eau,
et s'élance hors de l'atmosphère, pour continuer, autour du
Soleil, sa course un moment troublée. Eh bien, ces astéroïdes,
qui détournés de leur voie par l'attraction de la Terre aban-
donnent leur essaim et viennent effleurer l'atmosphère, où
ils s'enflamment, constituent ce que nous appelons étoiles

filantes et bolides. La Terre, à diverses époques de l'année, particulièrement le 10 août et le 12 novembre, s'engage au sein même du tourbillon des astéroïdes. Ainsi s'explique le retour périodique des averses d'étoiles filantes.

10. Le ricochet sur les premières couches de l'atmosphère n'est pas toujours possible, faute d'une assez grande obliquité dans la direction de l'astéroïde égaré. Alors, celui-ci traverse toute l'épaisseur de l'air ; à une certaine hauteur, quand la température atteint assez de violence, il détone avec le fracas du tonnerre, se brise en mille éclats et tombe enfin à terre en pluie de pierres brûlantes ou aérolithes. La force de projection de ces débris est telle, qu'ils s'enfoncent dans le sol mieux que ne le ferait un boulet de canon. Leur surface noirâtre, comme vernissée, porte des signes manifestes d'un commencement de fusion. Leur poids est très-variable. Tel aérolithe est un simple corpuscule, un grain de poussière ; tel autre pèse des centaines de kilogrammes. Les débris d'un seul bolide sont dispersés parfois par l'explosion sur une étendue de plusieurs lieues carrées. Quel doit être alors le volume du redoutable météore avant sa rupture?

Les chutes d'aérolithes sont loin d'être rares. L'observation en a enregistré des exemples par centaines. Il est donc parfaitement avéré qu'il nous tombe des pierres du ciel ; et nous pouvons, par leur examen, obtenir de curieux renseignements sur la nature de la matière extra-terrestre. Or, une conséquence bien remarquable et bien inattendue résulte des études que l'on a faites sur ces minéraux descendus des espaces planétaires. Aucun aérolithe soumis à l'analyse n'a présenté jusqu'ici de substance qui n'appartînt à la Terre. Du fer comme le nôtre, du soufre et du phosphore comme les nôtres, de la chaux, de la silice, de l'argile, du cuivre, de l'étain, etc., en tout pareils aux nôtres, tels sont les matériaux constituants de ces échantillons d'une minéralogie étrangère à la Terre. Le fer y domine. On cite même, comme d'origine céleste, des blocs énormes de fer pur. Telle est la masse météorique observée près de Thorn. Elle pèse 20 000 quintaux métriques au moins. Ce bloc de métal roulait un jour, grain de poussière, à l'entour du Soleil. Sans doute faisait-il partie du tourbillon des astéroïdes. Aujourd'hui le petit astre gît à terre, livré aux outils du mineur, comme un trivial filon. Ainsi donc, autant que les pierres tombées du ciel peuvent nous l'apprendre, la matière extra-terrestre, dans notre voisinage du moins, est identique à celle que nous connaissons.

VINGT-DEUXIÈME LEÇON

LES COMÈTES

1. A cause de leurs orbites presque circulaires, qui les maintiennent autour de l'astre central dans des limites accessibles à nos regards, les planètes et leurs satellites sont, pour nous, la partie vraiment essentielle du système solaire. A toute époque, aujourd'hui en un point, demain en un autre, nous les retrouvons sur la voûte étoilée ; mais, à cet

ensemble de corps fidèles à notre ciel, d'autres de loin en loin viennent s'adjoindre, étranges, énormes, accourus on ne sait d'où et replongeant bientôt à des profondeurs insondables. Ce sont les comètes.

On distingue en général dans une comète, le *noyau*, la *chevelure* et la *queue*. Le noyau est la partie centrale de l'astre. L'éclat y est plus vif qu'ailleurs, par suite apparemment d'une concentration plus grande de matière. Il est enveloppé d'une nébulosité volumineuse, d'une sorte de brouillard lumineux appelé chevelure. Les comètes doivent leur nom, signifiant *astre chevelu*, à cette particularité. Enfin on nomme queue une traînée lumineuse plus ou moins longue et de forme variable, dont la plupart des comètes sont accompagnées. Cependant, un astre nouveau venu peut se montrer sans queue ni chevelure et porter à juste titre le nom de comète. Ce qui caractérise avant tout les comètes, c'est l'extrême allongement de leurs orbites, qui, après les avoir plus ou moins rapprochées du Soleil, les en éloigne ensuite à des distances où elles cessent d'être visibles, même avec nos meilleurs instruments. A la manière des planètes, les comètes se meuvent suivant des ellipses autour du Soleil pour foyer ; mais ces orbites sont tellement allongées, que parfois, après avoir effleuré, pour ainsi dire, la surface du Soleil, elles s'élancent au delà de Neptune, dans les dernières régions du système solaire. Il y a plus : beaucoup de comètes paraissent vagabonder dans le ciel d'un soleil à l'autre sur des orbites qui ne se ferment pas. Si les hasards de leur course les amènent dans notre voisinage, elles s'approchent un moment de notre soleil, entraînées par son attraction ; et, après avoir traversé de part en part son tourbillon de planètes, reprennent leur élan en avant pour ne plus revenir. En nous quittant, elles vont sans doute visiter au loin de nouveaux soleils, jusqu'à ce que l'un d'eux les soumette à son empire en leur donnant par son attraction une orbite fermée.

Un second caractère mécanique distingue les comètes des planètes. Ces dernières se meuvent toutes dans le même sens, de droite à gauche pour un spectateur qui les observerait du pôle supérieur du Soleil. En outre, leurs orbites sont à peu près couchées dans un même plan[1], prolongement idéal de l'équateur solaire : aussi jamais une planète ne se montre hors d'une étroite zone du ciel correspondant à ce plan commun prolongé. Chercher des planètes dans le voisinage des pôles célestes, parmi les étoiles de l'Ourse ou de l'Hydre, ce serait chose vaine. La région qu'elles occupent est intermédiaire entre ces constellations extrêmes. Les comètes, au contraire, affectent pour leurs orbites tous les degrés possibles d'inclinaison ; elles se montrent dans toutes les parties du ciel indifféremment, dans les régions des pôles comme dans la zone planétaire; enfin elles se meuvent tantôt dans le sens des planètes, tantôt en sens opposé.

.2. Tant que l'éloignement dépasse certaines limites, rien ne peut trahir la venue d'une comète. Prévisions, calculs, sont ici sans valeur. L'astre étranger, visitant peut-être ce coin du ciel pour la première fois, ne saurait être attendu. Un soir, il apparait à l'improviste. Quelque astronome vigilant l'a aperçu dans le champ de son télescope. C'est une nébulosité blanche, indécise, à contour arrondi, d'un éclat plus vif au centre que sur les bords ; et rien de plus. Mais. en se rapprochant du Soleil, le corps nébuleux s'altère dans sa forme : de rond qu'il était, il devient ovalaire. Puis il s'allonge encore, il épanche une partie de sa nébulosité en sens inverse des rayons solaires qui le frappent ; et finalement, la comète traine après elle une immense queue. L'astre atteint son périhélie. C'est l'époque de son plus grand éclat et du développement complet de sa trainée lumineuse. Bientôt, le Soleil est contourné. La comète pour-

---

[1] Les astéroïdes s'écartent notablement de ce plan commun.

suit sa course sur la seconde branche de son orbite ; elle s'éloigne. Maintenant, la queue, dirigée encore en sens inverse du Soleil, précède la comète au lieu de la suivre. De jour en jour aussi elle perd en éclat, enfin elle s'évanouit. La *tête* elle-même, c'est-à-dire le noyau enveloppé de sa chevelure, disparaît tôt ou tard, voilée par la distance. Ainsi, d'une part, la queue d'une comète n'est pas chose permanente ; elle se forme à un certain moment aux dépens du noyau et de la chevelure, dont la matière nébuleuse s'épanche en gigantesque fusée. En second lieu, la queue n'apparaît qu'au voisinage du Soleil. Elle est probablement un effet soit de la chaleur soit de toute autre force émanée de cet astre, car elle est toujours dirigée à peu près à l'opposite des rayons solaires, suivant la comète quand celle-ci s'approche du Soleil, la précédant quand elle s'en éloigne. Plus rarement, les comètes fusent par les deux bouts de leur noyau à la fois. Il y a alors d'un côté une ou plusieurs aigrettes appelées *barbe*, et de l'autre la queue proprement dite. Mais dans ce cas encore, la direction des traînées lumineuses est orientée sur la position du Soleil : les aigrettes de la barbe sont tournées vers cet astre, et la queue en sens opposé.

3. La queue des comètes affecte des configurations très-variées. Tantôt elle rappelle une écharpe rectiligne, un pinceau de lumière épanoui ; tantôt elle se recourbe en menaçant cimeterre ou s'ouvre en éventail. Ses dimensions sont quelquefois prodigieuses. La queue de la grande comète de 1843 mesurait 60 millions de lieues de longueur, et 1 320 mille lieues de largeur. Elle aurait pu, la tête étant supposée près du Soleil, dépasser la Terre et balayer Mars ; elle aurait pu, en se tournant vers nous, enclore dans son épaisseur l'orbite de la Lune et même un cercle six fois plus large encore. La comète de 1843 fut, il est vrai, exceptionnelle par ses dimensions ; mais des queues de dix, vingt, trente millions de lieues de longueur sont loin d'être rares.

Ces énormes traînées fluent, avons-nous dit, du corps de la comète, de même que la gerbe d'étincelles s'écoule d'une fusée. La matière cométaire, refoulée ce semble par quelque puissance répulsive émanée du Soleil, s'épanche par la queue et se dissémine en brume invisible, dont chaque flocon poursuit désormais isolément sa route dans les abîmes de l'étendue. Quel est alors le volume des comètes pour suffire à de pareilles déperditions ; de quelle étrange nature est leur matière pour fluer ainsi dans le ciel ? La tête de la comète de Halley, apparition de 1835, mesurait 142 000 lieues de diamètre ; celle de la comète de 1811 en mesurait 450 000. La seconde dépassait en volume le Soleil lui-même, et la première, à elle seule, représentait une quarantaine de fois la grosseur de toutes les planètes et de leurs satellites réunis. La comète de 1843, malgré les dimensions extraordinaires de sa queue, était moindre. Le diamètre de sa tête n'atteignait que 38 000 lieues, ce qui correspond cependant à un volume supérieur à celui de Jupiter. Le volume des comètes est donc toujours considérable. Fréquemment il dépasse celui des plus grosses planètes, parfois il peut se comparer à celui du Soleil.

4. La tête d'une comète comprend, disons-nous, une partie centrale, plus brillante, le noyau, et une enveloppe nébuleuse, la chevelure. Si par ce mot de noyau, on entendait un corps solide, comparable au globe des planètes et sur lequel s'enroulerait la nébulosité, comme une énorme atmosphère, on serait dans une complète erreur. Examiné avec une forte lunette, le prétendu noyau perd toute apparence de solidité pour se résoudre en brume lumineuse, plus condensée que celle des bords. D'ailleurs des faits décisifs nous démontrent l'extrême subtilité de la matière cométaire. A travers l'épaisseur des comètes, même à travers le noyau, les plus faibles étoiles restent visibles et brillent comme si rien n'était interposé. Devant de tels résultats, il faut aussitôt rejeter toute idée de substance solide ou liquide. Le

brouillard le plus léger, la fumée la plus délicate, sont
même comparativement choses très-grossières, car, sous
une épaisseur de quelques centaines de mètres, ils forment
un écran impénétrable à la lumière des étoiles, tandis que
la matière des comètes en amas de plusieurs milliers de
lieues nous laisse arriver sans déperdition les rayons des
plus faibles. Peut-on admettre du moins une substance gazeuse, diaphane, analogue à l'air atmosphérique? — Pas
davantage. Tous les gaz, l'air en particulier, dévient les
rayons de lumière qui les traversent, en un mot les réfrac-
tant. Rien de semblable n'a lieu pour le rayon venu d'une
étoile lorsqu'il traverse une comète, serait-ce par le centre
du noyau. Le rayon n'est pas dévié ; il poursuit sa marche
en ligne droite comme s'il ne rencontrait rien sur son chemin. A quelle catégorie appartient donc l'étrange matière
des comètes, qui n'est ni solide, ni liquide, ni gazeuse? —
Nous l'ignorons complétement. Tout ce que l'on peut affirmer, c'est que cette matière est raréfiée à un point dont
n'approche aucune substance terrestre.

5. Un second moyen nous permet de juger de la faible
masse des comètes. L'attraction de matière à matière amène
dans la marche des corps célestes des perturbations d'autant plus fortes que l'astre troublant a plus de masse et que
l'astre troublé en a moins. La Terre, pour n'en citer qu'un
exemple, la Terre, immensément plus lourde, attire à elle
les corpuscules du tourbillon des astéroïdes et les écarte de
leur chemin jusqu'à les précipiter dans son atmosphère sous
forme d'étoiles filantes et de bolides ; mais aucun astéroïde
ne pourrait détourner la Terre de sa voie. Soleil, planètes,
satellites, comètes, tout dans le ciel obéit à cette loi du plus
fort. Il est donc possible d'obtenir quelques notions sur la
masse d'une comète en observant les perturbations que cet
astre imprime aux planètes voisines, et les perturbations
que les planètes lui impriment à leur tour. En 1770, une
comète apparut, celle de Lexell, qu'on n'avait pas encore

observée jusque-là. Dans sa course, elle vint à proximité de la Terre, à six fois environ la distance de la Lune. Bien rarement une comète s'est autant rapprochée de nous. Eh bien, quel fut le résultat de la lutte attractive entre notre globe et l'astre qui passait dans notre voisinage? — La Terre ne parut pas s'apercevoir de la présence de son visiteur, elle continua de tourner sur son axe et de rouler autour du Soleil comme si de rien n'était. Sa vitesse, sa direction, n'éprouvèrent pas le moindre changement. Pour la comète, ce fut autre chose. Retenue par l'attraction de sa puissante voisine, elle s'attarda de deux jours et plus en chemin. Enfin, elle s'éloigna, piquant droit vers le monde de Jupiter. C'est là surtout que le danger devait être grand. La comète s'engageait en plein au milieu des quatre lunes de la planète ; elle traversait de part en part leurs orbites. Que deviendraient les faibles satellites sollicités par l'astre chevelu? tout ne serait-il pas brouillé dans leurs mouvements? ne pourraient-ils, l'un ou l'autre, déserter Jupiter, s'en aller pour toujours entraînés par la comète? Devant de telles éventualités, les astronomes ne quittaient pas leurs télescopes. Le monde de Jupiter allait nous apprendre ce qui pourrait un jour menacer le nôtre. Le résultat ne répondit pas aux appréhensions. Sans le moindre encombre, la comète passa. Aucune des quatre lunes ne fut détournée de son orbite, pas même accélérée ou ralentie dans son mouvement. Comme elles circulaient avant la venue de la comète, elles circulèrent après. On eût dit que rien d'extraordinaire ne s'était passé dans ce coin de l'Univers. La comète, au contraire, attirée d'ici, attirée de là par les satellites et par Jupiter, abandonna sa voie, et, lancée sur une nouvelle orbite, se perdit dans les profondeurs du ciel. On ne l'a plus revue depuis. Sous un volume énorme, les comètes ont donc une masse insuffisante pour amener dans la marche des planètes ou même de leurs satellites, la plus légère perturbation.

6. Longtemps les comètes, par leurs apparitions imprévues et leurs formes bizarres, ont jeté l'épouvante dans les populations. On voyait en elles les signes avant-coureurs de la peste, de la famine, de la guerre. Le bon sens, cette haute faculté qui consiste à voir les choses telles qu'elles sont, a fait justice, la science aidant, de ces folles terreurs de la superstition. Le sublime mécanisme des astres ne se règle point sur les misères de l'homme. Un soleil ne s'éteint pas parce que un roi se meurt, une comète n'accourt pas étaler dans notre ciel les dards de ses aigrettes pour annoncer la guerre, fruit de notre sottise. Nous sommes tous d'accord aujourd'hui sur ce point. Mais un autre motif d'appréhension se présente, qui paraît assez fondé au premier abord. Les comètes se meuvent dans toutes les directions imaginables. Il peut alors se faire que l'une d'elles vienne un jour à rencontrer la Terre. Dans ce cas, le choc des deux astres, animés l'un et l'autre de prodigieuses vitesses, ne nous serait-il pas fatal ? — On ne peut s'empêcher de le reconnaître : si une comète de masse comparable à celle de la Terre venait à nous heurter dans sa course, tout serait perdu dans les mers et sur les continents bouleversés par la secousse. Fort heureusement une telle catastrophe exige deux conditions qui ne paraissent pas devoir jamais se réaliser : condition de masse et condition de rencontre. Examinons d'abord la probabilité de la rencontre.

Imaginez quelques grains de poussière disséminés au hasard dans l'immensité de l'air et chassés par le vent dans toutes les directions. Est-il raisonnable d'admettre que deux de ces grains s'entrechoqueront tôt ou tard ? Non. L'extrême ampleur de l'atmosphère ne laisse à cet événement qu'une probabilité sans valeur. Or, par rapport à l'étendue où elles se meuvent, la Terre et les comètes, que sont-elles si ce n'est d'autres grains de poussière ? Se préoccuper de leur rencontre possible, ce serait donc folie.

La probabilité devient plus grande si l'on suppose que la

comète passe seulement à proximité de la Terre. La géométrie peut nous dire ce qui adviendrait alors. Une comète
d'une masse égale à celle de notre globe, qui passerait (ce
qu'on n'a jamais vu), entre nous et la Lune, à la faible distance de 15 000 lieues, retarderait un peu la Terre sur son
orbite et porterait la valeur de l'année à 367 jours, 16 heures
et 5 minutes. La visite de l'astre chevelu ne serait pas bien
terrible, vous le voyez. Nous en serions quittes avec une
simple retouche dans le calendrier.

7. Et encore accordons-nous à la comète une masse exagérée, celle de la Terre. Nous savons, au contraire, que les
comètes ont des masses très-faibles, insuffisantes pour cau-
ser la moindre altération dans la marche des planètes et
des satellites ; nous savons que leur matière est raréfiée au
point de ne pouvoir être comparée à la brume la plus légère, au gaz le plus subtil. Si, par impossible, une rencontre
avait donc lieu, la faiblesse de masse de l'astre annulerait
les résultats de la collision. Nous traverserions la comète
peut-être sans nous en apercevoir. L'énorme nébulosité
n'opposerait pas plus de résistance à la Terre qu'une toile
d'araignée à la pierre lancée par la fronde.

Mais, dit-on encore, car la crainte est féconde en objec-
tions, si la matière cométaire est trop subtile pour faire
obstacle à la Terre, ne pourrait-elle du moins en se mélan-
geant avec l'air atmosphérique rendre ce dernier irrespi-
rable? sommes-nous certains qu'une comète, en nous ba-
layant de sa queue, n'introduirait pas dans l'atmosphère
des principes mortels? et puis, est-il bien avéré que toutes
les comètes aient des noyaux diaphanes, de nature nébuleuse? On en a vu de trop brillantes, même en plein jour,
pour ne pas faire soupçonner des noyaux plus compactes,
peut-être solides, peut-être incandescents. Le choc de ces
fournaises serait-il donc sans danger? — A toutes ces questions, la science reste muette : l'étude des comètes est encore trop peu avancée. Mais, à un point de vue plus géné-

ral, elle répond ceci : à cause de l'immensité des espaces célestes, la rencontre de la Terre et d'une comète est si peu vraisemblable, que c'est déraison de s'en préoccuper. Haut le cœur! enfants, si jamais viennent à vos oreilles les prédictions de quelque visionnaire annonçant le choc prochain d'une comète. Le ciel est grand. La Terre et la comète y trouveront largement place pour leurs orbites, sans se heurter front contre front. D'ailleurs, que craignez-vous? les lois de Dieu les guident.

8. Au lieu de cheminer en ligne droite en vertu d'une impulsion une fois acquise, toutes les comètes se meuvent suivant des orbites courbes par l'effet de l'attraction du Soleil. Elles circulent autour de cet astre à la manière des planètes. Mais tantôt l'orbite allonge indéfiniment ses deux branches sans se refermer ; tantôt elle forme un circuit revenant sur lui-même. Les comètes dont l'orbite ne se ferme pas apparaissent un moment au voisinage du Soleil, puis s'éloignent et ne reviennent plus. Peut-être vont-elles, à d'incommensurables distances, tournoyer autour d'autres soleils rencontrés sur leur route. Celles qui suivent des orbites fermées, après être restées invisibles tant que leur éloignement est trop grand, reparaissent dans notre ciel, par périodes dont la durée dépend de l'ampleur de l'orbite parcourue. On les nomme *comètes périodiques*. On estime que certaines d'entre elles emploient des siècles et même des milliers d'années à parcourir leurs orbes démesurées, leurs orbes dont un sommet avoisine le Soleil et dont l'autre plonge aux dernières limites de ses domaines. L'astronomie ne possède pas encore sur leur compte des données suffisantes pour calculer leur route et prédire leur retour. Un petit nombre d'autres, par des réapparitions plus fréquentes se sont mieux prêtées au calcul. Aujourd'hui l'astronome peut annoncer leur arrivée et dire le point du ciel où elles se montreront. Les principales sont : la comète de Halley, qui revient tous les 76 ans ; la comète d'Encke, dont la ré-

volution est de 3 ans et demi; celle de Biéla, qui parcourt son orbite en 6 ans et 3/4.

Un astronome anglais, contemporain et ami de Newton, Halley, le premier soupçonna la périodicité des comètes. En 1682, une comète apparut. Halley en étudia soigneusement la marche; puis, comparant par le calcul ses observations à celles de ses prédécesseurs, il crut reconnaître dans l'astre de 1682 des comètes qui s'étaient montrées en 1607 et 1531. Dans les trois cas, la route suivie était à très-peu près la même. Les trois astres n'en formaient donc qu'un seul, vu à des intervalles de 75 à 76 ans. Pénétré de cette idée féconde, Halley n'hésita pas à prédire le retour de la comète 76 ans plus tard, vers la fin de 1758 ou le commencement de 1759. L'illustre astronome ne vécut pas assez pour assister à l'éclatante confirmation de ses théories. Dans l'impossibilité de déterminer exactement la valeur des perturbations que la comète devait éprouver de la part des planètes, Halley était resté dans le vague d'une sage réserve. Un géomètre français, Clairaut, débrouilla, en 1758, le difficile problème de ces perturbations et annonça le passage de la comète pour le milieu d'avril 1759, avec une incertitude d'un mois en plus ou en moins. L'astre devait employer 618 jours de plus que dans sa révolution précédente, savoir : 100 jours par l'effet de Saturne et 518 par l'action de Jupiter. L'événement confirma ces savantes déductions. La comète reparut, dans les limites assignées, le 12 mars 1759.

Depuis, en tenant compte de la planète Uranus inconnue au temps de Clairaut, et de l'action de la Terre, les astronomes ont atteint une plus grande précision. Le retour suivant, celui de 1835, a eu lieu à l'époque prédite avec une erreur de 3 jours seulement, 3 jours sur une période de 76 ans. Ce merveilleux accord entre les faits et les prévisions du calcul, est une des confirmations les plus belles des théories astronomiques. Une comète apparaît, encore inconnue, dans notre ciel, où elle brille quelques jours à peine.

Puis, elle s'enfonce dans l'étendue, invisible pour de longues années. N'importe, la science la suit pas à pas ; en esprit, elle la voit jour par jour progresser sur son orbite immense, et, des années à l'avance, elle annonce la date et le point de sa réapparition.

9. En remontant par périodes de 76 ans et en comparant les trajets suivis, on trouve que la comète de Halley est la même qui répandit la terreur en Europe en 1456. Sa queue en forme de sabre recourbé fut regardée comme le présage des succès des Turcs sur la chrétienté. A une époque plus récente, en 1832, la comète périodique dite de Biéla, du nom de l'observateur qui le premier l'a signalée aux astronomes, fut également l'inoffensive cause de folles épouvantes. D'après les calculs, dans la nuit du 29 octobre, la comète devait croiser l'orbite de la Terre. En dehors des personnes un peu familières avec les lois astronomiques, la panique fut grande. Qu'allions-nous devenir si, d'aventure, la Terre se trouvait au point de son orbite traversé par la comète? serions-nous brisés par le choc? serions-nous ensevelis dans la nébulosité de l'astre? La nuit terrible se passa très-pacifiquement. Au moment où la comète coupa notre orbite, la Terre était au moins à 20 millions de lieues du point d'intersection. Répétons-le encore ici : le ciel est grand ; planètes et comètes y circulent à l'aise, sans risque de s'entre-choquer.

Dans l'une de ses réapparitions suivantes, en 1846, la comète de Biéla a offert aux astronomes un fait encore unique dans les annales du ciel. Au lieu de la comète attendue, on en vit revenir deux, plus petites et voyageant côte à côte sans se toucher. En route, la comète primitive s'était dédoublée. Que lui était-il donc arrivé? avait-elle fait rencontre de quelque astéroïde, dont le choc l'aurait fendue en deux? Elle venait effectivement de traverser la région des petites planètes comprises entre Mars et Jupiter. Ou bien, tiraillée par des attractions inverses, avait-elle déchiré en deux lambeaux sa masse nébuleuse ? Ce sont là de simples conjectures. Toujours est-il que la comète **a persisté depuis** dans cet état de dédoublement.

La comète d'Encke est remarquable par la courte durée de

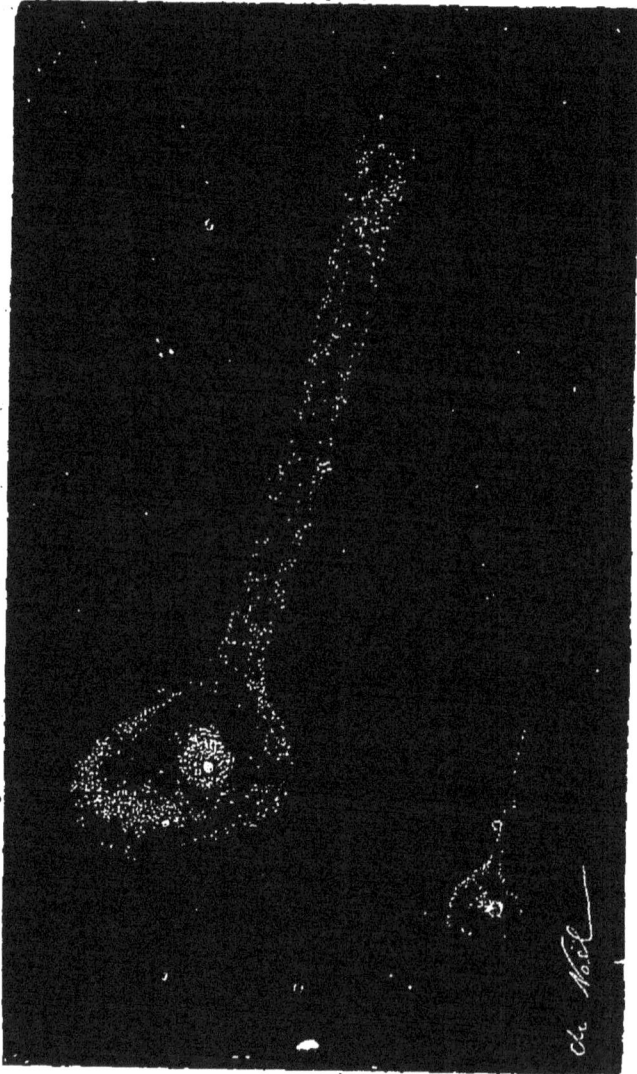

Fig. 79. — Comète de Biéla. (février 1846).

sa révolution, trois ans et demi environ. Aussi, la nomme-t-on comète à courte période. Son orbite cependant va de Mercure à Jupiter. En compensation des terreurs imaginaires que les comètes nous ont souvent causées, la comète d'Encke a rendu un service à l'astronomie. Au moyen des perturbations qu'elle éprouve au voisinage de Mercure, elle a permis de calculer le poids de cette planète, qui, dépourvue de satellites, ne se prête pas à la méthode fondamentale de l'évaluation des masses planétaires. L'astre, réputé calamiteux par l'ignorance, est utilisé par le savoir à étendre notre connaissance du ciel. Une comète ne présage plus des fléaux à la Terre, elle sert à peser les planètes.

Le nombre total des comètes circulant dans notre système solaire paraît être très-considérable. Déjà les catalogues astronomiques en ont inscrit 800, sans compter une foule d'autres vues à diverses époques et non soumises à des calculs précis. Toutes les années, il en paraît de nouvelles. Peut-être faut-il évaluer à des millions, la fourmilière des comètes circulant en deçà seulement de l'orbe de Neptune.

VINGT-TROISIÈME LEÇON

LES ÉTOILES

Les fixes. Scintillation, 1. — Mesure de la distance des étoiles, 2. — Le rayon de lumière vieilli en chemin, 4. — L'étoile longtemps visible encore après son anéantissement, 3. — La grande sphère au-dessus de laquelle les étoiles commencent, 4. — L'orbite de la Terre vue de la limite inférieure des étoiles, 4. — Notre soleil réduit à une étincelle, un rien, 4. — La Terre éclairée par la Polaire seule, 4. — Les étoiles, foyers primitifs de lumière, 4. — Impossibilité de mesurer le diamètre angulaire des étoiles, 5. — Les étoiles vues au télescope, 5. — Un soleil que l'orbite de la Terre ne pourrait entourer en guise de ceinture, 6. — Dimensions de Sirius, 6. — Les étoiles sont des soleils comparables au nôtre, 6. — Classification des étoiles, 7. — Liste des étoiles de première grandeur, 7. — Nombre des étoiles visibles à l'œil nu visibles au télescope, 8. — Mouvement propre des étoiles, 9. — Vitesse des prétendues fixes, 9. — Le système solaire s'acheminant vers la constellation d'Hercule, 9. — Les cieux de l'avenir, 9.

1. Les étoiles occupent constamment, sur la voûte du ciel, la même position par rapport l'une à l'autre. C'est ce

qui les a fait qualifier de *fixes*. Les planètes, au contraire, à cause de leur révolution autour du Soleil, se déplacent dans le ciel et traversent successivement diverses constellations. A ce caractère, dont il a été déjà question, il faut en joindre un autre qui permet, jusqu'à un certain point, de distinguer, sans recherches astronomiques spéciales, une étoile d'une planète. La lumière des étoiles est douée d'élancements rapides, d'un tremblotement continu, qu'on nomme *scintillation*. Notre atmosphère paraît en être la cause. La scintillation est d'autant plus vive que l'air est plus pur, la température plus froide, et l'étoile plus élevée au-dessus de l'horizon. Les planètes scintillent peu ou point. Saturne et Jupiter ont une lumière calme ; Mercure, Mars, et surtout Vénus, ont une scintillation sensible.

A diverses reprises déjà, sans en donner une démonstration, nous avons considéré les étoiles comme des globes lumineux par eux-mêmes, situés bien au delà de la dernière planète, enfin comme des soleils analogues au nôtre, mais infiniment plus éloignés. La démonstration différée trouve sa place ici. En premier lieu, occupons-nous de la distance. Pour trouver l'éloignement d'un objet inaccessible, je me permettrai de vous le rappeler encore, il faut choisir une base, et, sur cette base, établir un triangle, dont on mesure les deux angles à notre portée. La construction d'une figure semblable, ou mieux le calcul, nous donne la distance cherchée. Une condition indispensable est à remplir : c'est que la base soit en rapport avec la longueur à évaluer. Déjà, pour la distance de la Lune, l'astre le plus voisin de nous, il a fallu asseoir la figure géométrique sur une grande partie du tour de la Terre. Pour la distance du Soleil, le globe terrestre s'est trouvé trop étroit et la ligne idéale menée d'ici à notre satellite nous a servi de base. Quelle base adopterons-nous alors pour les étoiles ? Il y en a une dont je vous ai déjà parlé, la plus grande qui soit à notre disposition : le diamètre de l'orbite terrestre. Sur cette ligne de 76 mil-

lions de lieues de longueur, peut-être trouverons-nous à
échafauder notre triangle. Essayons.

2. A une époque quelconque, la Terre se trouvant au
point T de son orbite, par exemple (fig. 80), on dirige une
lunette du graphomètre
vers le Soleil S, et l'autre
vers une étoile située dans
la direction TE, je sup-
pose. Cette première ob-
servation fournit l'angle
ETT'. Juste six mois plus
tard, quand la Terre nous
a transportés en T', à l'extrémité opposée de son orbite, on vise de nouveau
le Soleil, qui sert ici de
repère pour trouver la direction du diamètre TT',

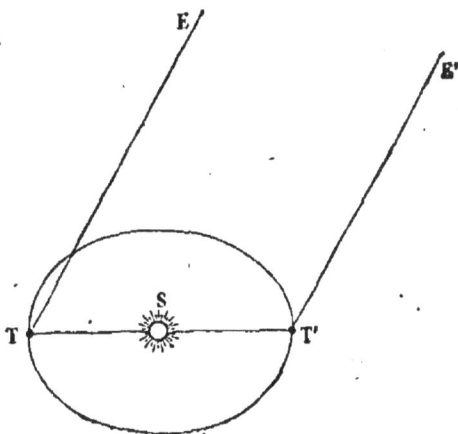

Fig. 80.

et l'étoile aperçue maintenant dans la direction T'E'; on a ainsi
l'angle E'T'T. Nous connaissons maintenant la base TT', égale
à 76 millions de lieues ; nous connaissons les deux angles ap-
puyés sur cette base. Il nous est dès lors possible de construire
une figure semblable. Or, si l'on effectue cette construction,
on trouve que, pour l'immense majorité des étoiles, les deux
lignes représentant TE et T'E' ne se rencontrent pas à quelque
distance qu'on les prolonge. La base est encore trop petite.
Une longueur de 76 millions de lieues est insignifiante quand
elle doit servir d'appui à un triangle dont une étoile occupe
le sommet. Imaginez, en effet, deux droites qui, parties des
extrémités de la main, courent se rencontrer au bord de
l'horizon. Ces lignes, sans doute, finissent par se croiser;
elles forment un triangle avec la main pour base. Mais ce
triangle est si effilé, que nos meilleurs instruments confon-
draient avec des parallèles ses deux côtés trop longs. De
même, les deux lignes de visée TE et T'E', aboutissant à la

même étoile des extrémités d'une base de 76 millions de lieues, se rencontrent à la rigueur, mais si loin, qu'elles sont comme parallèles pour nos moyens d'appréciation. Vouloir les associer au diamètre de l'orbite terrestre dans l'espoir de déterminer la distance d'une étoile, c'est prétendre mesurer les dimensions d'une province avec une base tracée sur la paume de la main. Il faut, en géométrie, comme en tout, comparer le semblable au semblable, le petit au petit, le très-grand au très-grand. Eh bien, le parallélisme de deux lignes de visée menées vers une même étoile à six mois d'intervalle, nous apprend, par l'impossibilité de fermer le triangle, que nous comparons des longueurs incomparables : le très-petit, l'immense diamètre de l'orbite terrestre, avec le très-grand, la distance de l'étoile.

3. Pour quelques étoiles des plus rapprochées et avec des soins d'une minutieuse délicatesse, les astronomes sont pourtant parvenus à calculer le triangle. Le résultat de leurs travaux est un des faits les plus étonnants de l'histoire du ciel. L'esprit se perd dans la supputation des distances stellaires, tant les nombres deviennent énormes quand on prend pour unité le kilomètre, la lieue ou même le rayon terrestre. Avec ces inconcevables distances, que le chiffre se lasse à dénombrer, une mesure spéciale est nécessaire, grandiose comme les profondeurs qu'elle doit sonder. C'est la lumière qui nous la fournit. Vous vous rappelez que, pour nous venir du Soleil, c'est-à-dire pour franchir une distance de 38 millions de lieues, un rayon de lumière emploie 8 minutes environ. Or, les astronomes affirment, sur la foi de leurs gigantesques triangles, que, pour nous arriver de l'une des étoiles les plus voisines, d'Alpha du Centaure, la lumière met trois ans et demi. Trois ans et demi, comprenez-vous bien ; trois ans et demi, lorsque, dans la moitié d'un petit quart d'heure, 38 millions de lieues sont franchis ! Écoutez encore. Toutes les étoiles ne sont pas à la même distance : il y en a de plus près, il y en a de plus loin. La soixante et

unième du Cygne met 9 années et plus à nous envoyer ses rayons ; Wéga de la Lyre en met de 12 à 13 ; Sirius, 22 ; Arcturus, 26 ; la Polaire, 31 ; la Chèvre, 72, etc. Le rayon qui maintenant atteint notre prunelle, quoique dardé avec l'incompréhensible vitesse de 77 000 lieues par seconde, était en route depuis de longues années ; depuis 31 ans s'il nous vient de la Polaire, depuis 72 s'il nous vient de la Chèvre. Vieilli en chemin, il nous apporte, non les nouvelles présentes de l'étoile, mais les nouvelles du passé.

Par delà les étoiles qui mettent, comme la Chèvre, la durée d'une vie humaine à nous envoyer leurs rayons, d'autres plus nombreuses se trouvent encore, dont la lumière emploie des siècles, des milliers d'années à nous parvenir. Des calculs, basés sur la diminution de l'intensité lumineuse avec la distance, donnent pour l'éloignement probable des dernières étoiles vues avec les plus puissants télescopes une distance telle que la lumière met 2700 ans à la franchir. Jetez les regards vers la première venue des plus petites étoiles qui fourmillent au ciel. A l'époque où l'astre a dardé la lumière qui nous le rend visible en ce moment, personne de nous n'était au monde ; et personne de nous ne verra la lumière partie à l'instant même, car son voyage est d'une durée plus que séculaire. Si, par impossible, cette étoile venait à s'anéantir, on la verrait encore pendant des siècles, tant que le pinceau lumineux, en route au moment de la destruction de l'astre, n'aurait pas achevé son trajet. Dupes d'une illusion occasionnée par la marche de la lumière, si lente eu égard à ces effrayantes étendues, nous croirions assister à un spectacle réel alors que, depuis longtemps, l'étoile n'existerait plus.

4. Maintenons-nous, pour le moment, dans les plus étroites limites. Les astronomes sont parvenus à établir, sur des preuves incontestables, que l'étoile la plus voisine est distante de la Terre d'au moins 200 000 fois la longueur qui nous sépare du Soleil. Si donc, avec un rayon égal à 200 000

fois 38 millions de lieues, on imagine une sphère décrite
autour du globe terrestre pour centre, on est certain qu'aucune étoile ne sera comprise dans cette enceinte. C'est par
delà que commencent les régions stellaires. Transportons-
nous en esprit en un point de cette sphère idéale, limite inférieure des étoiles. De là, comment verrons-nous le Soleil?
Ou plutôt, car, avec de telles distances, le Soleil devient
néant à son tour, comment verrons-nous le cercle décrit
par la Terre en son voyage annuel? — Nous le verrons, le
calcul le démontre, comme une pièce de cinq centimes
placée à 2500 mètres de distance! Oui, c'est dans ce petit
rond que roule la Terre; à raison de 27 000 lieues par
heure. Le disque d'un misérable sou, distant de l'œil de
2500 mètres, nous masque son champ de course! Quant à
voir la Terre elle-même, lorsque son orbite est si mesquine-
ment rétrécie, il ne faut pas y songer. S'informe-t-on de
l'atome de poussière qu'un coup de vent a soulevé au-dessus
des nuées? Ne nous informons pas davantage de notre globe
à la distance des étoiles. Tout au plus, au beau milieu du
petit rond qui maintenant pour nous représente l'orbite terrestre, distingue-t-on quelque chose qui reluit, un point lumineux, une étincelle, un rien. Or, cette étincelle est pour
nous la gloire de ce monde, le dispensateur de la vie. Elle
est le Soleil! Insistons encore. L'infaillibilité du chiffre le
prouve : à la distance de l'étoile la plus rapprochée de nous,
le Soleil doit, tout au plus, faire l'effet d'une médiocre
étoile, de la Polaire par exemple.

Cette conclusion amène forcément cette autre : les étoiles
brillent d'un éclat qui leur est propre et non d'une lumière
empruntée au Soleil. Si les étoiles effectivement recevaient
leur éclat du Soleil, elles seraient éclairées par cet astre,
réduit par l'éloignement aux apparences de la Polaire, comme
la Terre elle-même est éclairée par la Polaire. Or, tout le
ciel étoilé est presque sans effet sur les ténèbres de la nuit.
Que serait-ce si la Polaire brillait seule? Vue de près ou de

loin, sous les faibles rayons de cette seule étoile, la Terre demeurerait complétement obscure. De même, sous les rayons de notre Soleil, les étoiles resteraient ténébreuses. Mais loin de là, chacune est un point lumineux plus ou moins vif. Quelques-unes même, Sirius, Wéga, la Chèvre, Arcturus, etc., brillent d'une lumière éclatante. Il faut donc qu'elles soient toutes, aux mêmes titres que le Soleil, des foyers primitifs de lumière.

5. Théoriquement, le problème du volume des étoiles se borne, une fois la distance connue, à mesurer le diamètre angulaire, c'est-à-dire l'angle sous lequel l'astre est vu. C'est, paraît-il, chose toute simple. Mais attendez. Vu de la Terre, le Soleil a un diamètre angulaire mesurable sans difficulté. Nous l'avons trouvé, dans un autre chapitre, égal à 32 minutes et 6 secondes. Eh bien, pour un observateur placé sur l'étoile la plus rapprochée de nous, savez-vous à quoi se réduirait ce diamètre angulaire? Le calcul va nous le dire. Puisque une étoile est au moins 200 000 fois plus éloignée du Soleil que ne l'est la Terre, vu à cette distance, le Soleil serait compris dans un angle 200 000 fois plus petit, c'est-à-dire moindre qu'un centième de seconde. Aucun de nos instruments de mesure angulaire ne peut évaluer une quantité si petite; le centième de seconde échappe à tous les graphomètres possibles. Ainsi, malgré son énormité réelle, à la distance des étoiles, le Soleil apparaîtrait comme un point sans largeur. Inversement les étoiles, seraient-elles grosses comme le Soleil, pour nous, doivent être des points. Nous les voyons pourtant avec une certaine ampleur. Cela provient de l'irradiation diffuse dont elles paraissent entourées à la vue simple. L'emploi de puissantes lunettes, en donnant de la netteté au regard, fait évanouir cette irradiation; et alors l'astre, dépouillé de son auréole illusoire, se réduit à un véritable point. Plus l'instrument est précis, parfait, plus le point stellaire est amoindri. Chose étrange, si l'on ne tient compte de l'excessive différence

d'éloignement : les télescopes, qui amplifient les planètes, amoindrissent les étoiles ; leur pouvoir, paralysé par une distance hors de proportion avec nos moyens optiques, se borne à bien délimiter une étoile, à la dépouiller de son rayonnement diffus. Cela fait, l'astre n'est plus qu'un point sans dimensions. En général donc, le diamètre angulaire des étoiles n'est pas appréciable avec les moyens dont la science dispose.

6. Ce n'est pas que des observateurs habiles ne se soient appliqués à ce genre de recherches avec des instruments d'une haute perfection. Herschel, par exemple, croyait avoir reconnu à la Chèvre un diamètre angulaire de deux secondes et demie. Or, deux secondes, c'est l'angle sous lequel on verrait, des étoiles les plus voisines, l'orbite entière de la Terre. Si la Chèvre, réellement, a le diamètre angulaire que lui attribuait Herschel, elle doit donc former un soleil que ne pourrait entourer, en guise de ceinture, le cercle annuel décrit par la Terre ; un soleil enfin égal à plus de 20 millions de fois le nôtre. Le célèbre astronome s'est-il mépris ? ses instruments l'ont-ils trompé ? qui pourrait affirmer que, dans les trésors du ciel, ne se trouvent pas des globes de ce volume ? — D'après la vivacité de son éclat, on présume que Sirius, la plus brillante étoile de notre ciel, équivaut à un millier de fois le Soleil.

Si l'impuissance de nos instruments laisse un champ trop libre aux conjectures dans la question du volume des étoiles, une vérité cependant se dégage avec toute l'évidence désirable. Les étoiles sont des globes lumineux par eux-mêmes. Leur distance est telle que, pour nous venir de la plus rapprochée, la lumière emploie de 3 à 4 ans. D'autre part, les déductions les plus élémentaires de la géométrie nous apprennent que notre Soleil, vu à une distance toujours croissante, s'amoindrirait en apparence jusqu'à devenir semblable à la Polaire, si nous pouvions le regarder des régions où les étoiles commencent ; jusqu'à s'évanouir totalement, si notre observatoire était plus éloigné. Vu des étoiles, le Soleil est une étoile; avec une moindre distance, il redevient Soleil. Puisque la distance en plus ou en moins change à nos regards le Soleil en étoile ou l'étoile en Soleil, de même qu'elle change un brasier en étincelle ou l'étincelle en brasier, on est invinciblement amené à conclure que les étoiles sont autant de soleils comparables au nôtre, foyers comme lui de chaleur et de lumière, énormes comme lui, et comme lui pivots de planètes et de satellites, mondes obscurs que la raison devine, mais que l'œil ne verra peut-être jamais.

7. Les astronomes classent les étoiles en divers ordres d'après leur éclat. Les plus brillantes sont dites de première grandeur; celles dont la lumière est un peu plus faible sont dites de seconde grandeur, et ainsi de suite. N'allez pas vous méprendre sur cette classification. Elle ne nous apprend rien sur les dimensions des étoiles, elle nous renseigne seulement sur leur éclat tel qu'il nous apparaît. Sirius, par exemple, est de première grandeur; la Polaire, de la seconde. Est-ce à dire que la Polaire soit en volume inférieure à Sirius? Non, car son éclat plus faible peut résulter d'un éloignement plus grand. Si la grosseur d'une étoile et l'intensité de son foyer lumineux concourent à augmenter l'éclat, la distance tend à l'affaiblir. Il peut donc très-bien se faire qu'une étoile classée dans le dernier ordre de grandeur soit en réalité plus importante qu'une autre classée dans le premier. Le moindre point stellaire, limite de ce que l'œil perçoit, est peut-être un géant par rapport à Sirius. La poussière lumineuse que le regard saisit à grand'peine dans les profondeurs du firmament, est toujours une poussière de soleils.

Les six premiers ordres de grandeur renferment les étoiles qu'une vue ordinaire distingue sans l'emploi des lunettes. Les ordres suivants comprennent les étoiles invisibles sans télescope. Voici, en commençant par les plus brillantes, les étoiles de première grandeur visibles dans notre ciel[1]. Le nom de l'étoile est accompagné de celui de la constellation dont elle fait partie.

Sirius....	Le Grand-Chien.	Aldébaran. .	Le Taureau.
Arcturus..	Le Bouvier.	Antarès . . .	Le Scorpion.
Rigel. ,. .	Orion.	Ataïr.....	L'Aigle.
La Chèvre.	Le Cocher.	L'Epi	La Vierge.
Wéga. . .	La Lyre.	Fomalhaut..	Le Poisson austral.
Procyon. .	Le Petit-Chien.	Pollux....	Les Gémeaux.
Béteigeuze.	Orion.	Régulus. . .	Le Lion.

Dans le ciel austral, il faut citer Canopus, Alpha de l'Éridan, Alpha et Bêta du Centaure, Alpha et Bêta de la Croix du Sud. En tout 20 étoiles de première grandeur[2].

8. Le nombre augmente rapidement dans les ordres inférieurs. On compte 65 étoiles de seconde grandeur, 190 de troisième, 425 de quatrième, 1100 de cinquième, 3200 de sixième. La somme des étoiles de toute grandeur visibles à la vue simple, est donc de 5000. Sur ce nombre, dans nos climats, 1000 à peu près ne s'élèvent jamais au-dessus de l'horizon. Il en reste ainsi 4000 pour peupler notre ciel. Mais, comme nous n'avons à un moment donné que la moitié du ciel au-dessus de nos têtes, la totalité des étoiles embrassée en une fois par le regard est de 2000; 3000 au plus si la nuit est sereine et la vue bien perçante. C'est peu. Tout d'abord les points lumineux dont le ciel est constellé nous paraissent innombrables. Mais voici où les richesses du ciel dépassent nos prévisions. Armons-nous d'un télescope pour dénombrer les étoiles des derniers ordres de grandeur. Alors les nombres s'enflent à confondre l'esprit. On trouve 13 000 étoiles de septième grandeur, 40 000 de huitième, 142 000 de neuvième. C'est par millions que se comptent les étoiles des derniers ordres perceptibles. Dans cette

---

[1] Nous donnons plus loin le moyen de les reconnaître dans le ciel.

[2] On désigne les étoiles d'une même constellation par les noms des lettres de l'alphabet grec: alpha, bêta, gamma, delta, epsilon, etc.

traînée de lumière laiteuse qui fait le tour du ciel et qu'on nomme la Voie lactée, Herschel en a dénombré 18 millions. Sous les verres amplifiants des lunettes, tel coin du ciel, pas plus large que le disque de la Lune, devient une fourmilière où les étoiles se montrent par milliers. On évalue par approximation à 43 millions le total des étoiles depuis la première grandeur jusqu'à la quatorzième ; encore ce nombre pèche-t-il probablement par défaut. Vers le quatorzième ordre de grandeur s'arrête en général la puissance de nos appareils de vision, mais là ne s'arrêtent pas les richesses stellaires de l'espace, car, à mesure que des instruments meilleurs sondent des couches plus profondes, de nouvelles légions de soleils apparaissent, à lasser tout dénombrement. Univers des soleils, suspendu comme un écrin au trône du Très-Haut, où sont donc tes limites !

9. Observées superficiellement, les étoiles paraissent conserver sur la voûte du ciel la même position par rapport l'une à l'autre. Seraient-elles en effet immobiles ? — Non, ce repos est illusoire. Dans l'univers, tout s'agite ; les soleils comme les terres qu'ils animent. Si les étoiles nous semblent fixes, c'est que la prodigieuse distance où elles se trouvent annule à nos regards l'effet de leurs déplacements. En réalité, elles se meuvent ; elles sillonnent l'étendue suivant de mystérieuses orbites, dont le parcours défie nos mesures d'espace et de temps. Il a fallu tout ce que les méthodes astronomiques modernes présentent d'exquise précision, pour mettre en évidence leur formidable course. La soixante et unième du Cygne se déplace tous les ans d'un tout petit arc que cacherait l'épaisseur d'un fil placé à une trentaine de mètres de l'œil, enfin d'un arc de 5 secondes. A la distance de l'étoile, cette épaisseur d'un fil prend des proportions inouïes ; elle correspond au moins à 40 millions de millions de lieues. Tel est donc le chemin que la soixante et unième du Cygne parcourt en une année. Pour ne pas nous perdre dans des nombres démesurés, bornons-nous aux trajets par-

courus en une heure. Par heure, la soixante et unième du
Cygne se déplace de 64 440 lieues ; Arcturus, de 76 824 ; Sirius, de 36 000 ; la Chèvre, de 37 592, etc. — La Terre, sur
son orbite, parcourt 27 000 lieues par heure. En vain cherche-
rions-nous à nous faire une image de cette fougue furieuse.
Eh bien, dans leur immobilité apparente, Sirius, la Chèvre,
Arcturus, etc., sont plus rapides encore ; ces prétendues
fixes possèdent les plus grandes vitesses dont la matière soit
animée.

Toutes les étoiles, à des degrés divers, ont donc un mouvement de translation, qui dans un sens, qui dans un autre.
Notre étoile, notre Soleil, ne fait pas exception. Accompagné
de ses planètes, il s'avance vers la constellation d'Hercule, à
raison de 7200 lieues par heure. On ignore quelle puissance l'entraîne vers cette région du ciel. Tournerait-il autour d'un astre inconnu, incomparablement plus volumineux et dont il ne serait lui-même qu'un modeste satellite ?
Peut-être. — Les déplacements stellaires, quoique dissimulés
à nos regards par les profondeurs infinies où ils s'accom-
plissent, s'accumulent néanmoins avec les siècles. Un jour
viendra donc où, par leur mélange, les constellations présentes auront pris une nouvelle forme. Mais, comme la chronologie de l'humanité n'est pas la chronologie des soleils,
peut se faire, tant la transformation est lente, qu'il n'y ait
plus d'hommes sur la Terre pour témoins des cieux ainsi
renouvelés.

VINGT-QUATRIÈME LEÇON

LES ÉTOILES

SUITE

1. On nomme *étoiles multiples* des groupes de plusieurs étoiles, deux, trois, quatre ou davantage, qui font partie d'un même système et tournent autour l'une de l'autre. Les étoiles doubles sont les plus fréquentes. On en connaît plus de 3000. Les étoiles triples paraissent être peu nombreuses. Les catalogues astronomiques n'en renferment que 52. Enfin les groupes d'un ordre plus élevé sont très-rares. Castor ou Alpha des Gémeaux est une étoile double, Alpha d'Andromède est triple, Epsilon de la Lyre est quadruple, Thêta d'Orion est sextuple. Quel que soit leur nombre, les soleils compagnons dont se compose une étoile multiple, sont toujours assez rapprochés pour se confondre à la vue simple en un seul point brillant. Il faut les meilleurs télescopes et des conditions atmosphériques exceptionnelles pour les voir séparés. La soixante et unième du Cygne, par exemple, aux yeux les plus perçants est un astre indivisible. Avec une puissante lunette, elle se résout en deux étoiles à peu près d'égal éclat. De la difficulté du dédoublement, il ne faudrait pas conclure à une extrême proximité. Les deux soleils de la soixante et unième du Cygne se trouvent pour le moins à 1700 millions de lieues l'un de l'autre. C'est plus que le

rayon de l'órbe de Neptune. Le plus petit, enchaîné au plus gros par les lois de la gravitation, tourne autour de ce dernier en décrivant une ellipse à la manière des planètes. On le voit aujourd'hui au-dessus du soleil principal, plus tard à gauche, puis en dessous, à droite ; et enfin le circuit recommence. Dans toutes les étoiles multiples les mêmes faits se reproduisent : les soleils de moindre masse circulent, simples satellites, autour du soleil de masse prédominante et parcourent des orbites elliptiques. La même force qui régit notre système solaire et préside au mouvement circulatoire des planètes, l'attraction newtonnienne, s'exerce donc jusque dans les régions les plus reculées de l'Univers où le regard puisse pénétrer. La chute d'une pierre vers le sol nous a rendu compte de la révolution annuelle de la Terre ; elle nous rend compte encore de la rotation d'un soleil autour d'un autre Soleil. Grain de poussière soulevé par le vent, et soleils éclos sous le regard de Dieu aux confins de l'Univers visible, obéissent aux mêmes lois.

Le soleil satellite emploie au parcours de son orbe un temps variable d'une étoile multiple à l'autre. La durée de la révolution est de 36 ans dans l'étoile double Zêta d'Hercule ; de 58 ans dans Xi de la Grande-Ourse ; de 78 dans Alpha du Centaure ; de 452 dans la soixante et unième du Cygne ; de 1200 dans Gamma du Lion.

2. Les soleils composants d'une étoile multiple ont en général des colorations différentes. Tandis que l'un est blanc, jaune ou rouge, l'autre est vert ou bleu. Notre soleil est blanc, c'est-à-dire qu'il nous envoie de la lumière blanche. S'il rayonnait de la lumière bleue, s'il était bleu lui-même, tous les objets terrestres nous apparaîtraient teints de bleu, comme lorsque nous regardons le paysage à travers une lame de verre de cette nuance. Le jour enfin serait bleu. Il serait rouge avec un soleil rouge, vert avec un soleil vert. Imaginons au centre de notre système solaire trois ou quatre soleils à la place de celui que nous avons ; l'un blanc, un

autre bleu, un troisième rouge, un quatrième vert. Pour le même hémisphère de la Terre, ces soleils pourraient être visibles un à un, ou bien deux à deux, trois à trois ou tous les quatre ensemble. La plupart du temps, la nuit sera supprimée : à peine un soleil sera-t-il couché qu'un autre se lèvera. Mais la succession non interrompue du jour aura sa variété, car à l'illumination blanche succédera l'illumination rouge, verte ou bleue. Puis viendront des journées à deux soleils, à trois, à quatre, inépuisables en jeux de lumière, en effets de chaleur, par le mélange à proportions changeantes des rayons primordiaux. Eh bien, ces magnificences solaires existent en réalité sur les planètes qui, pour soleil, ont une étoile multiple.

La coloration autre que la blanche se retrouve encore, mais avec moins de fréquence, dans les soleils isolés. Ainsi Aldébaran, Arcturus, Antarès, Bételgeuze, qui sont des étoiles simples, brillent d'un éclat rouge. La Chèvre et Ataïr sont jaunes. A part quelques rares exceptions de ce genre, toutes les autres étoiles simples sont blanches.

. On connaît un certain nombre d'étoiles dont l'éclat tour à tour augmente ou diminue dans des périodes de temps plus ou moins longues. On les nomme *étoiles périodiques*. Ainsi Omicron de la Baleine atteint parfois l'éclat des étoiles de première grandeur. En octobre 1779, elle était à peine inférieure à Aldébaran. Plus souvent, elle arrive à la deuxième grandeur. Après avoir brillé de son éclat le plus vif pendant une quinzaine de jours, elle s'affaiblit peu à peu jusqu'à devenir invisible même au télescope. L'invisibilité persiste cinq mois. Puis l'étoile se rallume pour ainsi dire ; elle reparaît et, gagnant chaque jour en intensité, revient à son premier éclat pour recommencer les mêmes phases dans une période de 332 jours environ.

Hêta d'Argo est encore plus remarquable. Cette étoile n'est visible que dans l'hémisphère austral. Au commencement de ce siècle, elle était classée dans la quatrième gran-

deur.. En 1837, Herschel, qui l'observait au Cap de Bonne-
Espérance et qui depuis plusieurs années l'avait trouvée de
deuxième ordre, la vit rapidement augmenter d'éclat et devenir presque l'égale de Sirius. En une quinzaine de jours,
la transformation fut accomplie. Puis, l'étoile pâlit sans toutefois descendre au-dessous de la première grandeur. Une seconde fois et avec la même rapidité, en 1843, Hêta d'Argo
a rivalisé avec Sirius. Cet éclat extraordinaire s'est maintenu
jusqu'en 1850.

Il est impossible de préciser les causes de ces changements d'intensité lumineuse. Peut-être les étoiles dites périodiques ont–elles, comme notre soleil, des taches obscures
mais plus étendues, qui, tournées vers nous, affaiblissent
momentanément l'éclat du disque. Peut-être de gros satellites opaques, analogues à nos planètes, viennent-ils en circulant autour d'elles, intercepter nos regards et produire de
véritables éclipses de ces lointains soleils.

Quelques étoiles éprouvent de lentes variations de couleur
ou d'intensité sans retour périodique à l'état primitif. Ce
sont les *étoiles variables*. Les unes pâlissent avec les siècles
et d'autres prennent plus d'éclat, comme si leur foyer était
sujet à défaillir ou bien à s'activer. D'autres encore, en conservant le même ordre de grandeur, changent de coloration.
Sirius, dans l'antiquité, était rouge de feu ; il est aujourd'hui
d'une éclatante blancheur. On cite enfin de rares exemples
d'étoiles qui ont disparu. La voûte du ciel n'en garde plus de
trace. Grandes questions parmi toutes, mais encore pleines
d'obscurité ! Des soleils languissent, des soleils se ravivent,
des soleils s'éteignent et meurent. Le nôtre conservera-t-il
toujours sa chaleur ? Dans la suite des âges, la Terre dépeu-
plée roulera-t-elle, au sein des ténèbres, autour d'un soleil
mort ?

4. Par contre, de nouveaux soleils éclosent. Ces étoiles,
dites *temporaires*, apparaissent soudainement dans le ciel,
brillent un certain temps, puis s'éteignent. Telle fut l'étoile

de 1572. Tycho-Brahé nous raconte que, frappé de surprise à la vue de cet astre d'un éclat extraordinaire brusquement apparu dans la constellation de Cassiopée, il osait à peine en croire le témoignage de ses yeux. Dans les cieux, prétendus immuables, un soleil nouveau venait de s'allumer. L'étoile nouvelle ressemblait de tout point aux autres, seulement elle scintillait encore plus que les étoiles de première grandeur. Son éclat surpassait celui de Sirius. Avec une bonne vue, on pouvait la distinguer en plein midi. A plusieurs reprises, pendant une nuit obscure, elle fut visible à travers un rideau de nuages, alors que toutes les autres étoiles étaient voilées. Enfin elle conserva constamment la même position dans le ciel, comme le font les étoiles ordinaires. Deux ou trois semaines après, son éclat commença à décliner, et, en mars 1574, l'étoile s'éteignit. Elle avait brillé 17 mois.

On peut citer encore, parmi les plus remarquables, l'étoile temporaire de 1604, observée par Kepler, dans la constellation du Serpentaire. Dès les premiers jours, ceux qui avaient vu l'étoile de 1572 trouvaient que la nouvelle la surpassait en éclat. Quinze mois plus tard, elle avait totalement disparu après une extinction graduelle. — En 1670, étoile nouvelle dans le voisinage du Cygne. Celle-ci, particularité fort remarquable, parut s'éteindre et se raviver à diverses reprises avant de disparaître en entier. — Enfin, pour mentionner un exemple plus rapproché de nous, nous ajouterons qu'une petite étoile rouge apparut en 1848 dans les constellations du Serpentaire. Dans le courant de l'année, elle s'évanouit.

Les étoiles temporaires sont-elles des astres absolument nouveaux, bientôt détruits comme une œuvre manquée; ou bien sont-elles le siége de conflagrations soudaines qui les rendent lumineuses et visibles d'obscures qu'elles étaient? Quelque immense brasier, électrique peut-être, s'allumerait-il brusquement à leur surface pour s'éteindre tôt ou tard et se rallumer encore? La matière ne se détruit pas; elle se transforme, jusqu'à ce qu'il plaise au Créateur de la faire rentrer dans le néant d'où il l'a évoquée. Le jeu des créations et des destructions n'est qu'apparence, acheminement vers des formes nouvelles. Un soleil n'est pas anéanti parce qu'il cesse d'être lumineux. A sa phase d'obscurité peut succéder un jour une nouvelle phase de splendeur par l'action renouvelée des forces qui l'avaient rendu lumineux une première fois.

5. Après ces rapides aperçus sur les faits principaux de l'univers stellaire, il nous reste à dire quelques mots sur les moyens à employer pour se reconnaître un peu au milieu de la multitude des étoiles. Vous savez qu'on nomme *constellations* des groupes d'étoiles délimitées sur des conventions arbitraires, et auxquels on applique des noms empruntés aux objets les plus variés, instruments, animaux, personnages, etc. Vous connaissez déjà la Grande-Ourse et la Petite-Ourse. Si vos souvenirs sont en défaut, revenez d'abord au chapitre où il est parlé de ces constellations, car elles vont nous servir de point de départ pour en connaître d'autres.

En un lieu d'observation déterminé, la courbure de la Terre nous cache constamment une partie du ciel. Il faudrait voyager, dépasser l'équateur, pour explorer du regard le ciel entier. J'ai assez insisté sur ce point dans une autre leçon pour qu'il soit inutile d'y revenir ici. Il ne passe donc au-dessus de notre horizon qu'une partie de l'étendue étoilée ; et encore est-ce moitié de jour, moitié de nuit. Il semble donc que la moitié des constellations correspondant à notre horizon devraient se trouver toujours invisibles, voilées qu'elles sont par l'illumination du jour. C'est ce qui aurait lieu, je vous l'ai dit ailleurs, si la Terre restait en place, tournant uniquement sur elle-même. Mais à cause de notre translation autour du Soleil, toutes les étoiles qui montent au-dessus de notre horizon viennent graduellement dans notre ciel nocturne et par suite sont tôt ou tard visibles. Arrêtons-nous encore un instant sur ce point.

Le jour solaire est plus long de 4 minutes en moyenne que le jour sidéral. Une étoile qui passe aujourd'hui au méridien en même temps que le Soleil, y passera demain 4 minutes plus tôt, après demain 8 minutes, etc. ; de sorte que, par l'accumulation de ces avances successives, elle viendra de nuit dans notre ciel, ce qui la rendra visible d'invisible qu'elle était d'abord. L'aspect de la voûte étoilée est donc variable suivant l'époque de l'année. Nous allons en examiner les traits principaux en hiver et en été. Mais d'abord occupons-nous des constellations circompolaires.

6. Le ciel étoilé semble tourner tout d'une pièce autour de l'axe de la Terre, qui, prolongé idéalement, va aboutir non loin de la Polaire. Chaque étoile, d'après les apparences, dont nous tiendrons désormais le langage, décrit un cercle plus grand ou plus petit, suivant sa distance au pôle, autour de cette ligne imaginaire. Mais tantôt, pour les étoiles voisines du pôle, le cercle décrit est en entier au-dessus de l'horizon à cause de la direction relevée de l'axe ; tantôt, pour les étoiles plus reculées vers l'équateur céleste, il plonge plus ou moins au-dessous. Les premières étoiles jamais ne se couchent, jamais ne se lèvent. Situées constamment dans la partie du ciel visible, elles se montrent quand le Soleil est couché, elles s'effacent quand le Soleil est revenu, sans être jamais masquées par la courbure du sol. Les constellations qu'elles forment sont dites *constellations circompolaires*. Les secondes, au contraire, se lèvent et se couchent, c'est-à-dire qu'elles apparaissent au bord oriental de l'horizon, montent dans le ciel, puis plongent au bord occidental. Les constellations circompolaires sont visibles toutes les nuits, n'importe l'époque de l'année ; seulement, en tournant autour de l'axe, elles occupent la droite ou la gauche, le dessus ou le dessous du pôle, suivant l'heure de l'observation. De ce nombre sont : la Grande-Ourse, la Petite-Ourse, Cassiopée et Persée.

Je vous rappellerai que la Grande-Ourse se compose de

sept étoiles principales, dont six à peu près d'égal éclat et de seconde grandeur. Quatre sont disposées en carré long, irrégulier ; les trois autres partent de l'un des angles et forment une queue recourbée. — En prolongeant la ligne qui joint les deux étoiles extrèmes du quadrilatère, ou la ligne des Gardes, on rencontre la Polaire, étoile de seconde grandeur qui termine la queue de la Petite-Ourse. Cette dernière constellation, de dimensions bien moindres, est formée de sept étoiles disposées comme celles de la Grande-Ourse, mais en sens toujours inverse. De ces sept étoiles, trois seulement ont de l'éclat : la Polaire et les deux terminales du quadrilatère. Les quatre autres se voient tout juste.

7. Cela dit, supposons-nous en fin décembre, vers neuf ou dix heures du soir. La nuit est claire ; le lieu choisi pour nos observations nous permet d'embrasser la voûte entière du ciel. Nous faisons face au nord. La Grande-Ourse est à droite du pôle, un peu en dessous, la queue dirigée en bas. A une heure plus avancée de la nuit, nous la verrions, entraînée par la rotation du ciel, exactement à droite de la Polaire ; un peu plus tard au-dessus, mais alors le jour se lèverait. De l'autre côté du quadrilatère de la Grande-Ourse par rapport à la Polaire, et par conséquent à notre gauche, se trouve, dans le voisinage de la Voie lactée, une belle constellation formée de six ou sept étoiles principales, représentant une espèce d'Y à queue brisée, ou bien une chaise renversée ; c'est Cassiopée. Cette constellation est toujours à l'opposite de la Grande-Ourse par rapport au pôle, à gauche de la Polaire quand la Grande-Ourse est à droite, au-dessus quand la Grande-Ourse est au-dessous, etc.

Deux diagonales peuvent être menées à travers le quadrilatère de la Grande-Ourse : l'une aboutissant à la queue et l'autre non. Si l'on mène cette dernière et qu'on la prolonge jusqu'au voisinage de Cassiopée, on traverse Persée, constellation de peu d'éclat mais remarquable par la présence d'Algol. C'est une étoile périodique qui, en trois heures et

demie environ, passe de la seconde grandeur à la quatrième,
et, dans le même laps de temps, revient de la quatrième à
la seconde.

Dans le voisinage de Persée, à peu près au haut du ciel,
est une belle étoile jaune de première grandeur, la Chèvre,
de la constellation du Cocher. Le Cocher est lui-même un
grand pentagone irrégulier. On trouve aisément la Chèvre
en prolongeant à l'opposé de la queue, le côté du quadrilatère de la Grande-Ourse le plus voisin du pôle. La Chèvre
fait encore partie des étoiles circompolaires pour notre horizon.

8. Tournez-vous maintenant vers le sud. Vous avez sous
les yeux les plus belles constellations de l'année. Et d'abord
Orion. C'est un grand quadrilatère irrégulier, au centre duquel sont rangées en ligne droite trois étoiles d'égal éclat et
assez voisines. Ces trois étoiles forment le baudrier du chasseur Orion, qui, la massue à la main, assomme le Taureau
céleste. On leur donne vulgairement le nom des Trois Rois,
des Rois mages. Deux des étoiles situées aux quatre angles
du quadrilatère d'Orion sont de première grandeur. Celle
d'en haut est Béteigeuze, à teinte rougeâtre. Elle forme l'é-
paule droite d'Orion. Celle d'en bas est Rigel. Elle est
blanche et appartient au pied gauche du chasseur. — L'a-
lignement des trois étoiles du baudrier d'Orion prolongé
vers le sud-est rencontre la plus brillante étoile du ciel,
Sirius, de la constellation du Grand-Chien. — A l'est du
quadrilatère d'Orion, à peu près à la même hauteur que Béteigeuze, est encore une étoile de première grandeur, Procyon, du Petit Chien. Sirius, Béteigeuze et Procyon forment
entre elles un triangle équilatéral traversé par la Voie lactée.
— Prolongeons maintenant la ligne des Trois Rois en sens
inverse de Sirius. Elle rencontre une étoile rouge de première grandeur. C'est Aldébaran ou l'œil du Taureau. Elle
termine l'une des branches d'une espèce de V composé de
cinq étoiles bien visibles, formant le front du Taureau. —

Par delà Aldébaran; toujours dans la direction de l'alignement des Trois Rois, sont les Pléiades, groupe de six ou
sept petites étoiles très-rapprochées et qui exigent une cer.
taine acuïté de vue pour être dénombrées. — Aldébaran
est lui-même au milieu d'un groupe analogue appelé les
Hyades. — La diagonale menée dans le quadrilatère de la
Grande-Ourse par le sommet où aboutit la queue, va passer
par Sirius à l'autre bout du ciel. A mi-chemin, elle traverse
les Gémeaux, où se trouvent deux belles étoiles : Pollux, de
première grandeur, et Castor, de seconde. Ces deux étoiles
sont au-dessus de Procyon, à peu près sur le prolongement
de la diagonale qui irait de Rigel à Béteigeuze.

9. Maintenant, nous sommes en fin juin. Les étoiles hi‑
vernales ont disparu ; Sirius, Procyon, Rigel, Aldébaran, ne
sont plus visibles ; elles passent de jour au-dessus de nos
têtes. D'autres leur ont succédé. — La Grande-Ourse est à
gauche de la Polaire, la queue dirigée vers le haut. — Cas‑
siopée est à droite, le dos de la chaise couché horizontale‑
ment. — Infléchie comme un doigt indicateur, la queue de
la Grande-Ourse nous montre vers l'ouest, dans la direction
de sa courbure prolongée, une étoile rouge de première
grandeur, Arcturus, de la constellation du Bouvier. — Après
avoir passé Arcturus, si l'on continue la courbure de la
queue de la Grande-Ourse comme pour achever la circonfé‑
rence, on trouve l'Épi, autre étoile de première grandeur.
Elle appartient à la Vierge. — Toujours à l'ouest, mais en
remontant vers le nord, se voit Régulus ou le Cœur du Lion.
La ligne des Gardes de la Grande-Ourse prolongée en sens
inverse de la Polaire aboutit à cette dernière constellation,
reconnaissable à six étoiles disposées en faucille de moisson‑
neur. La plus brillante, Régulus, de première grandeur,
occupe l'extrémité libre du manche de la faucille — Presque
au haut du ciel et à l'est d'Arcturus, sont assemblées en
demi-cercle régulier sept étoiles faciles à reconnaître quoique
peu brillantes. Elles forment la Couronne boréale. L'une

d'elles, de seconde grandeur, est appelée la Perle. — Sur l'alignement d'Arcturus et de la Perle et à une distance double, brille, à côté de la Voie lactée, une très-belle étoile de première grandeur, Wéga, de la Lyre. Quatre étoiles très-petites, arrangées en parallélogramme régulier, l'accompagnent en dessous. Wéga, dans 12 000 ans, sera l'étoile du pôle. — La droite qui va de la Perle à Wéga rencontre à mi-chemin la constellation d'Hercule. Rien de frappant ne la caractérise. Nous rappellerons toutefois que le Soleil, accompagné de ses planètes, accourt vers cette région du ciel avec une vitesse de deux lieues par seconde. — A gauche de la Lyre et tout au beau milieu de la Voie lactée, en ce point bifurquée, se voient cinq étoiles disposées en grande croix, dont la plus longue branche est horizontale et la plus courte verticale. L'étoile occupant la tête de la croix est presque de première grandeur, les quatre autres sont de troisième. Cette constellation est le Cygne. — Enfin une droite menée de la Polaire à travers le Cygne, rencontre, un peu au delà de la Voie lactée, trois étoiles régulièrement rangées, dont celle du milieu est de première grandeur. Elles font partie de la constellation de l'Aigle. L'étoile principale s'appelle Ataïr.

VINGT-CINQUIÈME LEÇON

LES NÉBULEUSES

1. Par une nuit sereine, qui n'a remarqué cette écharpe
lumineuse, pareille à une traînée de vapeurs phosphorescentes, qui ceint le ciel d'un bout à l'autre ? Les astronomes
l'appellent la Voie lactée ; le vulgaire, le chemin de Saint-
Jacques. Junon, à ce que racontait l'antiquité, allaitait un
jour Hercule enfant. Quelques gouttes du lait divin s'échap-
pèrent des lèvres du nourrisson, et, s'épandant sur la voûte
céleste, formèrent la Voie lactée, la voie du lait. La science
a conservé le mot des rêveries antiques ; mais elle a, pour
la prétendue traînée de lait, une explication bien autrement
majestueuse. Vous allez en juger.

A la vue simple, la Voie lactée a l'aspect d'un léger brouillard lumineux, disposé en bande très-irrégulière. Elle fait
le tour entier du ciel, qu'elle divise en deux parties à peu
près égales. Dans notre hémisphère, on la suit l'hiver à travers les constellations de Cassiopée, de Persée, du Cocher,
tout près de la Chèvre ; dans le voisinage d'Orion, dont elle
couvre la massue ; enfin à proximité de Sirius. En été, de
Cassiopée, elle se dirige à travers le Cygne et l'Aigle. A partir du Cygne, elle se divise en deux branches, qui se rejoignent dans le ciel austral près d'Alpha du Centaure. Ainsi
partagée en deux arcs sur la moitié de sa longueur et réduite
à un seul dans l'autre, elle peut être comparée à une bague,

dont le filet métallique se dédouble et laisse une place vide pour enchâsser une pierre précieuse. Réduit à ses seules forces, l'œil ne peut nous en apprendre davantage sur la Voie lactée. Le télescope va nous dire le reste.

2. Si l'instrument est dirigé vers un point quelconque du chemin de lait, aussitôt des milliers de points brillants apparaissent là où le regard ne percevait d'abord qu'une vague lueur. C'est, à la lettre, une fourmilière d'étoiles, un entassement de soleils. Vue à distance, la plage des mers confond ses grains de sable en une bande uniforme ; de près, elle se résout en incalculables myriades de grains séparés ; ainsi de la Voie lactée. De loin ou à la vue simple, c'est une traînée de clartés laiteuses ; de près, c'est-à-dire sous l'œil du télescope, c'est un prodigieux amoncellement d'étoiles distinctes. On dirait la plage de quelque océan céleste, qui, pour grains de sable, amoncellerait des soleils. Lorsque Herschel étudiait cette merveille du ciel, le télescope employé n'étendait le champ de vision que sur une surface équivalente au quart du disque de la Lune ; et, dans une aire si restreinte, les étoiles pourtant se comptaient par 300, 400, 500, jusqu'à 600. Six cents étoiles pour un tout petit coin de la Voie lactée égal au quart du disque de la Lune, deux mille quatre cents pour une étendue représentée par le disque complet ! A peine en voyons-nous autant sans lunette sur la voûte entière du ciel. — Dans le champ du télescope immobile, les étoiles se renouvelaient sans cesse, entraînées par leur rotation apparente. Herschel essaya de les compter. Il estima que, en un quart d'heure, 116 000 étoiles défilaient sous ses yeux ! Il estima que le recensement total s'élèverait au moins à 18 millions !

3. La Voie lactée est-elle ce que dit tout d'abord le télescope : une couronne de soleils entassés par millions ; ou bien est-elle la perspective d'une couche uniforme de soleils, au sein de laquelle nous nous trouverions nous-mêmes ? Un exemple expliquera ma pensée.

. Supposons une fine brume qui repose sur le sol tout autour de nous avec une épaisseur d'une dixaine de mètres.
Du milieu de ce brouillard, indéfiniment étendu dans le
sens horizontal, bientôt borné dans le sens vertical, quelles
sont pour nous les apparences? — Au-dessus de nos têtes,
le regard plonge presque sans obstacle, à cause de la faible
épaisseur de la brume ; il ne rencontre qu'un petit nombre
de particules de vapeur, et le bleu du ciel nous apparaît à
peine terni. Dans le sens horizontal, au contraire, la vue
embrasse, suivant toutes les directions, des files indéfinies
de particules brumeuses, qui se superposent en perspective
commune, et, par cette superposition, s'épaisissent autour
du spectateur en un cercle nuageux plus ou moins opaque.
Ainsi donc une couche uniforme de vapeur, invisible pour
nous dans le sens de sa moindre dimension, peut dessiner
autour de nous, dans le sens de ses plus grandes dimensions, une zone circulaire de nuages. Le cercle vaporeux
qui cerne d'ordinaire l'horizon en réalité n'a pas d'autre origine. L'horizon n'est pas brumeux plus que le lieu où nous
sommes, mais c'est là que se superposent en perspective les
vapeurs uniformément répandues sur le sol.

4. Cela compris, imaginons, avec Herschel, que des millions et des millions d'étoiles, à peu près également distantes entre elles, soient disposés en amas aplati, en couche
ou meule de peu d'épaisseur relativement à ses incommensurables dimensions dans les autres sens. Ce sera, pour nous
servir d'une image empruntée à l'exemple qui précède, un
brouillard de soleils, bientôt limité dans son épaisseur, immense dans sa longueur et sa largeur. Notre soleil est une
des étoiles de la couche ; nous occupons un point intérieur
de la meule stellaire. Alors tout s'explique. Si le regard est
dirigé à travers la mince épaisseur de la couche, il ne rencontre qu'un petit nombre d'étoiles, et le ciel nous apparaît
dégarni dans cette direction. S'il plonge suivant la largeur
de la couche, il rencontre, il côtoie tant d'étoiles, que

celles-ci, superposées en perspective, semblent se toucher et se confondent en une lueur laiteuse continue. De la sorte, les plus grandes dimensions de la meule de soleils se trouvent dessinées autour de nous sur le firmament par une ceinture d'étoiles accumulées, comme les plus grandes dimensions d'une couche de brume sont accusées par une zone circulaire de nuages. La Voie lactée est donc la perspective, suivant ses plus grandes profondeurs, de la couche aplatie d'étoiles dont nous faisons partie; c'est en quelque sorte un horizon embrumé de soleils.

5. Résumons. Toutes les étoiles que nous voyons au ciel, absolument toutes, petites et grandes, télescopiques ou visibles sans instruments, au nombre d'une quarantaine de millions pour le moins, sont disposées en amas aplati, au sein duquel notre soleil se trouve, simple unité dans l'amoncellement immense des soleils ses compagnons. Pour nous qui le voyons du milieu de son épaisseur, l'amas stellaire reste inaperçu dans un sens parce qu'il est trop mince; mais dans l'autre il se révèle par une condensation de perspective, enfin par la Voie lactée. On donne à cette couche d'étoiles le nom de *nébuleuse*. Sa forme générale est celle d'une meule; mais la bifurcation de la Voie lactée, depuis le Cygne jusqu'au Centaure, nous apprend que la couche, sur la moitié de son étendue, est divisée en deux nappes. On peut donc comparer la nébuleuse à un disque de carton qu'on aurait à demi dédoublé pour faire entre-bâiller les deux feuillets disjoints.

Herschel essaya d'évaluer les dimensions de cet amas de soleils. Sa méthode est trop frappante, dans son originale simplicité, pour ne pas en dire ici quelques mots. Si les étoiles de la nébuleuse sont à peu près également espacées entre elles (supposition toute naturelle), le regard, dans une direction déterminée, doit en apercevoir d'autant plus, que, dans ce même sens, la couche est plus profonde. Basé sur ce principe incontestable, Herschel se mit à jauger le firmament. Pour jauge, pour sonde, il avait son télescope, qui permettait à la vue de plonger dans les profondeurs de la nébuleuse. Or, dans telle direction du ciel, le champ du télescope n'embrassait qu'une étoile ; dans telle autre, il en embrassait 10 ; dans une troisième, 100 ; puis 200, 300, etc. De ces nombres, on peut déduire les profondeurs proportionnelles de la couche d'étoiles dans les diverses directions sondées par le regard ; et finalement, avec ces profondeurs proportionnelles, il est facile de tracer la configuration de la nébuleuse.

6. Herschel trouva de la sorte que, dans le sens de sa largeur, dans le sens de la Voie lactée, la meule stellaire est cent fois plus étendue que suivant son épaisseur ; et encore était-il convaincu, malgré la puissance de pénétration de son télescope, de n'avoir pas atteint les étoiles finales de la nébuleuse, insondable à son avis. Il trouva enfin, par la comparaison des pouvoirs lumineux, que les dernières étoiles perceptibles dans la Voie lactée étaient éloignées de nous d'au moins 500 fois la distance des plus voisines. Or, pour nous venir de celles-ci, la lumière emploie de 3 à 4 ans ; pour nous parvenir du fond de la Voie lactée, elle met donc de 15 à 20 siècles ; et, pour traverser de part en part la nébuleuse dans le sens de sa largeur, de 3000 à 4000 ans pour le moins. Et maintenant, si vous vous sentez quelque vigueur dans l'imagination, essayez de vous former une idée de la couche de soleils où nous sommes enfouis. Un rayon est dardé d'un bord de la nébuleuse. Il part, dévorant l'espace. La foudre est trop lente pour le suivre ; seule, la pensée peut rivaliser avec lui. Dans le temps que vous mettriez à épeler un de ces mots, dans une seconde, 77 000 lieues, sept à huit fois le tour de la Terre, sont franchies ; dans la seconde suivante, 77 000 lieues sont franchies encore, et toujours et toujours, car, une fois lancée, la lumière conserve une invariable vitesse. Les années s'écoulent, les siècles, les mille ans, et le rayon n'a pas atteint

encore le but. C'est quatre mille ans après son émission qu'il parvient au bord opposé de la nébuleuse. Qui sait encore, car les dimensions données par Herschel sont, de l'avis même du grand astronome, au-dessous de la vérité ; qui sait ? d'aucuns disent dix mille ans ! Gouttes de lait échappées des lèvres d'Hercule, est-ce vous qui avez comblé ces immensités?

7. La nébuleuse dessine autour de nous dans le firmament une zone circulaire parce que nous sommes placés au sein même de l'amas d'étoiles. La Voie lactée est un effet de notre point de vue central ; mais, si nous étions placés bien loin hors de la couche, l'aspect serait tout différent. Supposons-nous en face de la meule stellaire, en dehors, à une médiocre distance. La nébuleuse est alors un immense disque de points lumineux, couvrant tout le ciel de son orbe. Éloignons-nous encore, éloignons-nous toujours. Le disque stellaire s'amoindrit ; ses points lumineux se rapprochent, se touchent, se confondent en une commune lueur laiteuse. Enfin quand la distance est suffisante, le prodigieux amas de soleils n'est plus qu'une blanche nébulosité grande comme la paume de la main. La géométrie calcule qu'à une distance de 334 fois sa plus grande dimension, il serait vu sous un angle de 10 minutes, c'est-à-dire comme une pièce de cinq francs à une douzaine de mètres de distance. Il ne nous est pas donné de contempler en réalité notre nébuleuse resserrée, par l'éloignement, dans un espace aussi étroit ; la raison toutefois, guidée par la géométrie, s'en fait une juste image. Elle voit l'incommensurable couche, où les soleils se comptent par millions et millions, perdue insignifiante dans un coin de l'étendue ; elle l'aperçoit comme une petite tache arrondie dont la vague clarté rappelle les lueurs mourantes du phosphore.

8. Or de la Terre, avec un bon télescope, on peut voir réellement ce que la raison voit en idée lorsqu'elle se figure notre nébuleuse à distance. Dans une foule de régions du

ciel, bien au delà de notre couche d'étoiles, l'instrument
nous montre des taches lumineuses, de faibles nuages d'aspect laiteux, qui, pour la plupart, sont des nébuleuses assi-
milables à la nôtre, c'est-à-dire encore des amas de soleils.
Dans les profondeurs explorées jusqu'ici par les astronomes,
on en compte quatre milliers et plus. Leur nombre du reste
s'accroît à mesure que l'on emploie des télescopes doués
d'un plus grand pouvoir de pénétration. Très-peu, à cause
de la faiblesse de leur éclat et de leurs dimensions appa-
rentes, sont perceptibles à la vue simple, il faut les meilleures lunettes pour les apercevoir. Avec un grossissement
médiocre, ce sont de petits flocons de nuage d'une pâle et
douce lueur. Malgré soi, on retient son souffle de peur d'é-
teindre la délicate apparition. Mais que le grossissement
augmente, et aussitôt la réalité, se dévoilant, vous saisit de
stupeur.

Chacun de ces flocons lumineux, que l'on craindrait de
voir s'évanouir sous le souffle, est un amoncellement de soleils. La nébulosité, qui paraissait d'abord homogène, se résout en fourmilière de points brillants isolés, en étoiles,
comme le ferait un lambeau de la Voie lactée. Vainement
on essayerait d'évaluer le nombre de ses soleils. — Notre nébuleuse, cause de la Voie lactée, n'est donc pas la seule. Il y
a çà et là dans les champs du ciel, en nombre que l'homme
probablement ne déterminera jamais, d'autres amas stellaires séparés par d'immenses étendues vides; et l'univers
est alors comparable à un océan sans rivages connus, ayant
pour archipels d'insondables amas de soleils.

9. Ces archipels célestes affectent toutes sortes de formes.
Les uns sont globulaires, tantôt parfaitement sphériques,
tantôt allongés en ovale. D'autres s'épanouissent en aigrette,
se courbent en couronne, s'allongent en simples lignes lumineuses, droites ou serpentantes. Il y en a qui ressemblent
à des noyaux de comètes enveloppés de leur chevelure.
Quelques-uns, autour d'un centre commun, groupent leurs

étoiles en épaisses traînées spirales. On croirait voir des pièces d'artifice dont les spires de feu lanceraient des soleils. Quant à leur distance, voici ce qu'on peut dire. Pour nous apparaître sous un angle de 10 minutes, notre nébuleuse devrait être éloignée de 334 fois sa plus grande dimension. Or, pour la traverser dans le sens de sa longueur un rayon de lumière met au moins trois ou quatre mille ans, peut-être même dix mille. Admettons le nombre le plus faible. Ce serait alors 334 fois 3000, ou plus d'un million d'années, que la lumière emploierait à nous arriver des profondeurs où notre amas d'étoiles serait vu d'ici sous un angle de 10 minutes. Quelques nébuleuses ont précisément cette grandeur apparente de 10 minutes; d'autres sont moindres. Ces amas d'étoiles sont donc tellement reculés, que la lumière met un million d'années au moins à nous en parvenir.

Outre les nébuleuses que les télescopes parviennent à résoudre en points brillants, en étoiles, et qu'on nomme pour ce motif *nébuleuses résolubles*, l'astronomie en connaît d'autres qui résistent à la puissance de ses instruments et restent, quelle que soit l'amplification employée, des taches laiteuses à lumière uniforme. On les nomme *nébuleuses irrésolubles*. Loin d'affecter, comme les précédentes, des formes régulières, elles ont en général l'aspect de lambeaux de nuages tourmentés par un vent violent. Elles sont formées d'une matière diffuse, ayant quelque analogie peut-être avec la nébulosité des comètes. Ces amas de substance subtile paraissent être des laboratoires célestes où, lentement façonnés par l'attraction, éclosent de nouveaux soleils.

FIN

TABLE DES MATIÈRES

XXIII⁰ LEÇON. — LES ÉTOILES.

XXIV⁰ LEÇON. — LES ÉTOILES (suite).

XXV⁰ LEÇON. — LES NÉBULEUSES.

A LA MÊME LIBRAIRIE

HISTOIRES ET CAUSERIES MORALES ET INSTRUCTIVES, livre de lecture courante à l'usage des jeunes filles chrétiennes, par M. LAURENT DE JUSSIEU. 1 vol. in-12. Nouvelle édition. Cart.. . . . . 1 50

PREMIÈRE PARTIE. Cart. . . . . » 80

SECONDE PARTIE. Cart. . . . . » 80

LEÇONS ET EXEMPLES DE MORALE CHRÉTIENNE, livre de lecture courante à l'usage de toutes les écoles; par LE MÊME. 1 vol. in-12. Nouvelle édition. Cart. 1 50

PREMIÈRE PARTIE. Cart. . . . . » 80

SECONDE PARTIE. Cart. . . . . » 80

Ouvrages approuvés par Mgr l'archevêque de Paris, et honorés de la souscription de S. Ex. le ministre de l'instruction publique pour les bibliothèques scolaires.

LECTURES SUR DIVERS SUJETS DE PHYSIQUE ET D'HISTOIRE NATURELLE, ouvrage destiné à la lecture courante dans les écoles; par LE MÊME. 1 vol. in-12. Cart. 1 20

Ouvrage honoré de la souscription de S. Ex. le ministre de l'instruction publique pour les bibliothèques scolaires.

CHOIX DE LECTURES POUR L'ANNÉE, accompagnées d'exercices, de questions spéciales et de notes; par M. C. HANRIOT, inspecteur d'académie. Nouvelle édition. 1 vol. in-12. Cart. 1 50

1er semestre. Nouvelle édition. 1 vol. in-12. Cart. . . . . » 80

2e semestre. Nouvelle édition. 1 vol. in-12. Cart. . . . . » 80

FRANCE (la), *livre de lecture pour toutes les écoles :* — aspect, — géographie, — histoire, — administration, — agriculture, — industrie, — commerce, — grands hommes, — hommes utiles, — notions diverses, par MM. B. MANUEL, agrégé des classes supérieures, professeur au lycée Bonaparte, — et E. L. ALVARÈS, professeur.

PREMIÈRE PARTIE : Départements compris dans les anciennes provinces de *Normandie,* de *Picardie,* d'*Artois,* de *Flandre,* de *Lorraine.* Nouvelle édition. 1 vol. in-12. Cart. 1 20

DEUXIÈME PARTIE : Départements compris dans les anciennes provinces d'*Alsace,* de *Franche-Comté,* de *Champagne,* d'*Ile-de-France,* d'*Orléanais,* de *Maine et Perche.* Nouvelle édition. 1 vol. in-12. Cart. 1 20

TROISIÈME PARTIE : Départements compris dans les anciennes provinces de *Bretagne,* d'*Anjou,* de *Touraine,* de *Poitou,* de *Berry,* de *Bourbonnais,* de *Bourgogne.* Nouvelle édition. 1 vol. in-12. Cart. 1 20

QUATRIÈME PARTIE : Départements compris dans les anciennes provinces du *Lyonnais,* de l'*Auvergne,* de *la Marche,* du *Limousin,* de l'*Angoumois,* de la *Guyenne* et de la *Gascogne,* du *Languedoc,* du *Béarn,* du *Roussillon,* du *Dauphiné,* de la *Provence* et du *Comté de Foix,* de la *Corse,* et dans le *Comtat d'Avignon.* Nouvelle édition. 1 vol. in-12. Cart. 1 20

Chaque partie se vend séparément.

Ouvrage adopté par la Commission officielle de livres pour prix.

PETIT-JEAN, livre de lecture courante, par M. C. Jeannel, professeur de philosophie près la Faculté des lettres de Montpellier. Nouvelle édition. 1 fort vol. in-12. Cart. 1 50

Ouvrage approuvé par le Conseil de l'instruction publique, par NN. SS. les évêques de Rennes et de Poitiers, qui a obtenu une mention honorable de la Société d'instruction élémentaire de Paris, et honoré de la souscription de S. Ex. le ministre de l'instruction publique pour les bibliothèques scolaires.

COLONS (les) **DU RIVAGE,** ou Industrie et Probité, suivis de deux nouvelles (Germain le Vannier et les deux Meuniers); par M. J. J. Porchat. Nouvelle édition. 1 vol. in-12. Cart. . . . . » 80
Le même, avec 6 vignettes. Cart. . . . . » 90

Ouvrage autorisé par l'Université et honoré de la souscription de S. Ex. le ministre de l'instruction publique pour les bibliothèques scolaires.

PREMIERS ÉLÉMENTS D'INDUSTRIE MANUFACTURIÈRE, ou Simples notions sur les procédés en usage pour préparer les objets nécessaires à la nourriture, au logement, à l'habillement, etc., de l'homme. Ouvrage rédigé d'après les traités les plus modernes, et destiné à servir de livre de lecture courante dans les écoles primaires; par M. Paul Leguidre, ancien professeur. Nouvelle édition refondue et enrichie de gravures sur bois intercalées dans le texte. 1 vol. in-18. Cart. » 90

LEÇONS ÉLÉMENTAIRES DE DROIT COMMERCIAL, à l'usage des écoles primaires et des écoles professionnelles, par M. L. Ch. Bonne, docteur en droit, avoué chargé du cours de droit commercial au lycée de Bar-le-Duc. 1 vol. in-18. Br. . . . . 1 »

LÉGISLATION FRANÇAISE, élémentaire et pratique, à l'usage de tout le monde, comprenant : 1° le droit civil, le droit commercial, le droit administratif et le droit pénal; 2° la solution d'un grand nombre de questions pratiques; 3° un formulaire de tous les actes que l'on peut rédiger soi-même; par M. Ch. Bonne, avoué, docteur en droit, membre de l'Académie nationale, officier d'Académie chargé du cours de droit commercial au lycée de Bar-le-Duc. 1 vol. in-18 jésus. Br. 3 75
Cartonné avec luxe à l'anglaise. 4 50

MANUEL POPULAIRE DE MORALE ET D'ÉCONOMIE POLITIQUE, par M. J. J. Rapet, inspecteur général de l'enseignement primaire. Nouvelle édition. 1 volume in-18 jésus. Br. 3 50

Ouvrage qui a remporté le prix extraordinaire de 10,000 francs proposé par l'Académie des sciences morales et politiques.

ENTRETIENS FAMILIERS d'une institutrice avec ses élèves, essai de méthode pratique sur l'éducation spécialement destiné aux écoles primaires; par madame Paul Caillard, déléguée générale pour l'inspection des écoles primaires de filles. 1 volume in-18 jésus. Nouvelle édition. 1 50

PREMIÈRES NOTIONS DE RELIGION à l'usage des jeunes enfants, dans les écoles, les salles d'asile et les familles, par le R. P. Grégoire Girard, de l'ordre des Cordeliers, ancien préfet de l'école française de Fribourg, en Suisse. 1 vol. in-12. br. 1 25

Ouvrage adopté par la Commission officielle des livres pour prix.

Le même ouvrage (édition petit format), disposé sur un nouveau plan, par M. l'abbé Lambert. 1 vol. in-18. cart. . . . . » 50